U0174095

"现代声学科学与技术丛书" 编委会

主　　编：田　静

执行主编：程建春

编　　委 (按姓氏拼音排序)：

陈伟中　　邓明晰　　侯朝焕　　李晓东

林书玉　　刘晓峻　　马远良　　钱梦騄

邱小军　　孙　超　　王威琪　　王小民

谢菠荪　　杨德森　　杨　军　　杨士莪

张海澜　　张仁和　　张守著

现代声学科学与技术丛书

声学计量与测量

许 龙 李凤鸣 许 昊 张明铎 吴胜举 编著

科学出版社

北 京

内 容 简 介

本书介绍了应用声学领域中所涉及的声学计量与测量基本问题的原理和方法，主要包括声学计量基础知识、空气声计量、扬声器电声参数测量、超声计量、水声计量，以及测量不确定度与评定。本书在参考和总结现有声学计量与测量相关书籍的基础上，结合近年来声学计量与测量技术的新发展，参考最新国际和我国以声学计量与测量技术和方法为主的标准、规程和规范，力求体现基本概念清晰、内容广泛新颖，反映最新发展方向。

本书可作为高等院校声学相关专业的研究生、高年级本科生教材，或作为计量检测人员培训教材，也可供从事声学研究和应用的专业与技术人员参考。

图书在版编目(CIP)数据

声学计量与测量/许龙等编著. —北京：科学出版社，2021.3
（现代声学科学与技术丛书）
ISBN 978-7-03-068340-3

Ⅰ.①声… Ⅱ.①许… Ⅲ.①声学测量 Ⅳ.①TB52

中国版本图书馆 CIP 数据核字 (2021) 第 044985 号

责任编辑：刘凤娟 赵 颖／责任校对：王 瑞
责任印制：吴兆东／封面设计：陈 敬

科 学 出 版 社 出版
北京东黄城根北街 16 号
邮政编码：100717
http://www.sciencep.com
北京虎彩文化传播有限公司 印刷
科学出版社发行 各地新华书店经销
*
2021 年 3 月第 一 版 开本：720×1000 B5
2022 年 1 月第二次印刷 印张：17
字数：330 000
定价：99.00 元
（如有印装质量问题，我社负责调换）

前　　言

声学是研究弹性介质中声波的产生、传播、接收、效应及其应用的学科，是一门既古老而又迅速发展着的学科，近年来不但广泛应用于工业、农业、医疗卫生和人们的日常生活等诸多方面，而且也广泛应用于国防建设事业。

计量是关于测量的科学，是实现量值准确可靠、单位统一的活动。随着近些年世界科学技术的迅猛发展，以及全球经济一体化进程的不断加速，计量已渗透到各行各业，成为支持经济社会有序运行和可持续发展的必要条件。计量不仅是推动科技创新、提高综合国力、实现国民经济又好又快发展的重要手段，而且在技术交流与国际贸易等社会活动中起着非常重要的支撑作用。

声学计量与测量是研究基本声学参量和工程评价参量的测量及保证单位统一和量值准确的科学技术。它涉及基准和标准的建立和保存、量值的传递、测量方法和技术的研究等。在现有的国家计量分类中，声学计量是十大计量体系之一，而在目前的研究生和高年级本科生的专业课程教学以及计量专业技术人员的培训中，还缺乏一本既包括声学计量，又涵盖声学测量，并以声学理论基础为基点，以拓宽学生和培训人员的知识面为目标，阐述声学计量与测量的教科书。为此，作者根据多年从事的声学测量科学研究工作与教学实践的经验编写了《声学计量与测量》一书。

本书涵盖了应用声学中的大部分基本计量与测量内容，分为 6 章。第 1 章介绍声学计量基础知识，涉及声学计量概述和声学基础知识，为后续章节的学习奠定基础。第 2 章介绍空气声计量，阐述测量传声器的校准、声级计的计量、滤波器与频率分析仪、噪声测量。第 3 章介绍扬声器测量的条件与要求，以及扬声器及其系统的电声参数测量方法。第 4 章介绍超声计量中水听器校准、超声场声压测量、超声功率测量、超声换能器电声参数测量、介质中的超声声速和衰减测量、非线性参数测量。第 5 章介绍水声计量，包括水声计量基础知识、水声标准器计量、水声量值的测量。第 6 章介绍测量不确定度的意义、定义与表示和评定，以及声学仪器的测量不确定度实例。

本书在参考和总结前人有关声学计量和声学测量书籍的基础上，结合近年来声学计量与测量技术的新发展，参考最新国际和我国以声学计量与测量技术和方法为主的标准、规程和规范，结合声学计量与测量的工程实践，力求体现基本概念清晰、内容广泛新颖，反映最新发展方向。

　　本书由许龙教授组织、作者分工协作完成。李凤鸣编写第 1、2、3 章，许龙和张明铎编写第 4、5 章，湖北省计量测试技术研究院许昊编写第 6 章和有关章节的部分内容，全书由李凤鸣执笔整理，陕西师范大学吴胜举、张明铎统稿、审校。本书在编写过程中，吴胜举教授倾注了大量的心血，不但提供了大量的资料，参与部分章节编写，而且对全书内容的编写发挥了非常重要的指导作用。

　　借本书出版之际，谨向所有支持和帮助过本书出版的单位，以及提供参考资料的作者表示真诚的谢意。

　　作者虽然竭尽全力，但限于水平，难免存在不足之处，敬请各位读者批评指正，以便进一步修改和完善。

作　者

2020 年 10 月 1 日于杭州

目　　录

第 1 章　声学计量基础知识

1.1　声学计量概述

声学是研究弹性介质中声波的产生、传播、接收、效应及其应用的科学。弹性介质可以是气体、液体和固体，但在空气和水中的许多声学现象及其应用更具有重要的民用和国防价值。声学作为一门科学是非常古老的，它随着人类的进步而不断地得到发展。现代声学已渗入国计民生的各个领域，不但广泛应用于工业、农业、医疗卫生和人们日常生活等诸多方面，而且也广泛应用于国防建设事业。现在它已形成了电声学、建筑声学、语言声学、生理声学、心理声学、音乐声学、水声学、环境声学与噪声控制等许多分支科学。

声学研究及其应用需要使用许多基本声学参量和工程评价参量。对这些参量的测量精确与否，直接关系到声学研究和应用的质量和水平。声学计量就是研究基本声学参量和工程评价参量的测量及保证单位统一和量值准确的科学技术，它涉及基准和标准的建立和保存、量值的传递、测量方法和技术的研究等。根据声波传播介质和频率的不同，声学计量分为空气声计量、超声计量、水声计量、听力计量等。

1.1.1　声学计量的基本任务

声学计量是一门确保声学基本量值准确和计量单位统一的基础性科学技术，其基本任务就是研究复现、保存传递和校准测量有关的基本声学参量 (如声压、声强和声功率等) 与工程评价参量 (如响度、听阈和听力损失等)；它主要涉及声学计量基准与标准的建立、声学参量的溯源、声学计量检测方法的研究，以及声学参量的测试与测量结果不确定度的评价等内容。

1.1.2　声学计量与测试的内容

在声学应用领域内，声学计量与测试的内容可概括为三个字："传"、"检(校)"、"测"，即基本声学参量的溯源与传递、声学测量仪器设备的检定或校准和实用工程参数的测量。但是，空气声、超声和水声的计量与测试具有不同的工作对象和内容。

1. 空气声计量与测试内容

空气声计量与测试的内容可归结为三个方面：一是基本声学参量的传递，目前最主要的是空气声声压量值的传递，传递的主要方式是对各类标准传声器和测试传声器的声压灵敏度或自由场灵敏度进行校准并对其他相关特性进行测试；二是对诸多空气声计量器具的检定，目前空气声测量器具主要包括声校准器 (活塞发声器、声级校准器、多功能声校准器)、声级计 (包括积分声级计)、噪声剂量计、标准噪声源、1/1 倍频程 (又称倍频带) 和 1/3 倍频程滤波器、测量放大器、电平记录仪、声强测量仪等；三是对各种发声设备或物体的发声特性的测试，例如，对环境噪声特性的评价和测试，在国防领域内最重要的有舰船设备噪声测试、航空和航天设备噪声测试，还有特殊的次声测试。

2. 超声计量与测试的内容

超声计量与测试主要有三方面的内容：一是超声量值的传递；二是超声设备的检定；三是介质声学特性的测试。

和其他声学相类似，超声基本量也包括声压、声强、声功率等。目前在超声领域进行的量值传递主要是声压和声功率量值。声压量值的传递主要是通过标准水听器进行的。超声水听器按性能和工作性质分为 A 类和 B 类水听器：A 类水听器具有平坦的频率响应，性能较为稳定，主要用于声压量值的传递，因此称为标准水听器；B 类水听器相关技术指标的不确定度相对比 A 类大，主要用于对超声设备性能的检测，通常称为测量水听器。

超声功率量值的传递一般通过标准超声功率源进行。标准超声功率源由超声功率基准或副基准校准后，对每一指定频率便给出了输出声功率和输出电压的对应关系，其输出声功率就可以通过测量输出电压得到。因此它可以用来在各种标准装置之间进行超声功率的相互比对。

超声设备一般都是由电子设备和超声换能器构成的，超声换能器用来发射或接收超声波。在功率超声中，换能器主要用于向介质中发射超声波；在检测超声中，换能器一般是收发两用型的，既作超声发声器，又作超声接收器。超声设备在使用前，为保证能达到要求的性能或出于安全需要，应进行必要的性能检测。超声换能器的主要性能指标有谐振频率、带宽、电阻抗特性、发送响应、自由场声压灵敏度、电声效率、非线性特性和指向性等。对于功率超声设备，最重要的性能参数一般是整套设备的超声功率；对于检测超声设备，人们更加关注的往往是它的声场分布特性、声传播波形及非线性效应等。

在大多数应用中，超声波是在液体或固体介质中传播的。传播介质不同，超声波的各种声学参数也将发生相应的变化，超声检测正是依据不同介质具有不同的声传播特性而实现的。因此，有时还需要对超声传播介质的声速、密度等参数进行测量。另外，不同材料对超声的衰减也不同，为了能正确估算超声波的声学参数，还需要对不同材料的超声衰减进行检测。

3. 水声计量与测试的内容

按照操作目的与性质的不同，水声计量与测试可分成三个方面的内容：水声基本量值的溯源和传递、专用水声测量设备的校准以及水声技术工程参数的测量或校准。

水声基本量值主要包括声压、质点振速、声强和声功率。由于声强和声功率在一定条件下可由声压导出，因此基本量值实际上主要是声压和质点振速。而目前使用最普遍的、国家已颁布计量器具检定系统的且已具有溯源和量传法定依据的量值是声压。随着矢量水听器的发展和应用，今后还将法定地、经常地开展质点振速的溯源和传递工作。声压量值传递的主要工作内容是对标准水听器、标准发射器、互易换能器及一些单一声压测量设备的校准。

专用水声测量设备是单一声压测量设备以外的所有其他水声测量或试验专用设备，如水下噪声信号测量与分析仪、水下声强测量仪、鱼雷跟踪试验用模拟声靶、声呐声性能实船测量设备等。为了确保测量或试验的准确可靠，这些设备在建造完成后，或在使用之前，必须由相应的水声计量技术机构进行校准或标定。目前，我国还没有建立对这些设备标校的专用装置，也没有制定标校规程。现在开展的标校工作，基本上是借助声压计量标准装置和水下电声参数测量装置来完成的。

水声技术工程参数主要指通常所称的水下电声参数。它们的测量或校准所包含的内容非常丰富。第一是对各类水声换能器的校准与测试，其中包括主动定位声呐、主动跟踪声呐、水声通信声呐、鱼雷自导声呐等所用发射换能器或收发两用换能器电声参数的校准与测试，被动定向声呐、被动测距声呐换能器及噪声测量水听器等接收换能器的校准与测试，以及测量与试验用辅助换能器的性能测试。第二是对基阵和导流罩电声性能的测量，其中包括声基阵的总电声性能和与基阵总性能有关的基元间相互关系的测量，以及声呐导流罩一系列声学性能的测量。第三是对无源水声材料声性能的测量，包括透声窗、反射器、声障板、消声覆盖层、体积吸声材料等水声材料和构件的声学性能参数的测量。第四是对声呐整机的某些性能 (如发射源级、波束图等) 的测定。第五是对声场特性的测量，包括自由场特性测量、驻波场和混响声场特性测量，以及水下噪声信号的测量与分析。

1.1.3 声学计量技术的发展

声学是随着人类社会的进步而不断发展的，声学计量则是随着声学研究的深入和应用领域的扩大而逐渐发展的。空气声计量、超声计量和水声计量都有各自的发展历史和发展内容，在现代科学技术尤其是在电子、数字、信息技术的推动下都不断地向更高精度、自动化、智能化方向发展。

新中国成立后又将声学计量列为十大计量体系的一个重要组成部分。自 20

世纪 60 年代初至今，我国不仅建立了耦合腔互易法和自由场互易法国家基准装置，引进或自行研制了许多标准器，而且制定了多项检定规程，正规地、法定地开展了传声器、声级计、声级校准器、标准噪声源、噪声剂量计等的检定。空气声计量器具逐步向小型、轻便、快速和高性能等方面发展。数字信号处理技术、大规模集成电路和计算机等的应用必将使空气声计量仪器获得飞跃发展。

随着研究者对超声作用机理研究的不断深入，超声设备不仅在工业生产中得到更加广泛的应用，而且被不断地应用到军事、医疗及日常生活的各个方面。超声设备所能产生的输出声功率在不断增加，工作频率也在不断地上升。在超声应用中，高频、高声强声波测量及各种新型超声设备的性能检测问题被不断地提出和解决，促进了超声计量技术的不断发展，在超声计量方面建立了瓦级、毫瓦级超声功率一、二级标准。

20 世纪 60 年代以后，我国水声设备从仿制逐渐转变到自行设计研制，随着水声技术应用领域的不断扩大，各水声研究、生产、教育机构也都建立起水声测量试验条件，不同程度地开展了校准测量和试验工作。仅就水声校准试验设施而言，我国已建有非消声水池、消声水池、高压消声水池和内湖或水库试验场等，且每个试验场都有水声声压标准器。近年来，通过全国水声测量界的共同努力，建立起从甚低频到超声频的水声声压最高计量标准装置和许多套通用的水声自动校准或测量系统，还研究建立了多项新的测量方法和测量技术，使我国的水声计量测试技术水平有了新的提高，缩小了与国际先进水平的差距。

1.2　声学基础知识

声学计量是建立在声学和其他物理基础之上的应用性技术，所以在声学计量实施过程中会大量地用到有关物理基础知识。

1.2.1　声学基本参量

1. 声压基本概念及其量度

以空气介质为例，无声波作用时，空气是静止的，其压强称为静压强 P_0。声源的振动使周围的空气形成周期性的疏密相间的状态，形成声波。在声波作用下，空间各点压强变为 P，由于声波扰动产生的压强增量

$$p = P - P_0 \tag{1.2.1}$$

就称为声压。声压的大小反映了声波的强弱，单位是帕斯卡 (Pa)，$1\text{Pa} = 1\text{N/m}^2$。

声波在传播过程中，同一时刻，不同体积元内的声压 p 不同，对于同一体积元，声压 p 又随时间而变化，所以声压一般是空间和时间的函数，即 $p = p(x, y, z, t)$。

声波波及的空间称为声场。声场中某一点的某一瞬时声压值称为瞬时声压，而在一定时间间隔中最大的瞬时声压称为峰值声压。在一定时间间隔内瞬时声压的平方对时间取平均后的平方根值，也就是瞬时声压对时间的方均根值称为有效值声压，简称有效声压，其数学表达式为

$$p_e = \sqrt{\frac{1}{T} \int_0^T P^2(t)\mathrm{d}t} \qquad (1.2.2)$$

式中：下角符号 "e" 代表有效值；T 表示取平均的时间间隔。对于按正弦规律随时间变化的简谐波声压有下面的关系：

$$p_e = \frac{p_a}{\sqrt{2}} \qquad (1.2.3)$$

本书中，除了特指，一般所述的声压均为有效声压，在书写时省去下角符号 "e"。一般使用电子 (或声学) 仪器测得的声压值都是有效声压。

声波的扰动必将引起介质密度的起伏变化，其变化量 $\rho' = \rho - \rho_0$ 也是空间和时间的函数，即 $\rho' = \rho'(x, y, z, t)$。声波的扰动还将引起介质质点的振动，其振动位移、速度和加速度等也与压强密切相关。显然，这些参量也可以作为描述声波的物理量。但是，由于人耳对声音的感觉直接与声压有关，再者，一般声学仪器容易直接测量的量是声压，因此，声压已成为目前人们最为普遍采用的描述声波的一个基本物理量。

为了使读者对声压的大小有一个量的概念，下面举出一些声压大小的典型例子：

人耳对 1000Hz 声音的可听阈 (刚刚能觉察到它存在时的声压) 约 2×10^{-5}Pa；

微风轻轻吹动树叶的声音约 2×10^{-4}Pa；

在房间中的高声谈话声 (相距 1m 处)0.05~0.1Pa；

交响乐演奏声 (相距 5~10m 处) 约 0.3Pa；

一般鼓风机房声音约 2Pa；

喷气飞机起飞时约 200Pa。

2. 质点振动位移

质点振动位移是介质中的质点因声波通过而引起的相对于平衡位置的位移。振动质点的最大位移称为振动的振幅。空气中声波振动的幅度非常小，大约在 $10^{-7} \sim 1$mm 之间。低限相应于听阈，高限相应于痛阈。

3. 质点振动速度

质点振动速度是在一定时刻，介质中某一无穷小部分由于声波存在而引起的相对于整个介质的速度，在一维空间中，对于小振幅声波，有

$$v = -\frac{1}{\rho_0}\int \frac{\partial p}{\partial x}\mathrm{d}t = v_\mathrm{a}\mathrm{e}^{\mathrm{j}(\omega t - kx)} \tag{1.2.4}$$

瞬时质点振动速度、峰值质点振动速度和有效质点振动速度的意义和声压中所用有关名词相似。

4. 声阻抗率与声阻抗

声场中某一点的声压 p 与该处介质质点振动速度 v 的复数比值称为该点的声阻抗率，即

$$Z_\mathrm{s} = \frac{p}{v} \tag{1.2.5}$$

在自由平面声场中，

$$Z_\mathrm{s} = \frac{p}{v} = \pm\rho_0 c_0 \tag{1.2.6}$$

即声场中各点声阻抗率是个常数，正好等于介质密度 ρ_0 和介质中声速 c_0 的乘积，故 $\rho_0 c_0$ 称为介质的特性阻抗。

在温度为 20℃、标准大气压下，空气的 $\rho_0 = 1.21\mathrm{kg/m}^3$，$c_0 = 344\mathrm{m/s}$，其特性阻抗约为 $416\mathrm{Pa\cdot s/m}$。对于水，当温度为 20℃ 时，$\rho_0 = 998\mathrm{kg/m}^3$，$c_0 = 1480\mathrm{m/s}$，其特性阻抗约为 $1.48\times10^6\mathrm{Pa\cdot s/m}$。

声阻抗是指在波阵面的一定面积上的声压与通过这个面积的体积速度的复数比值，即

$$Z_\mathrm{a} = \frac{p}{U} \tag{1.2.7}$$

声阻抗也可以用力阻抗表示，这时它等于力阻抗除以有关面积的平方。在研究空间声场时，体积速度 U 的含义是不明确的，致使声阻抗的意义不明确。

5. 声能密度

声波传播到原来静止的介质中，一方面使介质质点在平衡位置附近来回振动起来，另一方面在介质中产生了压缩和膨胀的过程。前者使介质具有了振动动能，后者使介质具有了形变位能，两部分之和就是由于声扰动使介质得到的声能量，以声的波动形式传递出去。因此可以说声波的传播过程实质上就是声振动能量的传递过程。

声能密度是声场中单位体积的声能量。声能密度的瞬时值、最大值、峰值分别称为瞬时声能密度、最大声能密度和峰值声能密度。对于平面声波，声场中某点的平均声能密度为

$$\bar{\varepsilon} = \frac{p_\mathrm{e}^2}{\rho_0 c_0^2} \tag{1.2.8}$$

式中：p_e 是有效声压，Pa；ρ_0 是介质的密度，$\mathrm{kg/m}^3$；c_0 是声波在介质中的传播速度，$\mathrm{m/s}$。

6. 声功率

声源的声功率通常指在单位时间内声源向空间辐射的总能量。

单位时间内通过垂直于声传播方向面积 S 的平均声能量就称为平均声功率。因为声能量是以声速 c_0 传播的，因此，平均声功率应等于声场中面积为 S、高度为 c_0 的柱体内所包括的平均声能量，即

$$\overline{W} = \bar{\varepsilon} c_0 S \tag{1.2.9}$$

在自由平面声波或球面波声场中，通过波阵面 S 的平均声功率 (时间平均) 为

$$\overline{W} = \frac{p_{\mathrm{e}}^2}{\rho_0 c_0} S \tag{1.2.10}$$

声功率的单位为 W，$1\mathrm{W} = 1\mathrm{N \cdot m/s}$。

7. 声强

在单位时间内通过垂直于指定方向的单位面积上的平均声能量就是在该方向上的声强，单位为 $\mathrm{W/m^2}$。声强也可表述为通过与指定方向垂直的单位面积的平均声功率

$$I = \frac{\overline{W}}{S} = \bar{\varepsilon} c_0 \tag{1.2.11}$$

根据声强的定义，还可以用单位时间内、单位面积的声波向前进方向毗邻介质所做的功来表示，即

$$I = \frac{1}{T} \int_0^T \mathrm{Re}(p)\mathrm{Re}(v)\mathrm{d}t \tag{1.2.12}$$

式中：Re 表示取实部。

将式 (1.2.8) 代入式 (1.2.11)，可以得到在自由平面声波或球面波远场的情况，声波在传播方向上的声强为

$$I = \frac{p_{\mathrm{e}}^2}{\rho_0 c_0} = \rho_0 c_0 v^2 = pv \tag{1.2.13}$$

声强是有方向的量，若没有特别规定，则指定方向就是声波传播方向，表明声场中声能流的运动方向。由式 (1.2.13) 可见，声强与声压有效值或质点速度有效值成正比；此外，在相同质点速度的情况下，声强还与介质的特性阻抗成正比。在空气和水中传播相同频率、相同速度的平面声波，则水中的声强要比空气中的声强约大 3600 倍，由此可见，在特性阻抗较大的介质中，声源只需用较小的振动速度就可以发射出较大的能量。

8. 自由场灵敏度

自由场灵敏度定义为声场中接收换能器 (传声器或水听器) 输出端的开路电压与引入换能器前换能器声中心处原有自由场声压的比值，单位为 V/Pa。

9. 声压灵敏度

声压灵敏度定义为接收换能器 (传声器或水听器) 输出端的开路电压与换能器接收表面上实有声压的比值，单位为 V/Pa。

在远离换能器谐振频率的低频范围，由于接收换能器的最大线性尺寸远小于波长，并且换能器的机械阻抗远大于介质中的辐射阻抗，声压灵敏度值将等于自由场灵敏度值。

10. 发送响应

发射换能器的发送响应按参考电学量的不同分为发送电压响应、发送电流响应和发送功率响应。

发射换能器在某频率下的发送电压响应，是在指定方向上离其声中心 1m 处的表观声压与加到输入电端的信号电压的比值，单位为 Pa·m/V，表示符号为 S_V。

表观声压不是实际声压，它是根据远场声压折算的近场等效声压。在距离 1m 处的表观声压等于在球面发散的远场中某点所测得的声压乘以该点到换能器声中心的距离。

如将上述定义中输入电端的电压换成电流，则称之为发射换能器的发送电流响应，单位为 Pa·m/A，表示符号为 S_I。

发射换能器的发送功率响应，是在指定方向上离其声中心 1m 处的表观声压平方与换能器输入电功率的比值，单位为 $Pa^2 \cdot m^2/W$，表示符号为 S_W。

11. 指向性

换能器 (发射声源、水听器、传声器等) 的指向性是指换能器的发送响应或自由场灵敏度随发送或入射声波方向变化的特性。它通常用指向性函数、指向性因数或指向性指数表示。

指向性函数是换能器发送响应或自由场灵敏度与参考方向 (通常为声轴) 的发送响应或自由场灵敏度的比值随声波发射或入射方向角 (θ, φ) 变化的函数，符号为 $D(\theta, \varphi)$。$D(\theta, \varphi)$ 可以用分贝表示 (最大值为 0dB)，也可用归一化线性数值表示。

用直角坐标或极坐标表示的指向性函数称为指向性图。通常，指向性图都规定为通过换能器声轴的某特定平面内的图形。由通过换能器声轴的若干个不同平面内的指向性图可集合成空间指向性图。由指向性图可以计算波束宽度、最大旁瓣级、指向性因数或指向性指数。

指向性因数定义为在换能器某一辐射方向 (或主轴) 远处一定点上某频率的声压平方与通过该点的换能器同心球面上同一频率的声压平方的平均值的比值，符号为 R_θ。

若已知指向性函数 $D(\theta, \varphi)$，则指向性因数可表示成

$$R_\theta = \frac{4\pi}{\int_0^{2\pi} \int_0^{\pi} D^2(\theta, \varphi) \sin\theta \mathrm{d}\theta \mathrm{d}\varphi} \tag{1.2.14}$$

指向性指数定义为指向性因数的以 10 为底的对数乘以 10，符号为 D_I，即

$$D_I = 10 \lg R_\theta \tag{1.2.15}$$

单位为 dB。

1.2.2 声波的基本特征

1. 波动的基本类型

在气体、液体和固体等弹性介质中，质点在外力的作用下产生周期性振动即形成声波。如质点振动的位移方向与所引起的声波传播方向平行，则该声波称为纵波 (或称为压缩波)；质点振动的位移方向与所引起的声波传播方向垂直，则该声波称为横波 (或称为切变波)。纵波可在任意介质中传播，而横波只能在固体中传播。

除纵波和横波两种最主要、最常见的波动类型外，还有沿弹性体表面层传播的表面波和在无限大板状固体中传播的板波等其他类型的波。

2. 声波的波长、周期和声速

波长、周期 (或频率) 和声速是描述声波的三个要素。

波长 λ(m) 是声波在一个周期内传播的距离。对于横波，它是相邻两个波峰或波谷之间的距离；对于纵波，它是相邻两个质点密部或疏部对应点之间的距离。

周期 T(s) 是声波前进一个波长的距离所需要的时间；频率 f(Hz) 为周期的倒数，即质点每秒钟振动的次数。

声速 c(m/s) 是声波在介质中传播的速度，声波的传播速度与介质质点振动速度是完全不同的概念，不能混淆。声速是一个与声波传播介质物理特性有关的物理常数，它随介质弹性和密度的不同而改变。

在固体中，纵波声速的计算公式为

$$c_{\mathrm{L}} = \sqrt{\frac{E(1-\sigma)}{\rho(1+\sigma)(1-2\sigma)}} \tag{1.2.16}$$

横波的声速按下式计算:

$$c_S = \sqrt{\frac{E}{2\rho(1+\sigma)}} \qquad\qquad (1.2.17)$$

式中: E 是固体介质的弹性模量,N/m^2; ρ 是固体介质的密度,kg/m^3; σ 是泊松比,取值为 0.25~0.40。

在气体中,声速的计算公式为

$$c = \sqrt{\frac{\gamma p_a}{\rho}} \qquad\qquad (1.2.18)$$

式中: γ 是比定压热容与比定容热容之比,空气 $\gamma = 1.41$; p_a 是大气压,Pa; ρ 是气体密度,kg/m^3。

通常空气中的声速以温度为变量,用以下公式计算:

$$c = 331.4 \times \sqrt{1 + \frac{\theta}{273}} = 331.4 + 0.607\theta \quad \left(\frac{\theta}{273} \ll 1\right) \qquad (1.2.19)$$

式中: θ 是空气的温度,℃。

气温 20℃ 时,空气中声速为 344m/s,常温下的声速一般都取这个数值;温度增高时,由于介质密度减小,声速将增大。对于空气,温度每增加 1℃,其声速增大 0.6m/s。声速与大气压无关,大气压改变时声速几乎不改变,而空气湿度改变时声速略有变化。

液体中声速仅取决于液体密度和绝热压缩系数,可用以下公式计算:

$$c = \sqrt{\frac{1}{\rho k_j}} \qquad\qquad (1.2.20)$$

式中: ρ 是液体密度,kg/m^3; k_j 是绝热压缩系数,Pa^{-1}。

由于水的温度、盐度和所受的静水压力影响水的密度和绝热压缩系数,因此水中声速随温度、盐度和静水压力而变。

声波的波长 λ、周期 T 或频率 f 和声速之间 c 关系如下:

$$c = \lambda/T \quad \text{或} \quad c = \lambda f \qquad\qquad (1.2.21)$$

3. 平面声波的传播

平面声波的波阵面是一系列相互平行的平面,其传播方向与波阵面垂直。所以,其波动过程可用一维波动方程描述。设声波沿 x 方向传播,则有

$$p(x,t) = Ae^{j(\omega t - kx)} + Be^{j(\omega t + kx)} \qquad\qquad (1.2.22)$$

式中：k 是声波的波数；ω 是声波的角速度，rad/s。

式 (1.2.22) 中的第一项表示沿正 x 方向的行波，第二项表示沿负 x 方向的行波。如果声波在无限介质中传播时不存在反向行波，$B = 0$，所以式 (1.2.22) 就简化为

$$p(x,t) = A\mathrm{e}^{\mathrm{j}(\omega t - kx)} \tag{1.2.23}$$

设 $x = 0$，声源振动时在毗邻介质中产生了 $p_\mathrm{a}\mathrm{e}^{\mathrm{j}\omega t}$ 的声压，这样就求得 $A = p_\mathrm{a}$。再应用式 (1.2.4) 可求得质点速度

$$v(x,t) = v_\mathrm{a}\mathrm{e}^{\mathrm{j}(\omega t - kx)} \tag{1.2.24}$$

式中：$v_\mathrm{a} = \dfrac{p_\mathrm{a}}{\rho_0 c_0}$。

平面声波在均匀的理想介质中传播时，假定介质不存在黏滞等损耗，因而，波阵面保持平面不变，声压幅值和质点速度幅值都不随距离而变化；根据声阻抗率定义，应用式 (1.2.23) 和式 (1.2.24) 求得平面前进声波的声阻抗率为

$$Z_\mathrm{s} = \frac{p}{v} = \rho_0 c_0 \tag{1.2.25}$$

由此说明了平面声场中的特性阻抗是常数，并且为一个实数。式 (1.2.25) 反映了在平面声场中各位置上都无能量贮存，在前一个位置上的能量可以完全地传播到后一个位置上去。

4. 球面声波的传播

球面声波是波阵面为同心球面的声波。声场中的声压 p 仅与球面坐标 r 有关，其波动方程为

$$\frac{\partial^2}{\partial r^2}(pr) = \frac{1}{c^2}\frac{\partial^2}{\partial t^2}(pr) \tag{1.2.26}$$

其解为

$$p(r,t) = \frac{A}{r}\mathrm{e}^{\mathrm{j}(\omega t - kr)} + \frac{B}{r}\mathrm{e}^{\mathrm{j}(\omega t + kr)} \tag{1.2.27}$$

式中：第一项代表向外辐射 (发散) 的球面波；第二项代表向球心反射 (会聚) 的球面波。在无限空间的条件下，因没有反射波，常数 $B = 0$。于是

$$p(r,t) = \frac{A}{r}\mathrm{e}^{\mathrm{j}(\omega t - kr)} \tag{1.2.28}$$

上式表明，在理想介质中，球面声波的声压与波阵面的半径 (即观察点到声源的距离) 成反比。根据质点速度与声压的关系，其径向质点速度为

$$v = \frac{A}{r\rho_0 c_0}\left(1 + \frac{1}{\mathrm{j}kr}\right)\mathrm{e}^{\mathrm{j}(\omega t - kr)} \tag{1.2.29}$$

可以证明，当距声源足够远，即波阵面的半径足够大以至 $kr \gg 1$ 时，由式 (1.2.28) 和式 (1.2.29) 可得声强

$$I = \frac{p_{\mathrm{a}}^2}{2\rho_0 c_0} = \frac{p_{\mathrm{e}}^2}{\rho_0 c_0} \tag{1.2.30}$$

这里 $p_{\mathrm{e}} = p_{\mathrm{a}}/\sqrt{2}$ 为有效声压，而 $p_{\mathrm{a}} = \dfrac{|A|}{r}$，$|A| = \dfrac{\rho_0 c_0 kr_0^2 u_{\mathrm{a}}}{\sqrt{1+(kr_0)^2}}$ 与球源的半径 r_0 和表面振动速度 u_{a} 有关。由式 (1.2.30) 可见，在球面声场中，声强与声压幅值或有效声压之间的关系形式上仍与平面声场的一样，因 p_{a} 及 p_{e} 与距离 r 成反比，因而声强是与距离 r 的平方成反比。

因为声强仅是径向距离的函数，所以声强乘上以 r 为半径的球面面积，就可得到声波通过该球面的平均声功率：

$$\overline{W} = 4\pi r^2 I = 4\pi r^2 \frac{p_{\mathrm{e}}^2}{\rho_0 c_0} = \frac{2\pi}{\rho_0 c_0}|A|^2 \tag{1.2.31}$$

介质的声阻抗率是复数

$$Z_{\mathrm{s}} = \frac{p}{v} = \rho_0 c_0 \frac{\mathrm{j}kr}{1+\mathrm{j}kr} \tag{1.2.32}$$

当球面声波的半径很大时，式 (1.2.32) 中的纯抗分量可以忽略，声阻抗率与平面声场表达式相同，为

$$Z_{\mathrm{s}} = \rho_0 c_0 \tag{1.2.33}$$

5. 柱面声波的传播

波阵面为同轴圆柱面的声波称为柱面波，其波动方程为

$$\frac{\partial^2 p}{\partial r^2} + \frac{1}{r}\frac{\partial p}{\partial r} = \frac{1}{c^2}\frac{\partial^2 p}{\partial t^2} \tag{1.2.34}$$

方程的解为

$$p(r,t) = A\mathrm{e}^{\mathrm{j}\omega t}[J_0(kr) \pm \mathrm{j}N_0(kr)] \tag{1.2.35}$$

式中：J_0、N_0 分别为零阶柱贝塞尔函数和零阶柱诺依曼函数；"$+$" 号表示向外传播的柱面波；"$-$" 号表示向轴心集聚传播的柱面波。

在无界空间中，当 kr 较大时，求出的近似行波解为

$$p = \frac{A}{\sqrt{\pi kr/2}}\mathrm{e}^{\mathrm{j}(\omega t - kr)} \tag{1.2.36}$$

$$v = \frac{p}{\rho_0 c_0}\left(\frac{1}{\mathrm{j}2kr} + 1\right) \tag{1.2.37}$$

在 $kr \gg 1$ 时声阻抗率与平面声场表达式相同:

$$Z_s = \rho_0 c_0$$

在距离声源较远的地方,柱面波的声强为

$$I = \frac{1}{\pi k r} \frac{A}{\rho_0 c_0} \tag{1.2.38}$$

表明声强与距离成反比,每单位长度辐射的声功率为

$$W = 2\pi r I = \frac{2A}{k \rho_0 c_0} \tag{1.2.39}$$

平面波由于各种物理量之间的关系比较简单,且可以反映声学的基本特性,因此是声学中的主要研究对象。但是,通常条件下不能产生真正意义的平面波,只有在满足条件的管道中可获得近似程度相当的平面波。但从上面的介绍可以看到,在离声源足够远的区域 (远场),各种类型的声波的局部可近似为平面波。此外,声波在自由空间中传播,当它的波长比声源尺寸大得多时,声波就以类似球面波的形式均匀地向四面八方辐射,而没有方向性,如图 1.2.1(a) 所示。当声源辐射的声波波长比声源尺寸小得多时,声源辐射的声波就形成一定的方向性,以略微发散的声束向正前方传播。声波波长与声源尺寸的比值越小,则辐射的声束发散角越小,表现出越强的方向性。当两者比值非常小时,声波几乎以不发散的声束由声源向外传播,可看作平面声束,如图 1.2.1(b) 所示。

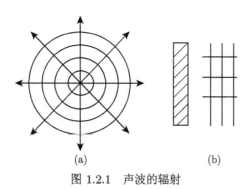

(a)　　　　　　　　(b)

图 1.2.1　声波的辐射

(a) 球面声波；(b) 平面声波

1.2.3　声波的反射、折射、散射和衍射

声波在传播过程中经常会遇到各种反射体或障碍,如传播着的声波遇到隔墙和隔板时,一部分声波被反射,还有一部分声波通过隔墙或隔板透射过去;障碍物对声波传播的影响取决于障碍物本身的大小、形状和声波的波长,使声波产生散射和衍射。

1. **声学边界条件**

声波的反射、透射都是在两种介质的分界面处发生的，研究入射波、反射波和透射波 (折射波) 之间的定量关系时，需要对在分界面上遵守的声学边界条件进行观察。

为简单起见，这里以流体作为传声介质。设有两种都延伸无限远的介质，其特性阻抗分别为 $\rho_1 c_1$ 和 $\rho_2 c_2$，如图 1.2.2 所示。当声波从介质 I 传来，遇到与介质 II 结合的分界面时，一部分声波就反射回到介质 I，另外一部分声波会透射到介质 II 中去，这时介质 I 一侧的声压为 p_1，而在介质 II 一侧的声压为 p_2。由于界面是无限薄的，界面两边的力必须维持平衡，也就是两种介质在分界面上的声压是连续的，即

$$p_1 = p_2 \tag{1.2.40}$$

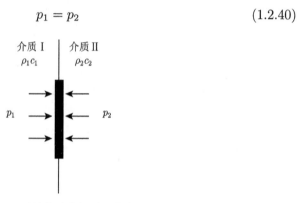

图 1.2.2　两种介质分界面处的声压

分界面两边的介质由于声扰动而得到法向质点速度分别为 v_1 和 v_2。由于两种介质在运动时，始终保持恒定接触，所以两种介质在分界面上的法向质点速度必定相等，也就是分界面两边的法向质点速度是连续的，即

$$v_1 = v_2 \tag{1.2.41}$$

式 (1.2.40) 与式 (1.2.41) 就是介质分界面处遵循的两个声学边界条件。

2. **声波的反射和折射**

当波阵面远离任何声源时，就近似于平面形状，因此通常仅限于讨论平面波的反射和折射。

设介质 I 和介质 II 的特性阻抗分别为 $\rho_1 c_1$ 和 $\rho_2 c_2$。当平面声波从介质 I 以与界面法线成 θ_i 角入射到介质 I 和介质 II 分界面时，一部分波以 θ_r 的角度被反射回来形成反射波，另一部分波以与分界面法线成 θ_t 角的方向透射到介质 II 中形成折射波，如图 1.2.3 所示。

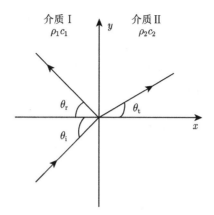

图 1.2.3 平面声波的入射、反射和折射

介质 I 中入射波的声压和质点速度为

$$p_i = p_{ia}e^{j(\omega t - k_1 x \cos\theta_i - k_1 y \sin\theta_i)} \tag{1.2.42}$$

$$v_i = \frac{\cos\theta_i}{\rho_1 c_1} p_i \tag{1.2.43}$$

反射波的声压和质点速度为

$$p_r = p_{ra}e^{j(\omega t + k_1 x \cos\theta_r - k_1 y \sin\theta_r)} \tag{1.2.44}$$

$$v_r = -\frac{\cos\theta_r}{\rho_1 c_1} p_r \tag{1.2.45}$$

在介质 II 中折射波的声压和质点速度为

$$p_t = p_{ta}e^{j(\omega t - k_2 x \cos\theta_t - k_2 y \sin\theta_t)} \tag{1.2.46}$$

$$v_t = \frac{\cos\theta_t}{\rho_2 c_2} p_t \tag{1.2.47}$$

根据式 (1.2.40) 和式 (1.2.41)，在分界面处满足声压及法向质点速度连续，设分界面处 $x = 0$，有

$$p_i + p_r = p_t$$

$$v_i + v_r = v_t$$

将式 (1.2.42) 和式 (1.2.43) 代入以上两式，并令指数因子相等，由此可得

$$\theta_i = \theta_r \tag{1.2.48}$$

$$\frac{\sin\theta_i}{\sin\theta_t} = \frac{k_2}{k_1} = \frac{c_1}{c_2} \tag{1.2.49}$$

式中：c_1、c_2 分别为介质 I 和介质 II 中的声速。

这就是著名的斯涅耳 (Snell) 声波反射与折射定律。该定律说明了声波遇到分界面时，反射角等于入射角，而折射角的大小与两种介质中的声速之比有关，介质 II 的声速越大，折射波偏离分界面法线的角度越大。

关于入射声波、反射声波与折射声波 (或透射声波) 之间的振幅关系，可以根据界面上的边界条件求得。反射波声压与入射波声压振幅之比，称为声压反射系数 r_p；折射波声压与入射波声压之比称为声压透射系数 t_p。

$$r_p = \frac{p_r}{p_i} = \frac{\dfrac{\rho_2 c_2}{\cos\theta_t} - \dfrac{\rho_1 c_1}{\cos\theta_i}}{\dfrac{\rho_2 c_2}{\cos\theta_t} + \dfrac{\rho_1 c_1}{\cos\theta_i}} \tag{1.2.50}$$

$$t_p = \frac{p_t}{p_i} = \frac{2\dfrac{\rho_2 c_2}{\cos\theta_t}}{\dfrac{\rho_2 c_2}{\cos\theta_t} + \dfrac{\rho_1 c_1}{\cos\theta_i}} \tag{1.2.51}$$

式中：ρ_1、ρ_2 分别为两种介质的静态密度。

入射波和折射波的声压与相应的质点速度的法向分量的比值为法向声阻抗率，即有 $Z_{s1} = \rho_1 c_1/\cos\theta_i$，$Z_{s2} = \rho_2 c_2/\cos\theta_t$。

当声波垂直入射时，$\theta_i = \theta_r = \theta_t = 0$，则 $\cos\theta_i = \cos\theta_r = \cos\theta_t = 1$，法向声阻抗率恰好等于介质的特性阻抗，式 (1.2.50) 和式 (1.2.51) 可简化为

$$r_p = \frac{p_r}{p_i} = \frac{\rho_2 c_2 - \rho_1 c_1}{\rho_2 c_2 + \rho_1 c_1} \tag{1.2.52}$$

$$t_p = \frac{p_t}{p_i} = \frac{2\rho_2 c_2}{\rho_2 c_2 + \rho_1 c_1} \tag{1.2.53}$$

若两种介质的特性阻抗相差很远，例如，水的特性阻抗要比空气约大 4000 倍，这时 $r_p = 1$，即当声波从空气入射到水面 (或从水面入射到空气) 时，几乎是百分之百被反射回来。

在界面上失去的声能 (实际上主要是透射到介质 II 中去的声能) 与入射声能之比称为吸声系数 α。由于能量与声压平方成正比，所以

$$\alpha = 1 - |r_p|^2 \tag{1.2.54}$$

其中：r_p 的数值与入射方向有关；α 也与入射方向有关。因此，在给出界面的吸声系数时，需说明是垂直入射吸声系数，还是斜入射吸声系数。

3. 声波的散射和衍射

若障碍物表面很粗糙 (指表面起伏与波长相当) 或者障碍物的大小与波长差不多, 则声波入射时, 就产生向各个方向的散射。这时的声场由入射波和散射波叠加而成。这种散射波的图形十分复杂, 随频率而改变。当波长很长时, 散射波的功率与波长的四次方成反比, 散射波很弱, 而且大部分均匀地分布在与入射波相反的方向; 当频率增加时, 波长变短, 散射峰出现并且向前移, 角分布图形变得复杂, 如图 1.2.4 所示; 当波长更短时, 在极限情况下, 散射波能量的一半集中于入射波前进的方向, 而另一半比较均匀地散布在其他方向, 形成心脏形曲线再加上正前方一个尖峰。

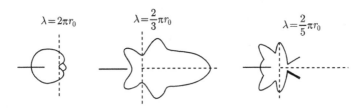

图 1.2.4 刚性球散射声波强度的角分布图

当声波传播时, 遇到障碍物、孔隙、棱角等时可以绕过去, 这就是衍射。图 1.2.5 是几种不同情况的衍射, 图中箭头是声线, 垂直于声线的是波阵面。

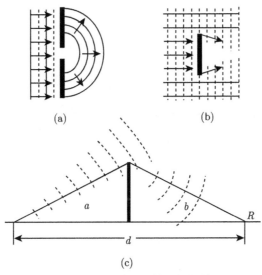

(a)   (b)

(c)

图 1.2.5 几种不同情况的衍射

(a) 小孔; (b) 障碍物; (c) 屏障

声波的衍射现象，不仅在障碍物比波长小时存在，即使障碍物很大，在障碍物边缘也会产生，如图 1.2.6 所示。波长越长，这种现象越明显。例如，有了门缝、窗缝，隔声效果就大为下降，或者路边的屏障不能将噪声隔绝等是由于衍射效应引起的。

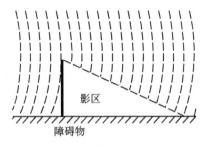

图 1.2.6   障碍物边缘的衍射现象

4. 声波的叠加与干涉

对于空间存在多个声源和不同频率声源的合成声场，在不考虑声源之间的相互作用的前提下，各声源所发出的声波可在同一介质中独立地传播，这里讨论由这些声波合成的声场所具有的性质。

1) 叠加原理

描述均匀的理想流体介质中小振幅声波的波动方程 (1.2.55) 为线性声波方程，这就反映了小振幅声波满足叠加原理。

$$\nabla^2 p = \frac{1}{c_0^2} \frac{\partial^2 p}{\partial t^2} \tag{1.2.55}$$

这里先以两列波的叠加为例，然后再推广到多列波的情况。设有两列声波，它们的声压分别是 p_1 和 p_2，其合成声场的声压设为 p。因为导出声波方程式 (1.2.55) 时只是应用了介质的基本特性，所以现在的合成声场 p 一定也满足波动方程。

另外，声压 p_1 和 p_2 自然应分别满足波动方程

$$\nabla^2 p_1 = \frac{1}{c_0^2} \frac{\partial^2 p_1}{\partial t^2}$$

$$\nabla^2 p_2 = \frac{1}{c_0^2} \frac{\partial^2 p_2}{\partial t^2}$$

由于每个方程都是线性的，所以将上面两式相加得到

$$\nabla^2 (p_1 + p_2) = \frac{1}{c_0^2} \frac{\partial^2 (p_1 + p_2)}{\partial t^2} \tag{1.2.56}$$

比较式 (1.2.55) 及式 (1.2.56)，并考虑声学边界条件也是线性的，所以得到

$$p = p_1 + p_2 \tag{1.2.57}$$

这就是说，两列声波合成声场的声压等于每列声波的声压之和。显然，此结论可以推广到多列声波同时存在的情况。由此给出声场叠加原理：如果声场中存在 n 个独立声波，$p_1, p_2, \cdots, p_n$，在某点的总声压为

$$p = p_1 + p_2 + \cdots + p_n = \sum_{i=1}^{n} p_i \tag{1.2.58}$$

在前面求解介质 I 的声场时，结果为反射波与入射波之和 $(p_i + p_r)$，其实已是叠加原理的应用。

2) 驻波

两列相同频率但以相反方向行进的平面波可分别表示为

$$p_i = p_{ia} e^{j(\omega t - kx)}$$
$$p_r = p_{ra} e^{j(\omega t + kx)}$$

根据叠加原理，合成声场的声压为

$$p = p_i + p_r = 2 p_{ra} \cos kx e^{j\omega t} + (p_{ia} - p_{ra}) e^{j(\omega t - kx)} \tag{1.2.59}$$

由此可见合成声场由两部分组成：第一项代表一种驻波场，各位置的质点都作同相位振动，但振幅大小却随位置而异，当 $kx = n\pi$，即 $x = n\lambda/2(n = 1, 2, \cdots)$ 时，声压振幅最大，称为声压波腹，而当 $kx = (2n-1)\pi/2$，即 $x = (2n-1)\lambda/4(n = 1, 2, \cdots)$ 时，声压振幅为零，称为声压波节；第二项代表向 x 方向行进的平面行波，其振幅为原先两列波的振幅之差。

从上面简单的分析可以得出一个重要的规律，如果存在沿相反方向行进的波，例如，在房间中入射波与由墙壁产生的反射波相叠加，则空间中合成声压的振幅将随位置出现极大和极小的变化，这样就破坏了平面自由声场的性质。反射波越强，p_{ra} 越大，则第一项比第二项的作用大，即自由声场的条件越不成立。特别是，如果反射波的振幅等于入射波的振幅 (全反射)，$p_{ra} = p_{ia}$，则式 (1.2.59) 的第二项为零，只剩下第一项，这时的合成声场是一个纯粹的"驻波"，也称为定波。

3) 声波的相干性

如果是两列具有相同频率、固定相位差的声波的叠加，这时会发生干涉现象。设到达空间某位置的两列声波分别为

$$p_1 = p_{1a} \cos(\omega t - \varphi_1)$$
$$p_2 = p_{2a} \cos(\omega t - \varphi_2)$$

并设两列声波到达该位置时的相位差 $\varphi = \varphi_2 - \varphi_1$ 不随时间变化，也就是说两列声波始终以一定的相位差到达该处。

由叠加原理可以得到合成声场的声压为

$$
\begin{aligned}
p &= p_1 + p_2 = p_{1a} \cos(\omega t - \varphi_1) + p_{2a} \cos(\omega t - \varphi_2) \\
&= p_a \cos(\omega t - \varphi)
\end{aligned}
\tag{1.2.60}
$$

式中

$$
\begin{aligned}
p_a^2 &= p_{1a}^2 + p_{2a}^2 + 2 p_{1a} p_{2a} \cos(\varphi_2 - \varphi_1) \\
\varphi &= \arctan \frac{p_{1a} \sin \varphi_1 + p_{2a} \sin \varphi_2}{p_{1a} \cos \varphi_1 + p_{2a} \cos \varphi_2}
\end{aligned}
\tag{1.2.61}
$$

式 (1.2.60) 及式 (1.2.61) 说明，该位置上合成声压仍然是一个相同频率的声振动，但是合成声压的振幅并不等于两列声波声压的振幅之和，而是与两列声波的相位差 φ 有关。

从能量的角度考虑，对于平面声波，据式 (1.2.8)、式 (1.2.60) 和式 (1.2.61)，可得合成声压的平均能量密度为

$$
\bar{\varepsilon} = \bar{\varepsilon}_1 + \bar{\varepsilon}_2 + \frac{p_{1a} p_{2a}}{\rho_0 c_0^2} \cos \varphi
\tag{1.2.62}
$$

如果某些位置上有 $\varphi = 0, \pm 2\pi, \pm 4\pi, \cdots$，这意味着两列声波始终以相同的相位到达，则

$$
\begin{aligned}
p_a &= p_{1a} + p_{2a} \\
\bar{\varepsilon} &= \bar{\varepsilon}_1 + \bar{\varepsilon}_2 + \frac{p_{1a} p_{2a}}{\rho_0 c_0^2}
\end{aligned}
\tag{1.2.63}
$$

如果某些位置上有 $\varphi = \pm \pi, \pm 3\pi, \cdots$，这意味着两列声波始终以相反的相位到达，即有

$$
\begin{aligned}
p_a &= p_{1a} - p_{2a} \\
\bar{\varepsilon} &= \bar{\varepsilon}_1 + \bar{\varepsilon}_2 - \frac{p_{1a} p_{2a}}{\rho_0 c_0^2}
\end{aligned}
\tag{1.2.64}
$$

式 (1.2.63) 及式 (1.2.64) 说明，在两列同频率、具有固定相位差的声波叠加以后的合成声场中，任何一个位置上的平均能量密度并不简单地都等于两列声波的平均密度之和，而是与两列声波到达该位置时的相位差有关。特别是在某些位置上，声波加强，合成声压值为两列声波值之和，平均声能量密度为两列声波平均声能量密度之和还要加上一个增量 $\frac{p_{1a} p_{2a}}{\rho_0 c_0^2}$。如果 $p_{1a} = p_{2a}$，那么这些位置上的合成声压幅值为每列的 2 倍，平均声能量密度为每列声波平均声能量密度的 4

倍。在另外一些位置上，声波互相抵消，合成声压幅值为两列声波幅值之差，平均能量密度比两列声波平均能量密度之和要少一个数值 $\dfrac{p_{1a}p_{2a}}{\rho_0 c_0^2}$。如果 $p_{1a} = p_{2a}$，那么这些位置上，合成声压幅值及平均声能量密度为零。这就是声波的干涉现象，这种具有相同频率和固定相位差的声波称为相干波。

如果两列不同频率的声波，即使有固定的相位差，也可以证明：不发生干涉现象；合成声场的平均能量密度为两列声波平均能量密度之和。

4) 无规相位的声波叠加

在一般噪声问题中，所遇到的声波频率不同，或者不存在固定的相位差，或者两者兼有，那么这样的两列或两列以上的声波叠加后的声场将不会出现干涉现象。因为这时的式 (1.2.61) 及式 (1.2.62) 中的两列波的相位差 $\varphi = \varphi_2 - \varphi_1$ 不再是一个固定的常数，而是随时间作随机的变化，不同的瞬时时间 φ 呈现出不同的值，而人耳及声学测量仪器是对一段时间内的平均，则有

$$\frac{1}{T}\int_0^T \cos\varphi \mathrm{d}t = 0$$

因此有

$$\bar{\varepsilon} = \bar{\varepsilon}_1 + \bar{\varepsilon}_2 \tag{1.2.65}$$

即不发生干涉、不出现驻波现象，总声能量等于两列声波声能量的叠加。根据式 (1.2.8) 描述的声压的平方反映了声场中平均能量密度的大小，因此两列无规相位声波的合成声压振幅的平方等于各自声压振幅平方的简单相加，即有

$$p_a^2 = p_{1a}^2 + p_{2a}^2 \tag{1.2.66}$$

或用有效声压表示为

$$p_e^2 = p_{1e}^2 + p_{2e}^2 \tag{1.2.67}$$

如此可以推广到，对于 n 个不相干的、独立运行的声源发出的声波叠加有

$$p^2 = \sum_{i=1}^n p_i^2 \tag{1.2.68}$$

根据声压级定义，$L_{p_i} = 10\lg\dfrac{p_{ie}^2}{p_{\mathrm{ref}}^2}$，而 $p_{ie}^2 = p_{\mathrm{ref}}^2 10^{L_{p_i}/10}$，代入到式 (1.2.68) 便可得到声压级的叠加公式为

$$L_p = 10\lg\sum_{i=1}^n 10^{0.1 L_{p_i}} \tag{1.2.69}$$

(1) 两个独立噪声源的总声压级。

对于两个独立的噪声源的声压级叠加, 当 $L_1 \geqslant L_2$ 时, 式 (1.2.69) 简化为

$$L_p = 10 \lg \left(10^{0.1L_1} + 10^{0.1L_2} \right) = L_1 + \Delta L \qquad (1.2.70)$$

其中

$$\Delta L = 10 \lg \left[1 + 10^{-0.1(L_1 - L_2)} \right] \qquad (1.2.71)$$

如果 $L_1 = L_2$, 则 $\Delta L = 3\text{dB}$, 即在两个声压级相同的噪声源叠加后的总声压级为单个声源声压级上加 3dB。如果 $L_1 - L_2 = 10\text{dB}$, 则有 $\Delta L = 0.4\text{dB}$。可以看出, 若两个声源的声压级相差 10dB 以上, 叠加后的总声压级几乎与高声压级的那个声源原来的数值相近, 低声压级声源对叠加的贡献可以忽略。依据式 (1.2.71) 作出的 ΔL 与 $L_1 - L_2$ 的关系曲线如图 1.2.7 所示。

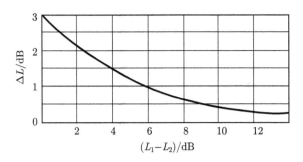

图 1.2.7　ΔL 与 $L_1 - L_2$ 的关系曲线

(2) 本底噪声的修正。

与两个声源叠加相反, 当已知两个声源产生的总声压级 L_p 和其中一个声源的声压级 L_2, 而要确定另一个声源的声压级 L_1 时, 由式 (1.2.67) 得到

$$L_1 = L_p - \Delta L$$

而其中的 ΔL 为

$$\Delta L = -10 \lg \left[1 - 10^{-0.1(L_p - L_2)} \right] \qquad (1.2.72)$$

根据式 (1.2.72) 作出的 ΔL 与 $L_p - L_2$ 的关系曲线如图 1.2.8 所示。

现举例说明图 1.2.8 的使用方法。如有一机器在开动时测得的总声压级 (包括背景噪声) 为 80dB, 关掉机器在同一测点测得背景噪声为 73dB。于是 $L_p - L_2 = 7\text{dB}$, 由式 (1.2.72) 计算或从图 1.2.8 中查得 $\Delta L = 1\text{dB}$, 因而求得该机器本身产生的声压级为 $L_1 = 80 - 1 = 79(\text{dB})$。

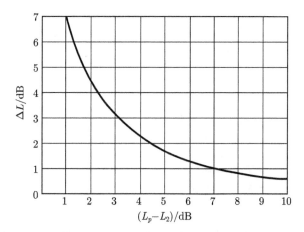

图 1.2.8 ΔL 与 $L_p - L_2$ 的关系曲线

需要指出的是, 当 $L_p - L_2 < 3\text{dB}$ 时, $\Delta L > 3\text{dB}$, 机器单独产生的声压级已比背景噪声还要低, 因此用此方法难以得到可靠的结果。

1.2.4 声场的基础知识

声学测量除了与换能器 (扬声器、水听器等) 的本身性能和安装方式有关外, 还与测试的环境 (条件) 有关, 不同的测试环境测量的结果是不一样的, 这里对常用的声学测试声场作简要介绍。

1. 自由声场

1) 自由声场与消声室

从声源发出的声波在传播的过程中, 遇到界面就会产生反射、散射或透射, 一部分能量被吸收而转换成其他形式的能量, 而被反射的能量将与声源发出的直达声波的能量叠加, 影响对直达声波的测量。反射能量的大小与界面的材料性质和形状有关。对于声学换能器 (如扬声器、传声器等) 和测量仪器 (如声级计) 的电声性能测试, 应该在自由声场 (简称自由场) 中进行。

理想的自由声场是指传播声波的介质均匀地向各个方向无限延伸, 使声源辐射的声波能 "自由" 地传播, 既无障碍物的反射, 也无环境噪声的干扰。显然, 这种理想空间是无法完全实现的。所以, 在实际测量中, 人们总是希望把界面的反射声控制到最低限度, 使反射声与直达声相比可以忽略不计。因此, 实际测量中的自由声场是指均匀各向同性介质中, 边界影响可以忽略的声场。

利用自然条件获得自由声场的方法往往受到气候的影响和环境噪声的干扰。此外, 还受到地面或附近物体的影响。所以, 为了满足声学测量的需要, 在一定条件下, 在室内 (或箱内) 各边界上铺设吸声性能良好的材料, 使吸声系数达到 99% 以上, 并采用良好的隔声和隔振装置, 用人工的方法模拟自由声场。

对于音频声学测量所用的自由声场是图 1.2.9 所示的消声室和半消声室, 而对于水声或超声测量所用的自由声场是消声水池 (槽)。消声室与消声水池的自由声场在设计原理上是一样的, 只是传播声音的介质不一样, 所以使用的吸声材料就不一样。

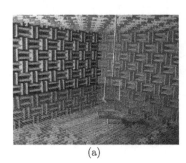　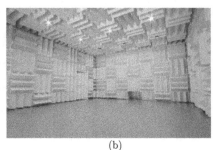

(a)　　　　　　　　　　　　　　　　　　(b)

图 1.2.9　消声室和半消声室

(a) 消声室; (b) 半消声室

对于消声室内的吸声结构, 最常用的是尖劈。在消声室内地面尖劈的上方应该装设水平的钢绳网, 以便放置试件, 并可在室内走动; 而半消声室的地面是光滑的反射面。

消声室性能的优劣, 取决于吸声材料和结构的吸声性能。一般吸声材料的吸声性能是频率的函数, 在低频段, 随着频率降低, 吸声性能变差, 而高频吸声性能较好。对应于吸声系数等于 99% 的最低频率称为测量的下限截止频率。通常, 尖劈越长, 吸声性能越好, 截止频率越低。但为了尽可能增大有效空间, 尖劈长度大约相当于截止频率波长的 1/4。为了改善低频的吸声性能, 在安装尖劈的底部时与墙面保持一定的空腔 (图 1.2.10(a)), 利用共振吸声来吸收低频声波。但是, 高频声波的波长短, 消声室内放置被测件的支架和网格对声波的散射比较大; 此外, 如果尖劈的蒙布过密, 则声波不易透入, 也使得高频的反射变大而干扰声场, 使声压变化不能满足 $1/r$ 的规律。

尖劈吸声体的使用已有数十年历史, 但是还没有严格的设计方法, 因此尖劈的尺寸、材料密度等是用实验方法确定的, 其吸声特性一般用驻波管法测量。图 1.2.10(b) 是尖劈的典型吸声系数曲线, 其截止频率大约为 70Hz。尖劈底板穿孔和共振腔设计也都需要经过实验验证。

在一般消声室的基础上, 利用镜面反射原理, 可以设计半消声室。例如, 在一个矩形房间内, 在五个壁面用尖劈作吸声处理, 将地板用瓷砖或水磨石铺面以形成镜面, 使该房间在结构上相当于高度增大一倍的消声室的一半, 故称为半消声室。

为了避免室外的声源和振源对消声室内声学测试带来的影响，消声室需要采取一定的隔声和隔振措施。为了隔绝空气声的传递，通常消声室采用基础完全分离的双层墙结构，相应的消声室内外墙上的门也采用隔声门或双层门。为了隔绝固体声的传递，使消声室坐落在隔振器上，隔振器系统的固有频率设计在 5Hz 左右，这样就可以有效地保证在 20Hz 以上的测试频率不受振动的干扰。

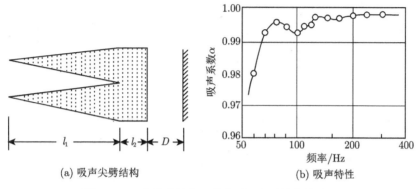

(a) 吸声尖劈结构 (b) 吸声特性

图 1.2.10 尖劈的结构及其典型吸声系数特性曲线

2) 自由声场的鉴定

消声室和半消声室自由声场的鉴定是利用球面波的声压随着测试点到点声源距离的反比定律，来确定自由声场的频率范围和空间范围。由于在消声室内声场要完全符合这个规律是很难做到的，总有一定的误差，因此需要根据不同的测试要求对声场的误差提出不同的指标。对于电声仪器计量校准、检测或电声器件和电声产品的声学特性测量的消声室或半消声室，室内声压级与反比定律理论值的最大偏差，在测试的频率范围内一般小于或等于 ±1.0dB (图 1.2.11)，即实际测

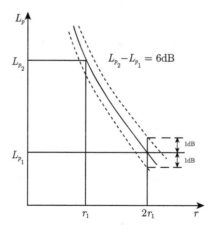

图 1.2.11 自由声场反比定律声压级

量的声压级随距离变化的曲线与理论曲线相比允许有 ±1.0dB 的偏离。一般来说，离开声源的距离增大，自由声场偏离也将增加。

对于噪声源声功率级精密测量用途的消声室和半消声室，室内实测声压级与反比定律理论值的最大允许偏差，在 ISO3745-2003 标准和我国国家标准与计量校准规范中都作了相应的规定，见表 1.2.1。

表 1.2.1　实测声压级与反比定律理论值的最大允许偏差

测试室类型	1/3 倍频程频率/Hz	最大允许偏差/dB
消声室	≤ 630	±1.5
	800~5000	±1.0
	≥ 6300	±1.5
半消声室	≤ 630	±2.5
	800~5000	±2.0
	≥ 6300	±3.0

在自由声场鉴定中应注意以下几个问题：一是声源应该满足球面声源的条件，即它发出的声波的波阵面应该是一个球面，也就是说，应该是全指向性的，在与声源等距离的点测得的声压级应该是相同的；二是测试距离应该从声源的声中心算起，即从声波波阵面的曲率中心算起；三是当房间的体积较大或频率较高时，应考虑空气吸收而引起的衰减修正。

3) 自由声场测量中的远场与近场

自由声场测量中的远场是指声源辐射的声压近似满足反比定律的区域；近场则是指声源辐射的声压不满足反比定律的区域。近、远场的分界点到声源的距离称为临界距离。声学理论分析表明，换能器的尺寸对其辐射特性有很大影响，不同的换能器具有不同的临界距离；即使对于同一个声源，测量的准确度要求不同，其临界距离也不同。

例如，装在障板上的扬声器，在频率比较低的时候，其纸盆做整体运动，纸盆上各点的振动速度和相位是相同的。这时，可以近似地把它看成活塞式声源。因此，常用障板上的平面活塞来代替扬声器进行分析。无限大障板上半径为 a 的刚性活塞作简谐振动，在离活塞 r 处的轴向辐射声压为

$$p = A \sin \frac{\pi}{\lambda} (\sqrt{a^2 + r^2} - r) \qquad (1.2.73)$$

式中：$A = 2\rho_0 c_0 u_a$ 为声压幅值。

在 r 比较小时的近场区，出现了声压振幅起伏的特性，如图 1.2.12 所示；而当 $r \gg a$ 时，可以将式 (1.2.73) 的正弦函数中的辐角展开成级数，并取近似，得到

$$\sin \frac{\pi}{\lambda} (\sqrt{a^2 + r^2} - r) \approx \sin \frac{a^2 \pi}{2\lambda} = \sin \frac{\pi}{2} \frac{z_g}{r} \qquad (1.2.74)$$

式中

$$z_{\mathrm{g}} = \frac{a^2}{\lambda} \tag{1.2.75}$$

z_{g} 是活塞辐射从近场过渡到远场的分界线,称为近远场的临界距离。在 $r > z_{\mathrm{g}}$ 区域,声压振幅像球面波一样随距离 r 呈反比衰减。

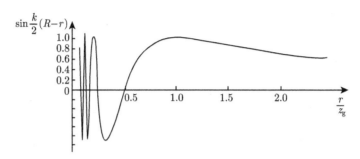

图 1.2.12　活塞辐射轴向声压与距离的关系

在自由声场中实际测量时,接收换能器应避免置于声压起伏的近场区域,因此远场测量条件是 $r \geqslant \dfrac{a^2}{\lambda}$。当频率较低时,由于声波的波长较长,远场条件很容易满足;而当测试频率较高时,一定要注意检查远场条件是否满足。

2. 扩散声场

1) 扩散声场与混响室

在消声室内,我们希望声波传播到边界上面的声能全部被吸收掉,没有反射,以获得自由声场。另外,一些测量 (如扬声器的声功率、噪声源的声功率测量) 以及材料和结构吸声性能的测试等,需要在边界上尽量少吸收的扩散声场中测试。扩散声场应满足:

(1) 室内空间各点的声能密度均匀;

(2) 声波从各个方向到达某一点携带声能的概率相同;

(3) 由各个方向到某点的声波的相位是无规的。

在实际中,能产生扩散声场的实验室称为混响室,所以混响室内的声场也常称为混响声场。

根据上面所述,混响室的设计要求尽量加长空室的混响时间 T_{60} 以保证室内声场扩散。混响时间 T_{60} 的极限,在高频决定于空气的分子吸收,在低频则决定于各壁面 (包括天花板和地面) 的吸收,因此混响室内的壁面大都采用反射系数很高的材料,如水磨石、磨光大理石墙面等。为了提高室内的扩散均匀性,在墙面上设置不同弧形或锥形的扩散体,或者在室内安装旋转扩散体。

关于混响室的最小容积与所使用的频率范围，国家标准 GB/T 6881.1-2002 和有关计量校准规范作出了规定，见表 1.2.2。

表 1.2.2　作为所考虑最低频带函数的测试室最小容积

最低的 1/3 倍频程中心频率/Hz	测试室最小容积/m³
100	200
125	150
160	100
200 及更高	70

根据室内统计声学可知，混响室内的声场有以下一些特点。

(1) 室内辐射声波达到稳定时，室内的声场由直达声和混响声叠加组成，存在混响半径，即临界距离

$$r_{\mathrm{c}} = \frac{1}{4}\sqrt{\frac{QR}{\pi}} \tag{1.2.76}$$

式中：Q 是指向性因素；R 是房间常数，m²。

(2) 室内离开声源的距离大于混响半径以后，平均声压级将不随距离变化。混响声能密度除了由于室内简正振动引起的起伏外，与房间内的位置无关，它正比于总的声源辐射功率，并且与声源的指向性无关。因此，经常在混响室内测量扬声器的辐射声功率或者噪声源的辐射声功率。

(3) 根据统计声学理论，在扩散声场中，相距 r 的两点之间的相关系数为 H，当 r 沿直线变化时，具有如下规律：

$$H = \frac{\sin kr}{kr} \tag{1.2.77}$$

式中：k 是声波的波数。

从式 (1.2.77) 可以看出，扩散声场中相距半波长远的两点间的相关系数为零。因此，选择测点时，两点之间距离应大于半波长。

(4) 从波动声学的理论可知，声源放在混响室内的墙角处的辐射阻最大，因此辐射功率也最大。另外，声源放在墙角处，如果声源发出的不是单频而是一个频带的声波，可以激发室内更多的简正频率，使室内更接近"扩散声场"。尤其是在低频，可以减少声场的起伏。这样做有利于材料吸声系数的测试，而对于声源声功率的测量，放在墙角处的声源辐射的声功率比放在其他地方要大，为了减少测量误差，声源应该离开壁面一段距离。

2) 混响声场的鉴定

混响室的主要声学特性是混响时间、声压的均匀性、本底噪声以及频率响应的离散程度。

实施鉴定时，根据不同的用途和测试对象，以窄带噪声或离散频率进行测试。国家标准 GB/T 6881.1-2002《声学声压法测定噪声源声功率级混响室精密法》中，关于混响室的测试方法中，对测试信号的频带和离散频率、声源特性要求、传声器的位置等，都作了相应的规定，主要有：

(1) 信号发生器输出粉红噪声信号，通过 1/3 倍频程滤波器变为窄带噪声激励声源，采用突然中断法进行混响时间测量；

(2) 声场鉴定测量至少有 4 个传声器测量点，每两个测点之间的距离大于所测频段最低中心频率波长的 1/2，并且远离声源和边界面；

(3) 计算混响时间的衰变曲线，应在稳态声压级以下 5~25dB 范围内，取线段的平均斜率，线段的底端应比本底噪声至少高 15dB，每个测点各频带以三次以上测量平均值给出混响时间；

(4) 混响室内声压均匀性测量，使用宽带白噪声信号激励标准声源，在测量频率范围内选择 6 个传声器位置的 1/3 倍频带声压级，进行标准偏差的估计，表 1.2.3 给出了混响室内声压级标准偏差 (S_m) 的要求。

表 1.2.3　混响室内声压级标准偏差的要求

1/3 倍频程中心频率/Hz	标准偏差 /dB
100~315	$S_m \leqslant 3$
$\geqslant 400$	$S_m \leqslant 1.5$

根据理论和实验的要求，室内混响声场在各点的混响时间应该相同，衰变曲线虽有起伏，但接近指数律；室内各点的声压均匀，而混响室的混响时间越长越好。

3. 声压场

声压场是指在尺寸远小于介质中声波波长的密闭腔中的声场，腔内各点的声压值基本相等。这样的声场主要用于传声器或水听器的低频校准。在这种声场中校准的灵敏度是声压灵敏度 M_p，与在自由场中校准的自由场灵敏度 M_f 有所不同。两者之比 D 定义为传声器或水听器的衍射常数：

$$D = \frac{M_f}{M_p} \tag{1.2.78}$$

D 取决于传声器或水听器的尺寸和声波波长，其数值在 0 与 2 之间。如果传声器或水听器最大尺寸远小于声波波长并且是刚性的，则 $D \approx 1$，$M_p = M_f$，即声压灵敏度与自由场灵敏度相等。在压力场中校准传声器的方法有耦合腔互易法、活塞发声器法、声级校准器法等。

1.2.5　声学计量与测量常用信号

在声学测量中，不同的测试目的需要使用不同的测量信号，这里介绍的是专为声学测量提供的声源电信号，分别适用于声学换能器校准、测量，声学设备和仪器性能的检测，常用的有纯音、啭音、白噪声、粉红噪声及猝发音 (脉冲声) 等。

1. 纯音信号

瞬时电压随时间按正弦或余弦规律变化的信号，也称为纯音。例如，$E = E_0 \sin(\omega t + \varphi)$，这种信号可以用幅值、频率和相位进行描述。

因为描述声波特性的量有声压、频率、质点振动速度以及相位，对于稳态声，通常只要求测量声压幅值及其频率响应以及与之相应的关系，而与换能器有关的参数，如声功率、效率或指向性因数等是通过测出量导出的，所以连续正弦信号是声学测量中使用比较多的信号。

2. 啭音信号

啭音信号是指频率作正弦式调制的纯音。它是一种以连续正弦信号频率 f_0 为中心而上下变动频率为 $\pm \Delta f$ 的信号，具有离散的频谱。当取频率的偏移为 Δf，调制频率 (每秒钟从 $f_0 - \Delta f$ 到 $f_0 + \Delta f$ 变动的次数) 为 f_c 时，啭音所包含的频率数近似地为 $2\Delta f / f_c$。在一般情况下，频率偏移取值为

$$\Delta f = (2^{\frac{1}{6}} - 1)f_0 \approx 0.12 f_0 \tag{1.2.79}$$

在实际应用中 $f_c < f_0/10$，通常最大频率偏移为 200Hz，而调制频率不大于 16Hz。

在测量混响时间中，调制频率可以根据下式选取，即

$$f_c = \frac{4}{T_{60}} \frac{10}{T_{60}} \tag{1.2.80}$$

式中：T_{60} 是混响时间，s。

在测量混响时间时使用啭音，主要是为了在房间中激发更多的简正振动方式，消除单频的正弦信号产生的驻波，从而使室内声场趋向均匀。

3. 猝发音信号

猝发音信号是一种脉冲正弦信号，在持续时间内包含一定个数的正弦波，所以猝发音也称为正弦波列。

猝发音信号主要用于测试电声器件的瞬态失真和声学仪器检波指示器的特性。例如，声级计用来测量各种噪声信号，由于被测信号不是规则的信号，因此

指示的声压给出的是有效值声压，即

$$p = \sqrt{\frac{1}{T} \int_0^T p^2(t)\mathrm{d}t} \tag{1.2.81}$$

对于声级计测量瞬态信号声级的性能要求，应用 4kHz 的单个猝发音电信号进行测试；为了检查声级计测量声暴露级 L_{AE} 和等效连续声级 L_{Aeq} 的性能，应用重复猝发音电信号来检验和评价声级计的检波指示器特性。

在水声换能器的自由场校准方法中，在有限的水域中进行自由场校准时，为了将由边界造成的声反射对声场的影响从时间上分离开来而获得自由场条件，使用脉冲调制器产生一定宽度的脉冲调制正弦波信号，根据被测换能器工作时的波长，选择脉冲的宽度和重复周期，以达到相当于连续信号校准测试的结果。

在水声材料纵波声速和衰减系数测量的脉冲声管法中，同样使用脉冲调制正弦波作为脉冲声进行测量。

4. 噪声信号

噪声的含意可以有两种理解：第一种是对任何一个不希望有的声信号的统称，如一个声信号干扰了第二个声信号，尽管前者也是一个有规则的信号，但我们常称它是第二个信号的干扰噪声；第二种是无规、间歇的或随机的信号，它可以看成是许多正弦信号的叠加，即具有许多频率成分的噪声，这种噪声有连续谱与线状谱，多数为连续谱。声学测量中使用的噪声信号就是第二种含意的噪声，具有连续谱的噪声信号作为测试信号。

一般所说的测量噪声信号有两种：白噪声和粉红噪声。"白"和"粉红"是将噪声频谱与白色光谱和粉红光谱相类比而得名的。

(1) **白噪声**：用固定频带宽度滤波器分析时，频谱连续并且均匀，功率谱密度不随频率改变的噪声。其特性如下：

a. 白噪声具有各种频率成分，每个频率的噪声电压大小是不断变化的，但它的幅值对时间的分布在统计上是服从高斯分布的；

b. 具有连续的噪声谱，功率谱密度与频率无关，即各频率的能量分布是均匀的；

c. 在等带宽的滤波通带中输出的能量是相等的，即在线性坐标 (等带宽) 中输出是一条平行于横坐标的直线，而在对数坐标 (等比例带宽) 中输出按每倍频程带宽增加 3dB 的斜率上升。

(2) **粉红噪声**：用正比于频率的频带宽度滤波器分析时，频谱连续并且均匀，功率谱密度与频率成反比的噪声。其特性如下：

a. 具有包含各种频率成分、连续的噪声谱；

b. 功率谱密度与频率成反比, 在线性坐标 (等带宽) 中输出是按每倍频程带宽 3dB 的斜率下降, 而在对数坐标 (等比例带宽) 中输出基本是一条平行于横坐标的直线;

c. 从频谱所占的比例来看, 粉红噪声的低频成分比白噪声更丰富。

图 1.2.13 给出了白噪声和粉红噪声的频谱特性。

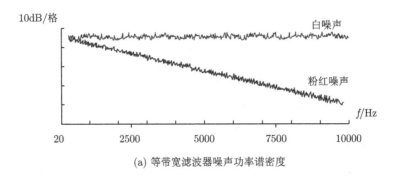

(a) 等带宽滤波器噪声功率谱密度

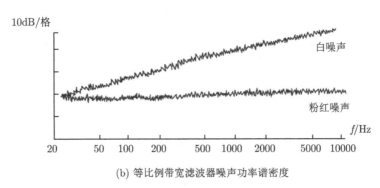

(b) 等比例带宽滤波器噪声功率谱密度

图 1.2.13　白噪声和粉红噪声的频谱特性

根据白噪声和粉红噪声的信号频谱特征, 只要在白噪声信号源上加一个每倍频程衰减 3dB 的衰减网络, 就可以得到粉红噪声信号; 或者将粉红噪声通过倍频程滤波器, 就可以得到白噪声信号。

噪声信号是声学测量中经常使用的信号。各种语言和音乐节目往往是多个频率组合在一起的瞬态过程, 平均峰值因数 (最大值与有效值之比) 大约是 3, 而噪声信号是一个连续的无规信号, 其峰值因数也约为 3, 两种信号比较接近, 因此, 常用噪声信号模拟正常的语言信号和音乐节目信号, 用来测试扬声器的某些电声特性, 如特性灵敏度、失真和寿命试验等, 这种情况的测试结果要比用正弦 (纯音) 信号测试更接近实际使用情况。

　　在混响室或者厅堂混响时间的测量中更是常用噪声信号，并不是因为它不产生驻波，而是因为它在一定频段内的频率成分比较丰富，激发室内的简正波 (驻波) 的数目多，各频率驻波叠加的结果使声场趋于均匀，容易满足扩散声场的条件，使得测量的误差较小。

　　在消声水池中用噪声信号来减小低频声场的驻波比。在低频范围内，由于消声水池的消声效果大大降低，池壁或其他反射物对连续正弦声信号的反射能力增强，使测量空间形成的声场是不均匀的驻波场。采用脉冲技术也无法使直达脉冲声信号与反射声信号分开，在这一频率范围内常用窄带噪声信号来减小声场中的驻波比，以减少声场不均匀对换能器测试时的影响。

　　5. 模拟节目信号

　　模拟节目信号是未经限幅的稳态计权高斯噪声。这种信号的平均功率谱密度特性与含多种语言和音乐节目信号的各类节目源的平均功率谱密度的平均特性很相似 (图 1.2.14)。

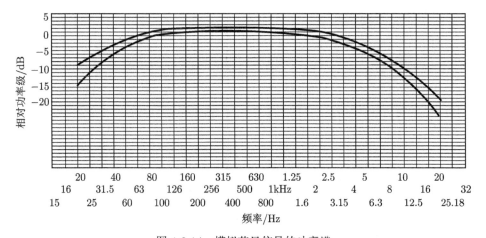

图 1.2.14　模拟节目信号的功率谱

　　模拟节目信号可以用粉红噪声通过一个滤波器电路获得，用于各类声系统及其设备和电声器件特性的测量和标定。

思　考　题

1. 声学计量的基本任务是什么？
2. 在自由平面声场中，如何由声压和质点速度计算声阻抗率、声功率、声强？
3. 声阻抗、声阻抗率和介质特性阻抗三者的关系是什么？

4. 声波按照波动的基本类型可以分为哪几类？

5. 平面声波、球面声波和柱面声波各自的特点是什么？

6. 什么是声波的相干叠加和非相干叠加？已知多个噪声源分别单独工作时在空间某点的声压级，如何确定所有声源同时工作时该点的总声压级？

7. 自由场测量中如何确定远场和近场？远场和近场各自的特点是什么？

8. 扩散声场应满足什么样的条件？

9. 混响室的声源应如何摆放？

10. 白噪声和粉红噪声在功率谱的密度上有什么不同？各自具有什么特点？

第 2 章　空气声计量

2.1　测量传声器的校准

传声器是一种将声压转换为声频电信号的换能器。在声学测量中，由于传声器位于各种测量仪器的前端，不仅对声信号起到接收作用，而且其性能对测量准确度有着重要的影响；此外，在声学计量中，传声器是空气声声压量值传递和复现的关键器件，因此，传声器的校准在声学测量中占据了特殊地位。

2.1.1　测量传声器的工作原理

1. 传声器的分类

传声器的分类方法有多种：① 若按换能方式分类，可分为电动式、电容式和压电式等；② 若按传声器的指向特性分类，可分为无指向性、单指向性和双指向性 (包括心形和钳形指向性) 等类型；③ 若按声波接收的原理分类，可分为声压式、压差式以及声压与压差复合式。

在扩声系统和音响工程中，一般使用的是动圈传声器和驻极体电容传声器。

在声学测量中使用的传声器是电容传声器，这种传声器具有灵敏度高、频率响应宽而平直、稳定性好的特点，因此将其作为实验室标准传声器和测量传声器。

2. 电容传声器的工作原理

图 2.1.1 给出的是电容传声器的结构示意图。由膜片和后极板构成一个电容。当声波作用在膜片上时，运动的声波使膜片发生振动，导致膜片与后极板的距离发生变化，从而引起电容量变化。这时电容的阻抗也在变化，由于与其串联的负载电阻的阻值是固定的，电容的阻抗变化表现为输出电位的变化。经过耦合电容，将电位变化的信号输入到前置放大器。由于电容传声器的静电容量很小 (几十皮法)，在音频测量的频率范围内具有相当高的阻抗，需要用阻抗变换器与后面的衰减器和放大器连接匹配，所以，在测量时传声器总是与前置放大器连接。前置放大器一方面是对电容传声器输出的信号进行预放大，另一方面主要是将电容传声器的高输出阻抗转换为低输出阻抗，使其与后续放大电路阻抗相匹配和便于信号的传输。为了保证传声器的输出电压与被测声压之间满足线性关系，在电容器的两极之间需施加足够大的极化电压。

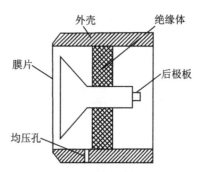

图 2.1.1　电容传声器的结构示意图

　　由质点振动理论分析可知，电容传声器的振动系统可以近似地认为是位于弹性控制区。在该控制区，当外力激励频率远小于振动系统固有频率时，系统振动的位移与外力振幅成正比，与系统的弹性系数成反比，而与激励频率无关。电容传声器的类比电路和简化等效电路如图 2.1.2 所示。

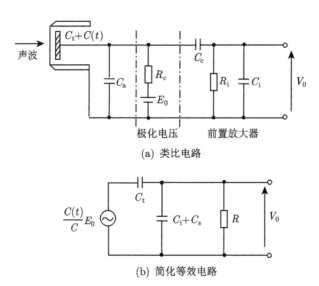

(a) 类比电路

(b) 简化等效电路

图 2.1.2　电容传声器的类比电路和简化等效电路

　　由简化等效电路可知，传声器的输出电压为

$$V_0(t) = \frac{C(t)}{C} E_0 \frac{\mathrm{j}\omega RC}{1 + \mathrm{j}\omega RC} \tag{2.1.1}$$

式中：E_0 为极化电压；$C(t)$ 为由声压引起的电容量变化；总电容 $C = C_t + C_s + C_i$，其中 C_t 为传声器头的电容，C_s 为杂散电容，C_i 为前置放大器输入电容。图 2.1.2(a)

中 C_c 为前置放大器的耦合电容。$R = R_i R_c / (R_i + R_c)$，其中 R_c 为充电电路电阻，R_i 为前置放大器的输入电阻。由此可以获得传声器的灵敏度为

$$S = \frac{V_0(t)}{p(t)} = \frac{C(t)}{C \cdot p(t)} E_0 \frac{j\omega RC}{1 + j\omega RC} \tag{2.1.2}$$

式中：$p(t)$ 是随时间变化的声压。在高频时，由于 $\omega RC \gg 1$，传声器的灵敏度与极化电压 E_0 成正比，而与总电容 C 成反比，任何附加的电容都会降低传声器的灵敏度。

在低频时，$\omega RC \ll 1$，传声器的灵敏度可以写成

$$S \approx \frac{C(t)}{C \cdot p(t)} E_0 \cdot j\omega RC \tag{2.1.3}$$

在低频段，传声器的灵敏度与频率有关，灵敏度下降 3dB 所对应的频率称为截止频率，即

$$f_c = \frac{1}{2\pi RC}$$

因此，要获得和保证较低的下限工作截止频率，前置放大器的输入电阻必须非常大。

近十年来，驻极体电容传声器已经广泛应用于声学测量当中，尤其是在现场测量的声学仪器中逐渐替代了原来需要加极化电压的电容传声器。驻极体传声器是采用有机高分子驻极体材料为膜片，经电场处理后，保留极化状态，相当于永磁体的绝缘材料，两面分别带有正、负电荷，用驻极体薄膜正电荷面镀金属与外壳构成一个电极，负电荷面与后极板构成另一个电极，其工作原理与电容传声器基本相同，因为不需要极化电压，对前置放大器以及测量放大器供电电路的要求可以简化。

2.1.2 传声器校准的目的和意义

声学研究和应用中需要用到声压、声强和声功率等声学参量，而最基本的、使用最广泛的量是声压。这是因为：

(1) 声波的传播规律主要是以声压变化规律为基础来描述的；

(2) 声学中的其他一些参量与声压有一定关系，如平面声波传播的声强、自由声场或扩散声场中的声功率，都可通过声压测量来获得；

(3) 从声学测量的角度看，测量工作大部分是测量声压随时间、频率以及空间的变化规律，例如，混响时间的测量是通过测出声压随时间的衰减曲线来求得的，扬声器频率响应测量的是扬声器辐射声压随频率的变化。

空气中的声压需要使用一个已知灵敏度的传声器测量，为保证传声器测量结果的准确，必须要有一个灵敏度经过严格校准的传声器。因此，传声器的灵敏度校准在声学测量中占据了重要的地位。

按照不同的工作用途和对应的准确度等级，目前把传声器分为三种类型：实验室标准传声器、工作标准传声器和测试工作传声器。

实验室标准传声器又称基准传声器 (用 LS 表示)，在我国发布的《空气声声压计量器具检定系统表》中，规定使用实验室标准传声器的灵敏度 (声压灵敏度和自由场灵敏度) 参数进行空气声声压量值的复现和传递，用互易法校准测量。在 20Hz~2kHz 频率范围内，用耦合腔互易法校准的不确定度为 0.05~0.1dB；在 1~20kHz 频率范围内用自由场互易法校准，不确定度为 1dB。

工作标准传声器 (用 WS 表示)，是计量标准器具的一种，主要用作次级标准，一般用比较法或互易法校准测量。在 20Hz~2kHz 频率范围内，不确定度为 0.1~0.2dB；在 1Hz~20kHz 范围内，不确定度为 0.4~0.5dB。

测试工作传声器是普通传声器，用于各种目的的空气声学测量。一般用比较法或声校准器法校准。在 20Hz~20kHz 频率范围内，校准测量的不确定度为 0.3~1.0dB。

综上所述，校准传声器灵敏度的常用方法有：自由场互易法、耦合腔互易法、声校准器法和标准声源法。互易法校准被称为绝对校准方法，一般用耦合腔互易法来校准传声器的声压灵敏度，自由场互易法则用来校准传声器的声场灵敏度。耦合腔互易法达到了较高的准确度，国际标准组织 (ISO) 已建议将其作为传声器绝对校准的标准方法。此外，尚有用于现场校准的声校准器法，在保证校准准确度的情况下，使用快捷方便。

2.1.3　传声器灵敏度

1. 灵敏度的定义

传声器的灵敏度是指传声器输出的开路电压与作用在其膜片上的声压之比。知道了灵敏度，只要将传声器放于待测声场中某点，测出传声器在声压作用下的开路电压，就可求出该点的声压或声压级。但是，上述定义是不够严格的，在实际应用上也有困难。因为当传声器放入自由声场中某点时，必然引起声场散射，所以 "作用在膜片上的声压" 可以有两种含义：一种是实际作用于膜片上的声压，是指声场声压和由传声器引起的散射声压的叠加；另一种是指传声器未置入声场时的声场声压。根据这两个不同的含义，传声器的灵敏度可分为声场灵敏度及声压灵敏度。声场灵敏度一般又可分为平面自由声场灵敏度 (通常简称为自由场灵敏度) 和扩散声场灵敏度。这种区分的实用意义，在于对不同的测量场合，使用不同类型灵敏度的传声器。例如，传声器若置于消声室中测量其自由场声压，就要求知道传声器的平面自由声场灵敏度，否则测出的数据就没有意义。若在人工耳室中或腔体中进行测量，那么就应该知道传声器的声压灵敏度，用声场灵敏度测试就会带来误差。因此，对不同使用场合和测量用途的传声器的灵敏度定义如下。

1) 平面自由声场灵敏度

平面自由声场灵敏度 M_f 是指对给定频率的正弦声波，传声器的开路输出电压与传声器放入声场前传声器声中心 (或特定的参考点) 位置上的平面自由声场声压之比。它的数学表达式为

$$M_f = \frac{e}{p_f} \tag{2.1.4}$$

式中：e 是传声器的开路输出电压，V；p_f 是传声器放入自由声场前传声器声中心 (或特定的参考点) 位置上的平面自由声场声压，Pa。

传声器灵敏度是一复数参量，当不计相位时，灵敏度可用其模量表示，单位为 V/Pa。所谓传声器平面自由声场灵敏度是指它的模量。这种情况，同样也适用于传声器的声压灵敏度、扩散声场灵敏度等。

2) 声压灵敏度

声压灵敏度 M_p 是指对给定频率的正弦声波，传声器的开路输出电压与均匀作用在传声器膜片表面上的声压之比，即

$$M_p = \frac{e}{p_p} \tag{2.1.5}$$

式中：e 是传声器的开路输出电压，V；p_p 是均匀作用于传声器膜片表面上的声压，Pa。

3) 扩散声场灵敏度

扩散声场灵敏度 M_d 是指对给定频率的正弦声波，传声器的开路输出电压与传声器放入声场前传声器声中心 (或特定的参考点) 位置上扩散声场声压之比，即

$$M_d = \frac{e}{p_d} \tag{2.1.6}$$

式中：e 是传声器的开路输出电压，V；p_d 是传声器放入扩散声场前传声器声中心 (或特定的参考点) 位置上的扩散声场声压，Pa。

4) 灵敏度级

传声器的灵敏度通常用"级"来表示，称为灵敏度级。灵敏度级是传声器灵敏度的模量与参考灵敏度 M_r 之比。因此，根据上面所述，对应的灵敏度级分别为

自由声场灵敏度级：

$$L_{M_f} = 20 \lg \left(\frac{M_f}{M_r} \right) \tag{2.1.7}$$

声压灵敏度级：

$$L_{M_p} = 20 \lg \left(\frac{M_p}{M_r} \right) \tag{2.1.8}$$

扩散声场灵敏度级：

$$L_{M_d} = 20 \lg \left(\frac{M_d}{M_r} \right) \tag{2.1.9}$$

其中，参考灵敏度 M_r 的值等于 1V/Pa。

传声器灵敏度是频率的函数，传声器灵敏度与频率之间的关系曲线称为频率响应曲线。同时，传声器的平面自由声场灵敏度也随声波入射角的变化而变化，当声波的入射角等于零时，其灵敏度称为轴向灵敏度，一般均用传声器的轴向灵敏度来表示传声器灵敏度特性，为了方便起见，而常略去"轴向"两个字。

通常传声器的声中心位置不在传声器膜片几何中心，它们之间差一小距离 (因传声器的结构及频率不同而异)，当进行一般测量时，由于测试距离较大，并且要求精度不高，这种声中心距离的变化对测量结果影响不大。但是对于传声器灵敏度的校准，由于校准时传声器间距取得比较小 (自由场中是 20~100cm)，而且精度要求高，在这种情况下就必须严格考虑声中心位置。

2. 不同灵敏度的比较和使用

比较声压灵敏度与声场灵敏度，它们的主要区别有以下三点。

(1) 频率响应不同。根据定义，传声器声场灵敏度是指传声器开路输出电压 e 与传声器置入声场前该点的声压 [p_f 或 p_d (扩散场)] 之比；而声压灵敏度则是指传声器开路输出电压 e 与实际作用于传声器膜片上的声压 p 之比。假设传声器置入自由声场前，自由声场声压为 p_f，传声器放入后由于声波的散射作用，实际作用于传声器膜片上的声压 $p_p > p_f$，因此，实际作用于传声器膜片上的声压 p_p 与自由声场声压 p_f 之间差一个增量。对于同一个传声器而言，平面自由声场灵敏度 M_f 的数值要大于声压灵敏度 M_p 的值，随着频率的增高，差值变大。

由于以上原因，对同一尺寸的电容传声器，其平面自由声场灵敏度、扩散声场灵敏度及声压灵敏度频响曲线如图 2.1.3 所示，由于频率越高，声散射的影响越显著，它们的频响曲线形状在高频段也有很大差别。

电容传声器的自由场灵敏度和声压灵敏度之间差值的大小与传声器的几何结构 (平装式膜片或凹座式膜片) 有关。

(2) 应用的场合不同。自由声场灵敏度应用于消声室等自由声场环境的测试，而扩散声场灵敏度使用于扩散场中，声压灵敏度则要求传声器用于仿真耳室等腔室内。

(3) 使用的校准方法不同。自由场灵敏度须在消声室中进行校准，而声压灵敏度须在耦合腔中进行校准，在 2.1.2 节中已经作了说明，本章中的后面将作进一步的介绍。

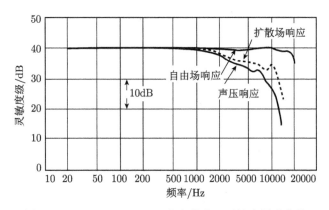

图 2.1.3 Φ23.77mm (1in) 电容传声器灵敏度频响曲线

2.1.4 互易原理

对于作为声压基准的标准传声器，国际电工委员会 (IEC) 发布的系列标准 IEC 61094-1:2000、IEC 61094-2:1992 和 IEC 61094-3:1995 中，采用基于互易原理的方法用于实验室标准传声器的声压灵敏度和自由声场灵敏度的校准。互易法校准是一种准确度很高的绝对校准方法，为了更好地理解传声器灵敏度的互易校准原理，在介绍传声器的两种互易校准方法之前，本节先介绍互易原理。

1. 线性网络互易原理

在线性网络理论中，对互易原理已有详细的描述，且获得广泛应用。所谓互易原理：可逆、线性、无源的四端网络的转移阻抗相等。满足互易原理的系统称为互易系统。

如果以恒定电流 i_1 流过四端线性网络的第一对电极，将在该网络的第二对电极产生一个开路电压 e_2；反过来，在第二对电极上有恒定电流 i_2 流过时，将在第一对电极上产生开路电压 e_1，则这四个量之间有以下关系：

$$\frac{e_2}{i_1} = \frac{e_1}{i_2} \tag{2.1.10}$$

满足式 (2.1.10) 关系的系统称为互易系统，其中等式的两端均为转移电阻抗。

根据式 (2.1.10) 的关系，作进一步的变化，如图 2.1.4(a) 所示。当第一对电极通过电流 i_1 时，在第二对电极负载电阻 R 上产生电压为 e_2'，根据欧姆定律，则第二对电极的开路电压为

$$e_2 = \frac{R + Z_2}{R} e_2' \tag{2.1.11}$$

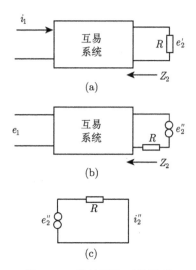

图 2.1.4　线性网络互易原理

　　若在第二电极上接有一个内阻等于 R、开路电压等于 e_2'' 的电源，则在第一对电极上产生开路电压 e_1，如图 2.1.4(b) 所示。这时流过第二对电极的电流为

$$i_2 = \frac{e_2''}{R + Z_2} \tag{2.1.12}$$

将式 (2.1.11)、式 (2.1.12) 代入到式 (2.1.10) 得

$$\frac{e_2'}{i_1} = \frac{e_1}{e_2''/R}$$

式中：e_2''/R 为接在第二对电极上的电源短路电流 i_2''，如图 2.1.4(c) 所示。所以得到

$$\frac{e_2'}{i_1} = \frac{e_1}{i_2''} \tag{2.1.13}$$

　　因此，在线性网络理论中，对互易原理的描述是：线性、可逆、无源的二端口网络，在只有一个激励源的情况下，当激励与响应互换位置时，其转移阻抗相等。

2. 声场中的互易原理

　　由声学理论基础可知，在两个脉动小球源辐射的声场中，当小球源 1 作为声源辐射时，在小球源 2 的位置上产生的声压 p_{21} 与小球源 1 的体积速度 U_1 之比，等于小球源 2 作为声源辐射时，在小球源 1 的位置上产生的声压 p_{12} 与小球源 2 的体积速度 U_2 之比，即

$$\frac{p_{21}}{U_1} = \frac{p_{12}}{U_2} \tag{2.1.14}$$

式 (2.1.14) 反映了在线性声学范围内，从发射到接收之间的声学系统是一个互易系统。

如果将两个球声源用两个换能器置换放在声场中的 A、B 两点，且换能器的尺度远小于工作频率对应的波长，那么式 (2.1.14) 等号的左端则为换能器 1 发射、换能器 2 接收时，声场中 A、B 两点的转移声阻抗；等号的右端为换能器 2 发射、换能器 1 接收时，声场中 A、B 两点的转移声阻抗。

3. 电声互易原理

由电声类比原理可知，电声换能器可表示成一个四端网络。若换能器是线性、可逆、无源的换能器，则该四端网络应该是一个互易系统，将声场互易原理与线性网络互易原理结合起来，就可以得到由换能器与声场组成的电声互易系统。

如图 2.1.5 所示，当换能器的电极通以电流 i_T 时，其膜片就向周围介质辐射声波，且在其远场中的小面积元 S 处产生一自由场声压 p_f，S 的声阻抗为 $\rho_0 c_0/S$，见图 2.1.5(a)。反之，若在小面积元处有一个体积速度 U_S、表面积为 S、声阻抗为 $\rho_0 c_0/S$ 的声源辐射声压为 p_s，在声源辐射的声波作用下，作为接收器的换能器产生的开路输出电压为 e_{oc}，见图 2.1.5(b)。比较图 2.1.4 和图 2.1.5，根据 (2.1.14) 式可得

$$\frac{p_f}{i_T} = \frac{e_{oc}}{U_S} \tag{2.1.15}$$

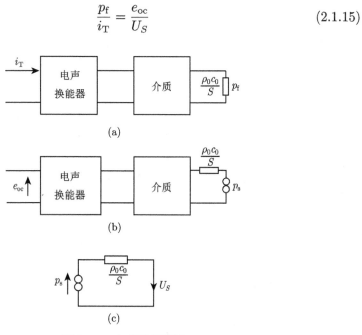

图 2.1.5 电声互易系统

等式 (2.1.15) 左边的 p_f/i_T 为换能器在发射状态下，在其声轴 d 处产生的自

由场声压 p_f 与其输入电流 i_T 之比，定义为换能器的发送电流响应 $S_{iT} = p_f / i_T$；等式的右端表示换能器的接收性能，对其作变换可得

$$\frac{e_{oc}}{U_S} = \frac{e_{oc}}{p_1} \cdot \frac{p_1}{U_S} = M_f \cdot \frac{p_1}{U_S} \tag{2.1.16}$$

式中：p_1 是换能器等效声中心位置的自由场声压，Pa；M_f 是换能器接收时的自由场灵敏度，V/Pa；p_1/U_S 是声场中的转移声阻抗，Ω。

由式 (2.1.15)、式 (2.1.16) 有

$$J = \frac{M_f}{S_{iT}} = \frac{U_S}{p_f} \tag{2.1.17}$$

式中：J 为互易常数。

根据上面所述，电声互易原理为：一个线性、可逆的电声换能器，其用作接收器时的灵敏度与用作发射器时的发送电流响应的比值与换能器结构无关，是一个常数。

对于点声源辐射的自由场声压，由声学理论可知，当 $kr_0 \ll 1$ 时，有

$$p_f = j \frac{\rho_0 c_0 k u_0}{d} r_0^2 e^{j(\omega t - kd)} \tag{2.1.18}$$

将式 (2.1.18) 代入到式 (2.1.17) 中，在不考虑相位关系时，得到的是球面波自由声场中的互易常数

$$J = \frac{2d}{\rho_0 f} \tag{2.1.19}$$

式 (2.1.19) 表明，互易常数与介质、频率及传播特性有关；与换能器的辐射面形状、辐射声波的形式、声场的介质和边界条件有关。

对于耦合腔而言，可以得到互易常数为

$$J = 2\pi f \beta V$$

式中：β 是介质的绝热压缩系数；f 是频率，Hz；V 是耦合腔体积，m^3。

2.1.5   自由场灵敏度的互易校准

在自由声场中利用互易原理校准传声器的自由声场灵敏度有两种方法：第一种方法是有三个互易传声器，其中至少有一个自由场灵敏度已知的实验室标准传声器用作参考传声器；第二种方法是仅有一个已知自由场灵敏度的互易传声器、一个非互易的待校准传声器及一个作辅助声源的换能器。

1. 三个互易传声器校准方法

假定有三个互易传声器 a、b、c，它们的平面自由声场灵敏度分别为 $M_{\mathrm{f}}^{(\mathrm{a})}$、$M_{\mathrm{f}}^{(\mathrm{b})}$ 及 $M_{\mathrm{f}}^{(\mathrm{c})}$，按下述方法进行校准测量，其校准过程如图 2.1.6 所示。

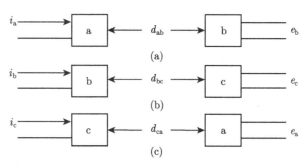

图 2.1.6 三个互易传声器自由场互易校准原理图

(1) 将传声器 a、b 相对置于自由声场中，使它们的参考轴 (一般是指垂直于膜片且过其中心的直线) 在同一直线上，如图 2.1.6(a) 所示。两传声器声中心间距为 d_{ab}，以电流 i_{a} 馈给传声器 a 激励其发送声波，在距离 d_{ab} 处产生自由场声压 p_{f}，接收传声器 b 在这个声压作用下产生一个开路电压为 e_{b}，由式 (2.1.17) 和式 (2.1.19) 可得

$$e_{\mathrm{b}} = M_{\mathrm{f}}^{(\mathrm{b})} p_{\mathrm{f}} = \frac{\rho_0 f}{2 d_{\mathrm{ab}}} M_{\mathrm{f}}^{(\mathrm{a})} M_{\mathrm{f}}^{(\mathrm{b})} i_{\mathrm{a}} \tag{2.1.20}$$

由于声波在空气中传播有一定的衰减，设衰减系数为 α，由式 (2.1.20) 得

$$M_{\mathrm{f}}^{(\mathrm{a})} M_{\mathrm{f}}^{(\mathrm{b})} = \frac{2 d_{\mathrm{ab}}}{\rho_0 f} \left| \frac{e_{\mathrm{b}}}{i_{\mathrm{a}}} \right| \mathrm{e}^{\alpha \cdot d_{\mathrm{ab}}} \tag{2.1.21}$$

(2) 将传声器 b, c 相对置于自由声场中，以传声器 b 作发送，c 作接收，如图 2.1.6(b) 所示，可得

$$M_{\mathrm{f}}^{(\mathrm{b})} M_{\mathrm{f}}^{(\mathrm{c})} = \frac{2 d_{\mathrm{bc}}}{\rho_0 f} \left| \frac{e_{\mathrm{c}}}{i_{\mathrm{b}}} \right| \mathrm{e}^{\alpha \cdot d_{\mathrm{bc}}} \tag{2.1.22}$$

式中：d_{bc} 是传声器 b 和 c 之间的声中心间距，m；i_{b} 是传声器 b 的驱动电流，A；e_{c} 是传声器作接收时的开路电压，V。

(3) 将传声器 c、a 相对置于自由声场中，以 c 作发送，a 作接收，如图 2.1.6(c) 所示。重复前面的过程，可得

$$M_{\mathrm{f}}^{(\mathrm{c})} M_{\mathrm{f}}^{(\mathrm{a})} = \frac{2 d_{\mathrm{ca}}}{\rho_0 f} \left| \frac{e_{\mathrm{a}}}{i_{\mathrm{c}}} \right| \mathrm{e}^{\alpha \cdot d_{\mathrm{ca}}} \tag{2.1.23}$$

式中：d_{ca} 是传声器 c 和 a 之间的声中心间距，m；i_{c} 是传声器 c 的驱动电流，A；e_{a} 是传声器作接收时的开路电压，V。

将式 (2.1.21)~ 式 (2.1.23) 中的电压与电流的关系定义为系统的电转移阻抗的模，分别为 $R_{\mathrm{ab}} = |e_{\mathrm{b}}/i_{\mathrm{a}}|$、$R_{\mathrm{bc}} = |e_{\mathrm{c}}/i_{\mathrm{b}}|$、$R_{\mathrm{ca}} = |e_{\mathrm{a}}/i_{\mathrm{c}}|$，则由上述式 (2.1.21)~ 式 (2.1.23) 求得三个传声器的灵敏度分别为

$$M_{\mathrm{f}}^{(\mathrm{a})} = \left(\frac{2}{\rho_0 f} \frac{d_{\mathrm{ab}} d_{\mathrm{ca}}}{d_{\mathrm{bc}}} \frac{R_{\mathrm{ab}} R_{\mathrm{ca}}}{R_{\mathrm{bc}}} \mathrm{e}^{\alpha(d_{\mathrm{ab}}+d_{\mathrm{ca}}-d_{\mathrm{bc}})} \right)^{1/2} \tag{2.1.24}$$

$$M_{\mathrm{f}}^{(\mathrm{b})} = \left(\frac{2}{\rho_0 f} \frac{d_{\mathrm{ab}} d_{\mathrm{bc}}}{d_{\mathrm{ca}}} \frac{R_{\mathrm{ab}} R_{\mathrm{bc}}}{R_{\mathrm{ca}}} \mathrm{e}^{\alpha(d_{\mathrm{ab}}+d_{\mathrm{bc}}-d_{\mathrm{ca}})} \right)^{1/2} \tag{2.1.25}$$

$$M_{\mathrm{f}}^{(\mathrm{c})} = \left(\frac{2}{\rho_0 f} \frac{d_{\mathrm{bc}} d_{\mathrm{ca}}}{d_{\mathrm{ab}}} \frac{R_{\mathrm{bc}} R_{\mathrm{ca}}}{R_{\mathrm{ab}}} \mathrm{e}^{\alpha(d_{\mathrm{bc}}+d_{\mathrm{ca}}-d_{\mathrm{ab}})} \right)^{1/2} \tag{2.1.26}$$

保持测试距离不变，即在 $d_{\mathrm{ab}} = d_{\mathrm{bc}} = d_{\mathrm{ca}} = d$ 的条件下，测出三个电转移阻抗后，可按下面公式计算三个传声器在频率为 f 时的自由场开路灵敏度级

$$L_{\mathrm{f}}^{(\mathrm{a})} = 10 \lg \frac{2d}{\rho_0 f} + 10 \lg R_{\mathrm{ab}} + 10 \lg R_{\mathrm{ca}} - 10 \lg R_{\mathrm{bc}} + \frac{1}{2} \Delta_{\mathrm{A}} d \tag{2.1.27}$$

$$L_{\mathrm{f}}^{(\mathrm{b})} = 10 \lg \frac{2d}{\rho_0 f} + 10 \lg R_{\mathrm{ab}} + 10 \lg R_{\mathrm{bc}} - 10 \lg R_{\mathrm{ca}} + \frac{1}{2} \Delta_{\mathrm{A}} d \tag{2.1.28}$$

$$L_{\mathrm{f}}^{(\mathrm{c})} = 10 \lg \frac{2d}{\rho_0 f} + 10 \lg R_{\mathrm{bc}} + 10 \lg R_{\mathrm{ca}} - 10 \lg R_{\mathrm{ab}} + \frac{1}{2} \Delta_{\mathrm{A}} d \tag{2.1.29}$$

其中：$\Delta_{\mathrm{A}} = 8.686\alpha$ 是空气衰减的修正值，可直接查表或通过公式计算得出。

从以上讨论可知，由于避开了易受干扰的声压量的测量，仅通过测量力学量和电学量便可求得传声器的灵敏度，而且，目前对距离和电压等参量可实现精确的测量，因此，所得的传声器灵敏度可达到较高的精度。对于电转移阻抗可以通过插入电压技术来实现，将在后续进行详细介绍。

2. 辅助声源法

本方法要求有一个互易传声器 a、一个待测传声器 b 和一个辅助声源 c，其校准过程如图 2.1.7 所示。

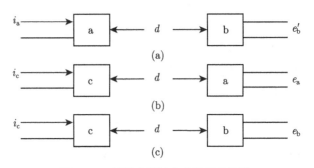

图 2.1.7　辅助声源法自由场互易校准

(1) 将传声器 a 及传声器 b 相对置于自由场中, 其声中心间距为 d, 以驱动电流 i_a 馈送给传声器 a 发射声波, 传声器 b 作接收器时的开路输出电压为 e_b', 则有

$$M_f^{(a)} M_f^{(b)} = \frac{2d}{\rho_0 f} \frac{e_b'}{i_a} e^{\alpha d} \qquad (2.1.30)$$

(2) 如图 2.1.7(b) 所示, 将传声器 a 置于辅助声源 c 的辐射声场中, c、a 之间声中心间距为 d, 以驱动电流 i_c 馈送声源 c 发射声波, 传声器 a 作接收时的开路输出电压为

$$e_f^{(a)} = M_f^{(a)} \frac{i_c \cdot S_{ic}}{d} \qquad (2.1.31)$$

式中: S_{ic} 为发送响应。

(3) 将传声器 b 置于辅助声源 c 的辐射声场中, c、b 之间声中心间距仍为 d, 并且辅助声源的驱动电流 i_c 不变, 传声器 b 作接收时的开路输出电压为

$$e_f^{(b)} = M_f^{(b)} \frac{i_c \cdot S_{ic}}{d} \qquad (2.1.32)$$

结合过程 (2) 和过程 (3) 得到

$$\frac{e_f^{(a)}}{e_f^{(b)}} = \frac{M_f^{(a)}}{M_f^{(b)}} \qquad (2.1.33)$$

由式 (2.1.30) 及式 (2.1.33) 可得传声器的灵敏度

$$M_f^{(a)} = \left(\frac{2d}{\rho_0 f} \frac{e_b'}{i_a} \frac{e_a}{e_b} e^{\alpha d} \right)^{1/2} \qquad (2.1.34)$$

$$M_f^{(b)} = \left(\frac{2d}{\rho_0 f} \frac{e_b'}{i_a} \frac{e_b}{e_a} e^{\alpha d} \right)^{1/2} \qquad (2.1.35)$$

式中: $e_b'/i_a = R_{ab}$ 即为电转移阻抗, Ω。测出电转移阻抗后, 可按下面公式计算 a、b 两个传声器在频率为 f 时的自由场开路灵敏度级。

$$L_f^{(a)} = 10 \lg \frac{2d}{\rho_0 f} + 10 \lg R_{ab} + 10 \lg \frac{e_a}{e_b} + \frac{1}{2} \Delta_A d \qquad (2.1.36)$$

$$L_f^{(b)} = 10 \lg \frac{2d}{\rho_0 f} + 10 \lg R_{ab} + 10 \lg \frac{e_b}{e_a} + \frac{1}{2} \Delta_A d \qquad (2.1.37)$$

3. 插入电压技术与电转移阻抗测量

电容传声器必须接前置放大器把高阻抗变换成低阻抗才能接入测试电路, 此时的前置放大器实际上成为传声器输出端的一个电负载, 在这种情况下, 要测定

传声器的开路电压有一定的困难, 使用插入电压技术 (也称置换法) 可以实现在传声器有电负载时测定其开路电压。

插入电压技术的原理可以这样来叙述: 在传声器回路中串接一个远小于传声器负载阻抗的电阻 R, 如图 2.1.8 所示。假定传声器在频率为 f 的声压 p_f 作用下, 产生的开路电压在电压表上得到一个读数, 然后撤除 p_f 的作用 (停止声源辐射), 而在电阻 R 上加一个频率与声信号相同的校准电压 E, 通过调节 E 的大小, 使它在电压表上的指示和在声压 p_f 作用下的读数一样, 这时 E 的有效值与传声器的开路电压有效值相等, 由于电阻 R 的值很小, 而一般电压表的输入阻抗很高, 所以 E 值可以用一定精度的电压表直接精确测定, 因而传声器的开路电压也就能精确测定了。

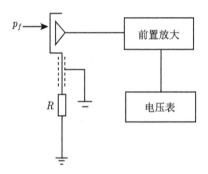

图 2.1.8　插入电压技术的原理

根据插入电压技术和图 2.1.9 所示的测量原理图, 可以方便、精确地测定电转移阻抗。

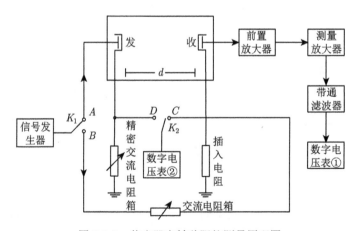

图 2.1.9　传声器电转移阻抗测量原理图

(1) 将开关 K_1 置于 A, 开关 K_2 置于 C, 在数字电压表①上测出接收传声器在发射传声器的辐射声压作用下的输出电压 E_1。

(2) 将开关 K_1 置于 B, 开关 K_2 置于 C, 保持信号发生器输出电压不变, 调节交流变阻箱, 使数字电压表①上的指示值与声波作用时的 E_1 相同; 从数字电压表②上读出 E_2, 即为接收传声器的开路电压。

(3) 将开关 K_1 置于 A, 开关 K_2 置于 D, 调节精密交流电阻箱 R, 使数字电压表②上的指示值与上面步骤 (2) 在数字电压表②上的指示 E_2 相同。这时精密交流电阻箱上的示值即为电转移阻抗模值

$$R_{ab} = \frac{e_b}{i_a} = \frac{E_2}{I_1} = R \tag{2.1.38}$$

交换传声器, 重复以上步骤可得

$$R_{bc} = \frac{e_c}{i_b} \tag{2.1.39}$$

$$R_{ca} = \frac{e_a}{i_c} \tag{2.1.40}$$

这个方法测定电转移阻抗取决于指示仪表及电阻箱的精度。由于指示仪表和电阻箱的精度都可以做得很高, 因而利用这个方法可以精确地测出由两个换能器组成的四端网络的电转移阻抗。

4. 影响自由声场灵敏度校准的因素

由于互易法通过测量其他力学量及电学量来求得传声器的灵敏度, 避开了声压的直接测量, 所以自从互易原理在 20 世纪 40 年代应用于传声器校准以来, 一直被认为是传声器灵敏度校准的最精确方法之一。不过, 在自由场进行传声器灵敏度的互易校准过程中会受到各种因素的影响, 为了达到精确校准的目的, 还必须注意以下各种影响校准精度的因素。

1) 空气吸收的修正

理想的球面自由声场声压应当是随距离 r 呈反比关系衰减, 但由于空气的吸收作用, 实际的球面自由声场应当比 $1/r$ 规律衰减更快, 频率越高, 这一影响越大。因此, 对于 1000Hz 以上的测量频率, 在高精度校准传声器自由声场灵敏度时, 必须要考虑到空气吸收的影响。

在式 (2.1.27)、式 (2.1.36) 等计算灵敏度级的公式中, 空气吸收的衰减修正值为

$$\Delta_A = 20 \lg e^\alpha = 8.686\alpha \tag{2.1.41}$$

IEC 61094.3 提供了作为频率、温度、气压和相对湿度的函数的空气衰减系数 α 的计算方法:

$$\alpha = f^2 \left[18.4 \times 10^{-12} \left(\frac{P_{\mathrm{s}}}{P_{\mathrm{s,r}}} \right)^{-1} \left(\frac{T}{T_{20}} \right)^{\frac{1}{2}} + \left(\frac{T}{T_{20}} \right)^{-\frac{5}{2}} \right.$$

$$\left. \times \left(0.01275 \frac{\exp(-2239.1/T)}{f_{\mathrm{rO}} + (f^2/f_{\mathrm{rO}})} + 0.1068 \frac{\exp(-3352.0/T)}{f_{\mathrm{rN}} + (f^2/f_{\mathrm{rN}})} \right) \right] \quad (2.1.42)$$

其中:

$$f_{\mathrm{rO}} = \left(\frac{P_{\mathrm{s}}}{P_{\mathrm{s,r}}} \right) \left[24 + 4.04 \times 10^5 h \left(\frac{0.2 + 10^3 h}{3.91 + 10^3 h} \right) \right]$$

$$f_{\mathrm{rN}} = \left(\frac{P_{\mathrm{s}}}{P_{\mathrm{s,r}}} \right) \left(\frac{T}{T_{20}} \right)^{-\frac{1}{2}} \left[9 + 2.8 \times 10^3 h \exp \left(-4.170 \left(\left(\frac{T}{T_{20}} \right)^{-\frac{1}{3}} - 1 \right) \right) \right]$$

$$h = \frac{H}{100} \left(\frac{P_{\mathrm{m}}}{P_{\mathrm{s,r}}} \right) \left(\frac{P_{\mathrm{s,r}}}{P_{\mathrm{s}}} \right)$$

$$\frac{P_{\mathrm{m}}}{P_{\mathrm{s,r}}} = 10^{\left(4.6151 - 6.8346 \left(\frac{T_{01}}{T} \right)^{1.261} \right)}$$

式中: T 是绝对温度, K; P_{s} 是大气压, kPa; P_{m} 是水饱和蒸汽压, kPa; $P_{\mathrm{s,r}}$ 是标准大气压, kPa; H 是相对湿度,%; h 是水蒸气的摩尔分数; f 是频率, Hz; f_{rO} 是氧弛豫频率, Hz; f_{rN} 是氮弛豫频率, Hz; T_{20} 是 293.15K; T_{01} 是 273.16K。

表 2.1.1 给出了一般环境条件下, 计算所得的实验室自由场互易校准的声压空气衰减系数。表中数据为 $\Delta_{\mathrm{A}} = 8.686\alpha$, 以 dB/m 表示。

2) 传声器声中心

互易定理推导过程中, 是把传声器当成点源 (点辐射、点接收) 来处理的, 因而对传声器自由声场灵敏度作互易校准时, 其校准距离应是两相对放置的传声器声中心间距离, 而在实际校准时能测量到的仅是两个传声器膜片几何中心之间的距离, 这样就引入了测量误差, 因此, 在校准过程中, 必须考虑声中心位置。例如, 对于互易校准常用的 4160 型实验室标准传声器 (LS1P 型), 直径为 23.77mm, 在校准距离为 150～600mm 的情况下, 去掉保护罩加上一个保护环时, 应利用图 2.1.10 或表 2.1.2 中提供的数据进行距离修正。以膜片的几何中心为参考, 正号表示声中心位于膜片的前方。图 2.1.10 和表 2.1.2 的数据不确定度在传声器共振频率以下小于 2mm。

表 2.1.1 声压空气衰减系数 (单位：dB/m)

f/kHz	$t = 21°C, P_s = 101.325kPa$			$t = 23°C, P_s = 101.325kPa$			$t = 25°C, P_s = 101.325kPa$		
	$H = 25\%$	$H = 50\%$	$H = 80\%$	$H = 25\%$	$H = 50\%$	$H = 80\%$	$H = 25\%$	$H = 50\%$	$H = 80\%$
1.0	0.0054	0.0048	0.0054	0.0054	0.0052	0.0059	0.0054	0.0057	0.0063
1.25	0.0075	0.0059	0.0063	0.0072	0.0062	0.0069	0.0070	0.0067	0.0076
1.6	0.0111	0.0075	0.0077	0.0104	0.0078	0.0083	0.0099	0.0082	0.0091
2.0	0.0162	0.0099	0.0093	0.0149	0.0099	0.0099	0.0140	0.0102	0.0107
2.5	0.0240	0.0134	0.0116	0.0220	0.0132	0.0121	0.0203	0.0132	0.0129
3.15	0.0365	0.0192	0.0153	0.0332	0.0184	0.0155	0.0304	0.0180	0.0161
4.0	0.0565	0.0287	0.0212	0.0514	0.0271	0.0210	0.0469	0.0259	0.0212
5.0	0.0846	0.0426	0.0299	0.0773	0.0397	0.0291	0.0706	0.0374	0.0287
6.3	0.1267	0.0649	0.0441	0.1170	0.0601	0.0421	0.1076	0.0561	0.0407
8.0	0.1882	0.1010	0.0673	0.1767	0.0933	0.0635	0.1645	0.0866	0.0605
10.0	0.2643	0.1527	0.1013	0.2539	0.1411	0.0949	0.2405	0.1308	0.0896
12.5	0.3578	0.2292	0.1535	0.3537	0.2131	0.1434	0.3429	0.1980	0.1347
16.0	0.4771	0.3541	0.2435	0.4885	0.3327	0.2275	0.4889	0.3115	0.2132
20.0	0.5929	0.5139	0.3682	0.6266	0.4901	0.3452	0.6468	0.4641	0.3240
25.0	0.7123	0.7256	0.5514	0.7737	0.7061	0.5207	0.8224	0.6794	0.4910
31.5	0.8421	1.0019	0.8244	0.9332	0.9998	0.7876	1.0166	0.9828	0.7491
40.0	0.9947	1.3445	1.2191	1.1136	1.3795	1.1847	1.2326	1.3915	1.1419
50.0	1.1758	1.7135	1.7083	1.3157	1.8007	1.6930	1.4636	1.8612	1.6594

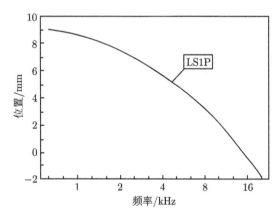

图 2.1.10 LS1P 型传声器垂直入射相对于膜片的声中心位置的评估值

表 2.1.2 LS1P 型传声器垂直入射相对于膜片的声中心位置的评估值

频率/kHz	0.63	0.8	1.0	1.25	1.6	2.0	2.5	3.15
声中心位置/mm	9.0	8.9	8.7	8.4	8.0	7.5	7.0	6.4
频率/kHz	4.0	5.0	6.3	8.0	10.0	12.5	16.0	20.0
声中心位置/mm	5.7	5.0	4.2	3.3	2.2	0.9	−0.4	−1.9

传声器的声中心是频率和结构的函数，结构 (包括外形尺寸) 不同，即使频率

不变，其声中心也将不同。结构相同而频率不同，声中心的位置也不同。

　　3) 自由声场的偏离

　　(1) 理想的球面波自由声场声压 p 随距离 r 的衰减规律是 $p \sim 1/r$，空气吸收会影响这一规律，除此以外，消声室中安装的一些支架引起的散射也会对声场产生影响。所以，实际应用中的自由声场与理想的自由声场存在一定大小的偏离。在校准过程中，必须准确估计这种声场偏离对校准精度的影响。由式 (2.1.27) 可以看出，如果要获得 ± 0.1dB 的校准准确度，那么，校准应当在 $(20\lg (1/r) \pm 0.2)$dB 的声场中进行。

　　(2) 在校准传声器的过程中，假定作用在传声器膜片上的声压是平面波声压。自由声场中距离球面声源较远位置，球面波波阵面很大，在传声器膜片范围内，作用在膜片的声压可以认为各处近似相等，从而与平面波作用于膜片的效果一样。但在校准过程中，若校准距离较短，因作用到膜片上的声压不满足平面波，应当对由此而引起的校准误差作出准确的估计。一般在膜片上声压分布偏离不超过 0.2dB 时，会造成约 0.05dB 的灵敏度偏差。

2.1.6 自由场灵敏度的比较法校准

　　对于工作标准传声器，经常使用比较法来校准其自由场灵敏度。校准原理是：当用已知灵敏度的标准传声器作为参考传声器和待测传声器同时或交替暴露于相同的平面自由声场中时，它们的灵敏度之比等于其开路输出电压之比。这样，就可由参考传声器的平面自由声场灵敏度推算出待测传声器的平面自由声场灵敏度 $M_{\text{f-test}}$，即

$$M_{\text{f-test}} = M_{\text{f-ref}} \frac{e_{\text{test}}}{e_{\text{ref}}} \tag{2.1.43}$$

式中：e_{test} 是待测传声器的开路输出电压，mV；e_{ref} 是参考传声器的开路输出电压，mV；$M_{\text{f-ref}}$ 是参考传声器的平面自由声场灵敏度，mV/Pa。

　　比较法校准又分直接比较法和间接比较法。

　　1. 直接比较法

　　直接比较法也称为同时激励法。如图 2.1.11 所示，基本测量步骤如下。

　　(1) 将待测传声器与参考传声器都置于声源的自由声场区，并满足远场条件，一般取为 1m。

　　(2) 两传声器正对声源，对称地置于声源参考轴的两侧，且其参考轴与声源参考轴平行。

　　(3) 两传声器间距应使它们的相互影响为最小 ($< \pm 1$dB)，一般取 10cm 左右。

　　(4) 两传声器所在处的声压级之差不超过 1dB(用参考传声器进行测量)。

(5) 根据测量所要求的声波频率和信噪比，确定施加到声源上的电信号的频率和幅度。

(6) 分别测量两传声器的开路电压，则由式 (2.1.43) 可求得待测传声器的平面自由声场灵敏度。

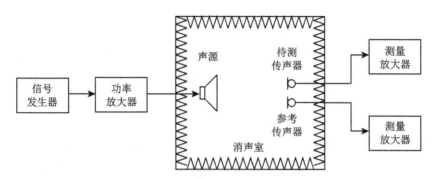

图 2.1.11　直接比较法校准传声器自由场灵敏度原理示意图

为了减小某些不对称性引起的两传声器所在位置的声压不一致，应将传声器互换位置重新测量，并分别计算两个传声器输出电压的平均值。

2. 间接比较法

直接比较法存在着如下难以克服的缺陷：① 参考传声器和待测传声器是同时放在声场中，由于传声器的结构不完全一致而带来的两传声器所在位置的声压也不可能完全一致，给测量带来了误差；② 在频率较高时，传声器的散射相互作用会给声场带来较大的影响；③ 传声器接收系统，包括前置放大器阻抗和测量放大器增益的不一致将加大系统误差。

为了克服上述影响，采用间接比较法 (也称为代替法或顺序激励法)。

间接比较法的测量条件和测量原理图基本上与直接比较法相同，所不同的是在声场中选择一点作为测点 (一般选在声源参考轴上位于远场中的某点，如距声源 1m 处)。在测量过程中应保持声源辐射的声场恒定，交替地将参考传声器和待测传声器放在测点上，分别测量其开路输出电压，并由式 (2.1.43) 计算待测传声器的平面自由声场灵敏度。

在这里应特别注意的是传声器的参考轴必须与声源参考轴重合，且两传声器的受声面必须处于同一位置。

无论用上述哪种方法进行校准，还应注意的是传声器的灵敏度与测量环境条件 (气压、温度或湿度) 有关。通常计量检定机构提供的参考传声器的声场灵敏度是修正到基准环境条件下的值，因此测量时应根据实际环境条件进行修正。

2.1.7　声压灵敏度的耦合腔互易校准

自由场互易校准由于声场存在起伏，准确度不能达到很高，实验的过程也比较复杂。与之相比，耦合腔的互易校准就可以在普通实验室内进行。

耦合腔互易法校准实验室标准传声器的声压灵敏度，由于精度很高，被国际电工委员会的 IEC 61094.2-1992 标准规定为"原级方法"，并规定声压灵敏度参数作为进行声压量值的复现和传递的基准。目前，对于 LS1P (4160) 型实验室标准传声器校准测量的频率范围为 20Hz~10kHz，不确定度为 0.05~0.10dB ($k = 2$)；LS2P (4180) 型实验室标准传声器校准测量的频率范围为 20Hz~25kHz，不确定度为 0.05~0.12dB ($k = 2$)。

1. 耦合腔互易校准方法

耦合腔互易法校准传声器声压灵敏度采用三传声器时，三个传声器中必须有两个是互易的，其中至少有一个为参考用实验室标准传声器；当采用辅助声源法时，两个传声器中必须有一个是互易的。

1) 三传声器法

耦合腔互易法校准声压灵敏度级的测试原理图如图 2.1.12 所示。

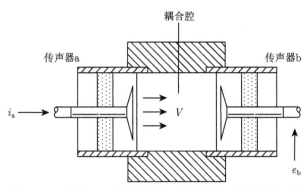

图 2.1.12　耦合腔互易法校准声压灵敏度级的测试原理图

(1) 传声器 a 发射、传声器 b 接收。以电流 i_a 驱动传声器 a 辐射声波，声压 p 作用在传声器 b 的膜片上，传声器 b 产生开路输出电压 e_b，根据互易原理和传声器灵敏度的定义有

$$J = \frac{M_p^{(a)}}{S_{ia}} = \frac{U_S}{p} = \frac{1}{Z_{ab}}$$

$$M_p^{(b)} = \frac{e_b}{p}$$

$$S_{ia} = \frac{p}{i_a}$$

得到传声器 b 的开路电压为

$$e_b = M_p^{(b)} p = M_p^{(a)} \cdot M_p^{(b)} i_a Z_{ab} \tag{2.1.44}$$

式中：$M_p^{(a)}$ 是传声器 a 的声压灵敏度，V/Pa；$M_p^{(b)}$ 是传声器 b 的声压灵敏度，V/Pa；Z_{ab} 是系统的声转移阻抗，Ω。

当耦合腔总体尺寸远小于声波波长时，耦合腔可以看成一个声顺，因此声阻抗为

$$Z_{ab} = \frac{\gamma P_0}{j\omega(V + V_e^{(a)} + V_e^{(b)})} \tag{2.1.45}$$

式中：P_0 是大气压，Pa；γ 是气体的比定压热容与比定容热容之比；$V_e^{(a)}$ 是传声器 a 的前腔与膜片的等效体积之和，mm^3；$V_e^{(b)}$ 是传声器 b 的前腔与膜片的等效体积之和，mm^3。

由式 (2.1.44) 得到

$$M_p^{(a)} M_p^{(b)} = \frac{e_b}{i_a} \cdot \frac{1}{Z_{ab}} = R_{ab} \frac{1}{Z_{ab}} \tag{2.1.46}$$

式中：$R_{ab} = e_b/i_a$ 为系统的电转移阻抗，Ω。

(2) 传声器 a 发射、传声器 c 接收。测得传声器 c 的开路输出电压 e_c 和传声器 a 的驱动电流 i_a 的关系为

$$e_c = M_p^{(c)} p = M_p^{(a)} \cdot M_p^{(c)} i_a Z_{ac} \tag{2.1.47}$$

$$M_p^{(a)} M_p^{(c)} = R_{ac} \frac{1}{Z_{ac}} \tag{2.1.48}$$

式中：$R_{ac} = e_c/i_a$。

(3) 传声器 b 发射、传声器 c 接收。测得传声器 c 的开路输出电压 e_c 和传声器 b 的驱动电流 i_b 的关系为

$$e_c = M_p^{(c)} p = M_p^{(b)} \cdot M_p^{(c)} i_b Z_{ac} \tag{2.1.49}$$

$$M_p^{(b)} M_p^{(c)} = R_{bc} \frac{1}{Z_{bc}} \tag{2.1.50}$$

式中：$R_{bc} = e_c/i_b$。

将式 (2.1.46)、式 (2.1.48) 和式 (2.1.50) 联立，可以得到三个传声器的灵敏度为

$$M_p^{(a)} = \left(\frac{R_{ab} R_{ac}}{R_{bc}} \cdot \frac{Z_{bc}}{Z_{ab} Z_{ac}} \right)^{1/2} \tag{2.1.51}$$

$$M_{\mathrm{p}}^{(\mathrm{b})} = \left(\frac{R_{\mathrm{ab}} R_{\mathrm{bc}}}{R_{\mathrm{ac}}} \cdot \frac{Z_{\mathrm{ac}}}{Z_{\mathrm{ab}} Z_{\mathrm{bc}}} \right)^{1/2} \tag{2.1.52}$$

$$M_{\mathrm{p}}^{(\mathrm{c})} = \left(\frac{R_{\mathrm{ac}} R_{\mathrm{bc}}}{R_{\mathrm{ab}}'} \cdot \frac{Z_{\mathrm{ab}}}{Z_{\mathrm{ac}} Z_{\mathrm{bc}}} \right)^{1/2} \tag{2.1.53}$$

上面三个灵敏度的表达式中的电转移阻抗通过插入电压技术测量。在实施测量时，如果在发射通道串联一个标准小电阻，保持信号输出不变，则驱动电流 $i_{\mathrm{a}} = i_{\mathrm{b}}$，通过测量标准电阻上的电压降来求出。由此可见，通过直接测量四个电压，便可间接地求出灵敏度。

根据式 (2.1.45)，对耦合腔参数进行预置，引入参考灵敏度级，可以得到三个传声器声压灵敏度级的表达式分别是

$$L_{\mathrm{p}}^{(\mathrm{a})} = 10 \lg R_{\mathrm{ab}} + 10 \lg R_{\mathrm{ac}} - 10 \lg R_{\mathrm{bc}} + C_{\mathrm{VC}} + C_{\mathrm{FV1}} + C_{\mathrm{PS}} + S_{\mathrm{ref}} \ (\mathrm{dB}) \tag{2.1.54}$$

$$L_{\mathrm{p}}^{(\mathrm{b})} = 10 \lg R_{\mathrm{ab}} + 10 \lg R_{\mathrm{bc}} - 10 \lg R_{\mathrm{ac}} + C_{\mathrm{VC}} + C_{\mathrm{FV2}} + C_{\mathrm{PS}} + S_{\mathrm{ref}} \ (\mathrm{dB}) \tag{2.1.55}$$

$$L_{\mathrm{p}}^{(\mathrm{c})} = 10 \lg R_{\mathrm{ac}} + 10 \lg R_{\mathrm{bc}} - 10 \lg R_{\mathrm{ab}} + C_{\mathrm{VC}} + C_{\mathrm{FV3}} + C_{\mathrm{PS}} + S_{\mathrm{ref}} \ (\mathrm{dB}) \tag{2.1.56}$$

式中：C_{VC} 是耦合腔体积修正；C_{FV} 是传声器的前腔体积修正；C_{PS} 是气压修正；S_{ref} 是参考灵敏度级。

2) 辅助声源法

类似于前面所说的自由场的辅助声源方法。如果传声器 a 为待校传声器，传声器 b 为互易传声器，首先，将两个传声器置于耦合腔中，求得它们声压灵敏度的乘积；然后，将两个传声器依次分别放入耦合腔接收辅助声源辐射的相同声压，并测出两个传声器的输出电压，这时两个传声器输出电压的比值应等于其声压灵敏度的比值。待校传声器 a 的声压灵敏度表达式为

$$L_{\mathrm{p}}^{(\mathrm{a})} = 10 \lg R_{\mathrm{ab}} + 10 \lg \left| \frac{e_{\mathrm{a}}}{e_{\mathrm{b}}} \right| + C_{\mathrm{V}} + C_{\mathrm{FV1}} + C_{\mathrm{PS}} + S_{\mathrm{ref}} \tag{2.1.57}$$

2. 耦合腔互易校准的修正

耦合腔互易法校准的结果依赖于一些因数的修正，根据前面所述，其主要修正项有以下几项。

1) 大气压修正

耦合腔校准的结果应当修正到参考气压 (101.325kPa)，修正公式为

$$C_{\mathrm{PS}} = 10 \lg \left(\frac{101.325}{P_{\mathrm{s}}} \right) \tag{2.1.58}$$

式中：P_{s} 是测试期间的气压平均值，kPa。

2) 耦合腔体积修正

在校准测试时，如果实际使用的耦合腔体积与标称值有偏差，需要对耦合腔体积进行修正，修正公式为

$$V_{\mathrm{C}} = \frac{2 \times V_{\mathrm{mic}}\,(\mathrm{nom}) + V_{\mathrm{coup}}}{2 \times V_{\mathrm{mic}}\,(\mathrm{nom}) + V_{\mathrm{coup}}\,(\mathrm{nom})} \qquad (2.1.59)$$

式中：$V_{\mathrm{mic}}\,(\mathrm{nom})$ 是被测传声器标称前腔体积和标称膜片等效体积之和，mm^3；$V_{\mathrm{coup}}\,(\mathrm{nom})$ 是所用耦合腔的标称体积，mm^3；V_{coup} 是所用耦合腔的实际体积，mm^3。

3) 传声器前腔体积与等效体积修正

灵敏度计算公式中，对不同的传声器结构，前腔的长度和体积，以及膜片的等效体积等声学参数有较大差异，表 2.1.3 中列出了 B&K 公司的典型实验室标准传声器或可作为实验室工作标准传声器使用的测试传声器的声学参数的标称值。

表 2.1.3　部分传声器的声学参数标称值

声学参数	传声器					
	4160	4180	4144*	4145*	4133*	4134*
前腔体积 $V_{\mathrm{F}}/\mathrm{mm}^3$	535	34	570	570	34	34
前腔长度 $L_{\mathrm{F}}/\mathrm{mm}$	1.95	0.50	1.95	1.95	0.50	0.50
膜片等效体积 V_e	136	9.2	136	120	10	10
共振频率 f_0/kHz	8.2	22	8.2	11	22	22
阻尼系数 (损耗系数)	1.05	1.05	1.05	3.15	3.05	1.15
膜片有效直径/mm	17.9	8.95	17.9	17.9	8.95	8.95

注: * 为带相应的转接环。

在实际修正时，修正的方法是在不同长度的耦合腔选择 2~3 个频率点测出不加前腔修正的声压灵敏度级，取平均后，找出两个耦合腔测量灵敏度级的差值，根据提供的修正曲线查找修正值。

4) 参考灵敏度级

由耦合腔的参量引入的参考灵敏度级，与传声器的型号规格、所用的耦合腔尺寸和测量频率有关，修正公式为

$$S_{\mathrm{ref}} = S_{\mathrm{list}} + C_P + C_T + C_{\mathrm{RH}} + C_L \qquad (2.1.60)$$

式中：S_{list} 是基本参考灵敏度级，$1\mathrm{V/Pa}$；C_P 是气压修正；C_T 是温度修正；C_{RH} 是湿度修正；C_L 是长度修正。

2.1.8　声压灵敏度的比较法校准

对于工作标准传声器的灵敏度校准，经常使用比较法来校准传声器的声压灵敏度。

比较法的原理是：当参考传声器和待测传声器同时或交替暴露于相同声压时，它们的灵敏度之比由开路输出电压之比给出，然后从参考传声器的灵敏度计算出待测传声器的灵敏度 (模和相位二者)。参考传声器使用的是经过互易法校准获得灵敏度的传声器。比较法校准又分直接比较法和替代比较法。

1. 直接比较法

直接比较法也称为同时激励法。在校准中，使两个传声器同时暴露于相同的声压中，一般要求每个传声器的膜片小于在测量中最高频率对应的波长。将已知灵敏度的参考传声器和待测传声器面对面相隔约 2mm 插入有源耦合腔中，如图 2.1.13 所示。该耦合腔包括一个径向声源，在膜片之间产生一个径向对称声场。用插入电压法测量参考传声器和待测传声器的输出电压，于是，待校传声器的声压灵敏度为

$$M_{\text{p-test}} = M_{\text{p-ref}} \frac{e_{\text{test}}}{e_{\text{ref}}} \tag{2.1.61}$$

式中：e_{test} 是待测传声器的开路输出电压，V；e_{ref} 是参考传声器的开路输出电压，V；$M_{\text{p-ref}}$ 是参考传声器的灵敏度，mV/Pa。

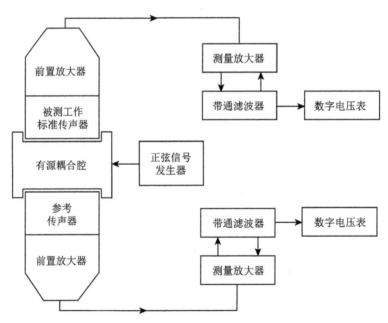

图 2.1.13　直接比较法声压灵敏度级测量装置示意图

为了减小某些不对称性引起的两传声器位置之间声压系统误差的影响，应当将传声器互相交换位置重新测量，最后计算出两个传声器输出电压的平均值。

2. 替代比较法

直接比较法存在着两个难以克服的缺陷：① 参考传声器和被测传声器是同时放在耦合腔的声场中，由于传声器的结构不完全一致而带来的两传声器所在位置的声压也不可能完全一致，给测量带来了误差；② 传声器接收系统包括前置放大器阻抗和测量放大器增益不一致而产生的影响。

采用替代比较法 (即顺序激励法) 可以克服上述系统带来的误差。测量条件和原理图基本上与直接比较法相同。将待测传声器和参考传声器先后交替地安装在耦合腔中，保持耦合腔中的声压恒定，测量待测传声器和参考传声器的开路输出电压，计算方法与直接比较法相同。

为了控制耦合腔中的声压，可以采用探管式传声器从耦合腔的边上插入，其探头的尖端与腔壁的距离为腔内半径的 1/3，如图 2.1.14 所示。此方法需要注意的是探管传声器的声阻抗可能会影响测量结果。

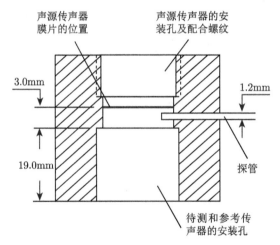

图 2.1.14 安装 LS1P 型传声器的替代比较法耦合腔

采用替代比较法的耦合腔和声源，还可以使用准确度高的声校准器，如活塞发声器来代替，根据对校准不确定度的估计，在其允许范围内，也是一种简便、可行的方法，不过仅能进行单一频率的校准。

3. 比较法校准中注意的问题

1) 传声器压力均衡孔的影响

膜片背后的空腔一般装有一个细的压力均衡管，使膜片两面的静压保持相同。因此，在非常低的频率，此管也能部分地均衡声压。在校准期间，如果作用在膜片上的声压入射到压力均衡管上，可能引起低频灵敏度的显著变化，其结果将不再是真实的声压灵敏度。对于传声器压力均衡管是否因声入射而带来灵敏度的变化，通过测量比较来确定，方法是：将压力均衡管有声入射时的校准结果，与在同一个装置上压力均衡管不暴露在声场中的校准结果进行比较，对灵敏度的变化采取适当的修正。

2) 极化电压的影响

电容传声器的极化电压对灵敏度有直接的影响。如果两个传声器所加极化电压相同，其影响可忽略不计。如果其中一个传声器被预极化，将存在误差。

3) 与环境条件的关系

传声器的灵敏度与静压、温度或湿度有关。制造商或计量检定机构提供的参考传声器的声压灵敏度是修正到基准环境条件下的值，测量时应根据实际环境条件对其进行修正。

2.1.9   声校准器校准传声器灵敏度

用互易法校准传声器灵敏度准确度很高，但是它需要一定的声学环境和仪器设备，还需进行一定的计算，因此，校准比较烦琐。在现场进行测试时，为了保证测量过程有效和数据的可靠，对所使用的传声器及声学仪器采用声校准器法进行校准。

实际常用的声校准器有：活塞发声器和声级校准器。

1. 活塞发声器

活塞发声器包括一个刚性壁空腔，空腔内的一端用来装待校传声器，另一端则装有圆柱形活塞，活塞用凸轮或弯曲轴推动做正弦运动，测定活塞运动的振幅就可以求出腔内声压的有效值，其工作原理如图 2.1.15 所示。

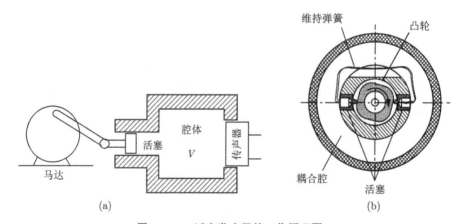

图 2.1.15   活塞发声器的工作原理图

设面积为 S 的活塞做往复运动的位移 $\xi = \xi_0 e^{j\omega t}$，活塞运动引起的体积速度 $U = j\omega S\xi_0 e^{j\omega t}$，如果体积速度 U 的变化远小于腔体的体积 V，腔内的声压为 $p = UZ_a$。其中，Z_a 为腔体的声阻抗。当腔体的几何尺寸远小于声波波长时，腔体作为声顺处理，即有 $Z_a = 1/(j\omega C_a)$，而 $C_a = V/(\gamma P_0)$；在低频时有声压

$$p = j\omega S\xi_0 \frac{\gamma P_0}{j\omega V} = S\xi_0 \frac{\gamma P_0}{V} e^{j\omega t} \tag{2.1.62}$$

因此，声压有效值为

$$p_{\text{RMS}} = \gamma P_0 \frac{S\xi_0}{\sqrt{2}V} \tag{2.1.63}$$

式中：P_0 是大气静压，Pa；S 是活塞的面积，m^2；V 是活塞在中间位置时，腔体积和传声器等效体积的和，m^3；ξ_0 是活塞的振动位移峰值，m；γ 是耦合腔中的气体比热容比，20℃，一个标准大气压下的空气 $\gamma = 1.402$。

活塞发声器中的直流电机上装有一个凸轮，凸轮的形状按 $r = a + b\sin 4\varphi$ 规律加工，当电机带动凸轮转动时，使凸轮两侧用弹簧保持一定压力对称的小活塞按正弦规律做往复运动，在腔内产生频率为四倍于电机转速的声压。直流电机的离心开关保持转速恒定，电机转速为 3750r/min，活塞发声器的频率为 250Hz；由于两个活塞对称放置，产生的声压提高一倍，在大气压为 101.325kPa 时，声压级为 124dB，其准确度可达 ±0.2dB。如果大气压发生变化，依据式 (2.1.63) 进行修正。图 2.1.16 给出了使用活塞发声器时气压的修正曲线。

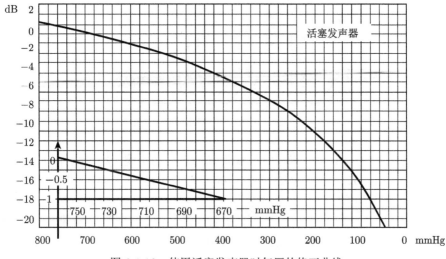

图 2.1.16 使用活塞发声器时气压的修正曲线

由上面讨论可知，活塞发声器运动的频率上限由机械振动的允许速度所控制。由于活塞发声器校准的准确度高，因此被称为标准声源。目前，实验室用的活塞发声器 (B&K4228 型) 的准确度可达 ±0.12dB。

活塞发声器产生的声压级、频率等参量是用经过校准的标准传声器和测量放大器等仪器进行标定。

用活塞发声器校准传声器灵敏度的方法很简单，先使待测传声器与活塞发声器耦合，接通活塞发声器的电源，使它在传声器的膜片前产生一个恒定的声压。这时传声器的输出电压经放大器放大后，可以用具有声压级刻度的电压表来测量活塞发声器耦合腔内的声压级，以此进行传声器及其接收系统的校准。

2. 声级校准器

声级校准器包括一个性能稳定的频率为 1000Hz 的振荡器和压电振动元件及膜片，如图 2.1.17 所示。使用时，振荡器的输出馈送给压电元件，带动膜片振动并在耦合腔内产生 1Pa 声压 (94dB)。上述系统工作在共振频率，其等效耦合体积约为 200cm³，所以产生的声压与传声器等效容积无关。在现场用它来校准传声器，其准确度可达 ±0.3dB。

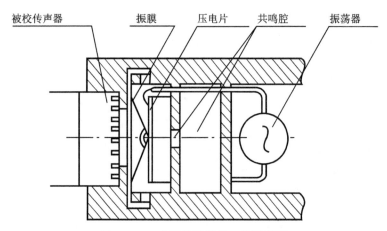

图 2.1.17 声级校准器的工作原理图

近年来，为了克服单一频率给校准带来的缺陷和不便，将振荡器设计为多个输出频率，如 B&K 公司的 4226 型多功能声级校准器，可以产生 94dB、104dB 和 114dB 三种声压级，在 11 个频率上对传声器及其接收系统进行校准，既有线性频率响应，又有 A 计权响应，还可以进行声压、自由场和混响场频率响应试验，是一种用途比较广泛的校准设备。目前常用的几种声级校准器的主要性能指标列于表 2.1.4 中。

表 2.1.4 几种常用声级校准器的主要性能指标

类型	活塞发声器	活塞发声器	声级校准器	声级校准器	多用途声级校准器
型号及生产厂	4228 型 (丹麦 B&K)	AWA 6011 型 (杭州爱华仪器有限公司)	4231 型 (丹麦 B&K)	ND9(红声器材厂嘉兴分厂)	4226 型 (丹麦 B&K)
等级	0	1	1	1	1
标称声压级/dB	124	124	94 和 114	94	94、104 和 114
声压级准确度/dB	±0.12	±0.2 (−10 ~ +50℃)	±0.3 (−10 ~ +50℃)	±0.3 (20 ~ 25℃)	±0.2 (对 94dB、1000Hz 参考条件)
标称频率	250Hz	250Hz	1000Hz	1000Hz	31.5Hz~16kHz 按倍频程点加上 12.5kHz
频率准确度/%	±0.1	±2	±0.1	±2	±0.1
谐波失真/%	≤ 3	≤ 3	≤ 1	≤ 2	≤ 1

2.1.10 传声器灵敏度的修正值

1. 修正值 K_0 的来源

前面讲的传声器的互易校准，是通过测量发射回路电压、接收回路的开路电压计算得到灵敏度，而测量放大器、声级计等声学测量设备均是以 50mV/Pa 的标称灵敏度对应的参考电压信号进行放大器增益校准。

由于生产工艺和设计结构的不同，不可能每一个传声器都具有 50mV/Pa 的灵敏度，因此，实际灵敏度与设计的标称灵敏度有一个差值。在测量使用中，为了保证所用仪器直接读出准确的声压级数，必须对传声器确定一个修正值，并依据修正值来校准测量系统及仪器。这个修正值就是 K_0 值，以分贝表示时，它是传声器的实际灵敏度级与标称灵敏度级 (−26dB, 以 1V/Pa 为参考) 的差值。

$$K_0 = -26 - L_M (\text{dB}) \qquad (2.1.64)$$

式中：L_M 是传声器的实际灵敏度级，dB。

例如，一个传声器的实际灵敏度为 45mV/Pa，其灵敏度级为

$$L_M = 20 \lg \frac{45 \times 10^{-3}\text{V/Pa}}{1\text{V/Pa}} \approx -26.9\text{dB}$$

得到灵敏度修正值为

$$K_0 = -26 - (-26.9) = 0.9(\text{dB})$$

表示用该传声器进行测量时，由于该传声器的灵敏度比标称设计值低，应考虑由此引起的影响。在使用放大器的电校准信号时，实际结果应加上 0.9dB，所以在传声器出厂的校准卡上，标注灵敏度的修正值 $K_0 = 0.9\text{dB}$。

2. K_0 值的使用

传声器的输出阻抗高，必须与前置放大器配接一起使用。在实际修正时，应考虑前置放大器的增益和前置放大器的输入端电容的影响，此时为传声器的有载灵敏度级，因此，实际使用的修正值为

$$K = K_0 - G \tag{2.1.65}$$

$$G = g + 20\lg\frac{C_t}{C_t + C_i}$$

式中：g 是前置放大器增益；C_t 是传声器电容；C_i 是前置放大器电容。

当用活塞发声器校准传声器及其接收系统时，如果腔内产生的信号频率为 250Hz，声压级为 124dB，那么调整放大器的增益使电表读数 (dB) 与活塞发声器的数值一致时，其中就包含前置放大器的增益和前置放大器的输入端电容的影响。

值得注意的是，测试传声器的出厂说明书上给出的是 K_0，在实际应用时要注意两者的区别。

2.1.11　静电激励器测量声压灵敏度频率响应

将不同频率的灵敏度连成一条曲线，就是传声器灵敏度的频率响应。实际上，声学测量是在不同类型的声场中进行的，因而，测量传声器的灵敏度和频率响应取决于声场的类型。使用静电激励器测量传声器的声压灵敏度的频率响应，无需建立特殊的声场条件，在一般实验室即可进行。

静电激励器包括一块开槽金属板，安装在传声器的膜片前面，如图 2.1.18 所示。在开槽板与膜片之间加直流电压 E 和交变信号电压 $e = e_0\sin\omega t$，当 $E \gg e_0$ 时，由于库仑力的作用，在膜片上产生一个频率与 e 的频率相同的交变压力，等效瞬时声压大小为

$$p = \frac{8.85 E e_0 a}{d^2} \times 10^{-12}(\text{Pa}) \tag{2.1.66}$$

其中：d 为开槽金属板与膜片的距离；a 为有效激励器面积和有效膜片面积之比。在 p 的作用下，传声器产生的开路电压可用电压表测量。

由式 (2.1.66) 可知，静电激励器产生的声压与频率无关，只要 E、e_0 和 d 保持不变，就能测量电容传声器的声压灵敏度响应。测量的频率范围可高达 200kHz，当 $E = 800\text{V}$，$e_0 = 30\text{V}$ 时，可产生 1Pa 的声压。如果已知被校传声器的自由场和扩散声场的修正值，那么，只要在声压频率响应上逐个频率叠加上修正值，就可以得到被校传声器的自由场频率响应或者扩散声场的响应。

静电激励器工作时，通常是在直流电压上叠加正弦交流电压，除了所要求的基频等效声压 p 外，还产生二次谐波声压，此时采用选择性测量技术可以达到仅测量基波频率分量的目的。虽然式 (2.1.66) 描述了产生于传声器膜片上的等效声

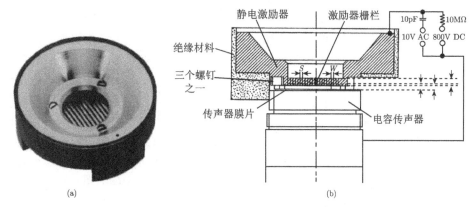

图 2.1.18 静电激励器表面式样及工作原理图

压的绝对值，但静电激励器法通常仅用于测定相对频率响应。此方法可用于测定传声器的绝对灵敏度，但对多数应用来说，所引起的不确定度太大。相对较大的不确定度来源于距离 d 和面积比 a 的测定。

图 2.1.19 所示的是应用静电激励器测量传声器声压灵敏度响应的典型测量装置框图。利用静电激励器在传声器膜片上模拟声压，可全程监测测量系统的整个频率响应。被测试系统可以是单台仪器，如手持式声级计；也可以是复杂的系统，如传声器和附接的前置放大器与系统的指示部分分离的室外监测系统。

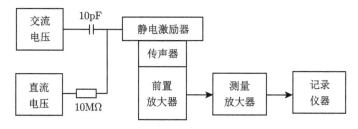

图 2.1.19 静电激励器测量传声器声压灵敏度响应的典型测量装置框图

2.2 声级计的计量

噪声测量中常用的仪器有：声级计、频谱分析仪、电平记录仪等。根据不同的测量目的与要求，可选择不同的测量仪器和不同的测量方法。声级计是噪声现场测量的一种基本测试仪器，主要用来测试噪声的声级，与相应的仪器配套还可进行频谱分析和振动的测量。

2.2.1 声级计的原理

声级计是一种根据国家标准、依据人耳的听力特性、按照一定时间计权和频率计权测量声音声压级的仪器，具有体积小、重量轻、便于携带、使用广泛的特点。按用途可分为测量指数时间计权声级的常规声级计、测量时间平均声级的积分声级计和测量声暴露级的积分声级计；按电路的组成方式可分为模拟声级计和数字声级计；按使用形式可分为便携式声级计和袖珍式声级计；按指示方式可分为模拟指示声级计和数字指示声级计。

各种类型声级计的工作原理基本上相同，所不同的往往是附加有一些特殊的性能，用作各种不同的测量。例如，积分声级计是在一般声级计上附加有积分器和时间平均器，这样在选定的平均时间内对所发生的声音给予同等的重视，测量噪声的等效连续 A 声级 L_{Aeq}；再附加数据储存和统计功能，从而形成用来测量噪声的统计分布，并直接指示或输出 $L_N(L_{10}$、L_{50}、L_{90} 等) 的噪声分析仪。在积分声级计的基础上增加测量声暴露或噪声剂量转换功能，而构成噪声暴露计。

声级计通常由传声器、放大器、衰减器、计权网络、检波器、指示器及电源等部分组成，其工作原理框图如图 2.2.1 所示。被测量的声信号由传声器接收后，将声信号变成电信号，微小的电信号经前置放大器送到输入衰减器组和输入放大器，放大器将微小电信号放大，对较大的输入信号由衰减器加以衰减，使在指示器上获得适当的指示，也使测量量程扩大。计权网络对通过的信号进行频率滤波，使声级计的整机频率响应符合规定的频率计权特性要求，以便能测量计权声压级。信号再经输出衰减器和输出放大器后被送到检波器进行检波，交流信号变成直流，并由显示器显示以 2×10^{-5}Pa 为参考声压的方均根声压级分贝数。检波器具有"快"、"慢"、"脉冲"或"保持"等时间计权特性，使声级计适应于不同时间变化的声音测量指示。有的声级计还具有"外接滤波器"插孔，用来与其他滤波器连接进行频谱分析。"放大器输出"插孔输出的交流信号，用于观察信号波形或者对被测信号进行记录存储和分析。

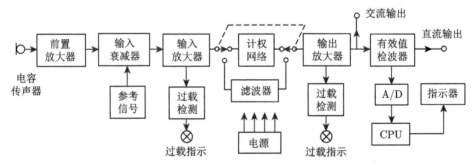

图 2.2.1　声级计工作原理框图

一般声级计至少要具有一种频率计权特性电网络。用频率计权特性电网络测量得到的声压级称为计权声压级。由于 A 声级应用最广泛，因此声级计中都具有 A 计权特性网络，有的还具有 C 计权或具有"线性"频率响应。"线性"表示声级计在一定频率范围内的频率响应是平直的，线性响应用来测量声音的总声压级。为了使世界各国生产的声级计的测量结果可以互相比较，国际电工委员会制定了声级计的有关标准，对声级计的电声性能和计权网络特性等指标进行规范，并推荐各国使用。除了已有的 A、B、C 三种频率计权网络之外，为了测量航空噪声，有的声级计还设置有按照 IEC 537《用于航空噪声测量的频率计权》标准中规定的 D 计权特性网络。几种计权网络曲线的形状如图 2.2.2 所示。

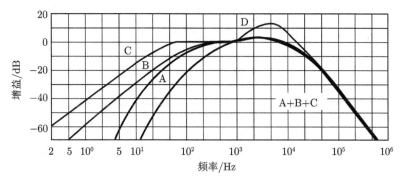

图 2.2.2　计权网络曲线

在自由场中的参考入射方向上，声级计的频率计权特性相对响应，不仅与计权网络的频率特性有关，也与传声器的频率响应、放大器和检波指示器的频率响应有关。

在声级计的具体使用中，不同部分的组合，或将它与不同仪器组合可以构成满足各种不同需求的分析设备。一般情况是按照某个频率计权网络对噪声信号的频率成分进行计权测量，或者与倍频程、1/3 倍频程滤波器组合进行频谱分析。由于电子计算机和大规模集成电路的飞速发展，单片计算机、微型计算机和信号处理器在噪声测量系统中获得了广泛的应用，使噪声测量仪器实现了智能化、数字化和实时分析，也使得噪声测量仪器的功能得到增强，分析处理的速度加快。新型积分声级计、噪声统计分析仪在研究噪声的时间变化特性时，将 A 计权声级进行积分平均，得出连续等效 A 声级 L_{Aeq}、声暴露级 L_{AE}；或者连续进行统计分析，得出统计声级 L_N、均方偏差 SD 等量值。

近年来，声级计输出部分的指示器，由数字显示器代替模拟指示电表，而且 CRT 显示器、点阵式 LCD 及字符打印机和其他的必要设备都已经包含在声级计系统中。

2.2.2　声级计的主要性能及其测量方法

声级计的主要电声性能与测量方法有以下几方面。

1. 频率计权和频率响应

由于声级计测量的声音在可听声频率范围，因此声级计的电性能要求有 10～20000Hz 平直的频率响应特性。随着噪声测量与评价的进展变化，2002 年国际电工委员会颁布的标准 IEC 61672-1《声级计》取消并替代原来的 IEC 60651《声级计》和 IEC 60804《积分声级计》标准，并对一些电、声性能指标和频率计权网络做出新的规定。与 IEC 标准对应，我国制定了新标准 GB/T 3785.1-2010《声级计》，其对原来的国家标准进行修订，分别发布了规范、型式评价试验和周期试验。此外，还规定了声级计分为 1 级和 2 级两种性能。通常 1 级和 2 级声级计的技术要求有相同的设计目标，主要是误差极限和工作温度范围不同。

新的标准最大的变化是将原来的计权网络 A、B 和 C 三种频率计权特性曲线，改为 A、C 和 Z 三种频率计权特性曲线，同时规定，声级计的频率计权特性中一般均有 A 计权，另外规定 1 级声级计应有频率计权 C，或不计权 (ZERO，简称 Z) 及平直特性 (FLAT，简称 F)。对于 C 计权特性由频率 f_1 处的两个低频极点、频率 f_4 处的两个高频极点和 0Hz 处的两个零点来实现。通过这些极点和零点，C 计权特性的频率响应，相对于参考频率 $f_r = 1\text{kHz}$ 的响应，在频率点 $f_L = 10^{1.5}\text{Hz}$ 和 $f_H = 10^{3.9}\text{Hz}$ 处降低了 $D^2 = 1/2$ (约 -3dB)。而 A 计权特性是在 C 计权上加两个耦合的一阶高通滤波器来实现，每个高通滤波器的截止频率为 $f_A = 10^{2.45}\text{Hz}$。1/3 倍频程标称中心，频率对应的频率计权和接受限如表 2.2.1 所示。表中给出的频率计权值，可以分别从作为频率函数的数学解析表达式计算出来。

对任何频率的 C 计权特性值，有

$$C(f) = 20\lg\left[\frac{f_4^2 f^2}{\left(f^2 + f_1^2\right)\left(f^2 + f_4^2\right)}\right] - C_{1000}(\text{dB}) \tag{2.2.1}$$

而 A 计权特性的频率数值可由下式计算

$$A(f) = 20\lg\left[\frac{f_4^2 f^4}{\left(f^2 + f_1^2\right)\left(f^2 + f_2^2\right)^{1/2}\left(f^2 + f_3^2\right)^{1/2}\left(f^2 + f_4^2\right)}\right] - A_{1000}(\text{dB}) \tag{2.2.2}$$

Z 计权特性为

$$Z(f) = 0 \tag{2.2.3}$$

式中：C_{1000} 和 A_{1000} 是以分贝表示的常数，相当于在 1000Hz 时 0dB 频率计权的增益，一般取常数 $C_{1000} = -0.062\text{dB}$，$A_{1000} = -2.000\text{dB}$，$f_1$ 至 f_4 取近似值为：$f_1 = 20.6\text{Hz}$；$f_2 = 107.7\text{Hz}$；$f_3 = 737.9\text{Hz}$；$f_4 = 12194\text{Hz}$。

表 2.2.1　频率计权和接受限

标称频率/Hz	频率计权/dB			接受限/dB 性能级别	
	A	C	Z	1 级	2 级
10	−70.4	−14.3	0.0	+3.0; −∞	+5.0; −∞
12.5	−63.4	−11.2	0.0	+2.5; −∞	+5.0; −∞
16	−56.7	−8.5	0.0	+2.0; −4.0	+5.0; −∞
20	−50.5	−6.2	0.0	±2.0	±3.0
25	−44.7	−4.4	0.0	+2.0; −1.5	±3.0
31.5	−39.4	−3.0	0.0	±1.5	±3.0
40	−34.6	−2.0	0.0	±1.0	±2.0
50	−30.2	−1.3	0.0	±1.0	±2.0
63	−26.2	−0.8	0.0	±1.0	±2.0
80	−22.5	−0.5	0.0	±1.0	±2.0
100	−19.1	−0.3	0.0	±1.0	±1.5
125	−16.1	−0.2	0.0	±1.0	±1.5
160	−13.4	−0.1	0.0	±1.0	±1.5
200	−10.9	0.0	0.0	±1.0	±1.5
250	−8.6	0.0	0.0	±1.0	±1.5
315	−6.6	0.0	0.0	±1.0	±1.5
400	−4.8	0.0	0.0	±1.0	±1.5
500	−3.2	0.0	0.0	±1.0	±1.5
630	−1.9	0.0	0.0	±1.0	±1.5
800	−0.8	0.0	0.0	±1.0	±1.5
1 000	0	0	0	±0.7	±1.0
1 250	+0.6	0.0	0.0	±1.0	±1.5
1 600	+1.0	−0.1	0.0	±1.0	±2.0
2 000	+1.2	−0.2	0.0	±1.0	±2.0
2 500	+1.3	−0.3	0.0	±1.0	±2.5
3 150	+1.2	−0.5	0.0	±1.0	±2.5
4 000	+1.0	−0.8	0.0	±1.0	±3.0
5 000	+0.5	−1.3	0.0	±1.5	±3.5
6 300	−0.1	−2.0	0.0	+1.5; −2.0	±4.5
8 000	−1.1	−3.0	0.0	+1.5; −2.5	±5.0
10 000	−2.5	−4.4	0.0	+2.0; −3.0	+5.0; −∞
12 500	−4.3	−6.2	0.0	+2.0; −5.0	+5.0; −∞
16 000	−6.6	−8.5	0.0	+2.5; −16.0	+5.0; −∞
20 000	−9.3	−11.2	0.0	+3.0; −∞	+5.0; −∞

注: C、A、Z 频率计权分别用式 (2.2.1)、式 (2.2.2) 和式 (2.2.3) 计算出来; 频率 f 由 $f = f_{\mathrm{r}} \, [10^{0.1(n-30)}]$ 计算, 这里 $f_{\mathrm{r}} = 1000\mathrm{Hz}$, n 是 10 到 43 之间的一个整数。计算结果修约到 0.1dB。

以计算 100Hz 的 C 计权和 A 计权的响应值为例, 其计算的结果有

$$C(100)$$

$$= 20\lg\left[\frac{12194^2 \times 100^2}{(100^2 + 20.6^2) \times (100^2 + 12194^2)}\right] + 0.062$$

$$\approx -0.2996(\mathrm{dB}) \approx -0.3(\mathrm{dB})$$

$A(100)$

$$= 20\lg\left[\frac{12194^2 \times 100^4}{(100^2 + 20.6^2) \times (100^2 + 107.7^2)^{1/2} (100^2 + 737.9^2)^{1/2} \times (100^2 + 12194^2)}\right]$$

$$+ 2.000$$

$$\approx -19.145(\mathrm{dB}) \approx -19.1(\mathrm{dB})$$

由于声级计使用在各种不同情况的声场中，因此，对声级计具有的频率计权和频率响应，至少要有一个在自由声场中用声信号进行测量。当用电信号检测其频率计权或频率响应时，应附加上传声器的标称频响和声级计外壳的散射，以及传声器周围的绕射影响。在自由声场用声信号检测时，由于声级计的频率响应范围是 10Hz~20kHz，考虑到消声室的自由场下限频率一般不能做得很低，而传声器的各种声场灵敏度在低频时又趋于一致，因此，对低于消声室低频下限的频率可在耦合腔中进行测量。

目前，我国还不能得到理想的 LS1P 和 LS2P 实验室标准传声器的自由声场灵敏度级，传递的量值只是压力场灵敏度级，因此，在自由声场进行声级计频率计权或频率响应的替换法测量时，在 500Hz 以上的传声器频率范围必须对自由声场灵敏度级与声场灵敏度级的差值作修正。表 2.2.2 和表 2.2.3 分别给出了典型的4160 型和 4180 型实验室标准传声器的声压灵敏度级 $L_{M\mathrm{p}}$ 与声场灵敏度级 $L_{M\mathrm{f}}$ 的差值。

表 2.2.2   4160 型电容传声器的声压灵敏度与声场灵敏度的差值

频率/kHz	0.5	0.63	0.8	1.0	1.25	1.6	2.0	2.5	3.15
0° 入射差值/dB	0.1	0.1	0.2	0.3	0.5	0.7	1.0	1.6	2.4
频率/kHz	4.0	5.0	6.3	8.0	10.0	12.5	16.0	20.0	
0° 入射差值/dB	3.6	5.0	6.9	8.5	9.2	8.8	7.5	6.2	

表 2.2.3   4180 型电容传声器的声压灵敏度与声场灵敏度的差值

频率/kHz	1.0	2.0	3.15	4.0	5.0	8.0	10.0	16.0	20.0
0° 入射差值/dB	0.1	0.3	0.5	1.0	1.5	3.8	5.3	8.5	9.0

在自由声场进行声信号测量频率计权和频率响应的方框图如图 2.2.3 所示，图中标准传声器和被测声级计相互替换。

在自由声场进行声信号测量的方法如下：

(1) 声级计的量程控制器应置于参考级量程 (如 90dB 挡)，时间计权置于 "F" 挡位置。

(2) 如果声级计具有 C 计权或 Z 计权，则声信号测试优先在 C 计权或 Z 计权上进行。

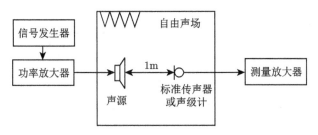

图 2.2.3 自由声场中测量频率计权和频率响应的方框图

(3) 对 1 级声级计的频率计权检测，从 10Hz~20kHz 频率范围在标称 1/3 倍频程间隔上进行；对 2 级声级计的频率计权检测，从 20Hz~8kHz 频率范围在标称倍频程间隔进行。

(4) 首先将实验室标准传声器放入自由场中，在 500Hz 及其以上的每个测试频率上，调节声源的输出，使实验室标准传声器上产生一个参考声压级，并在所有测试频率上保持这个声压级 (对于高频段要附加表 2.2.2 或表 2.2.3 的修正值)，记录所有声压级对应的信号发生器输出的电信号幅值。

(5) 用声级计置换实验室标准传声器，保持声级计的传声器参考点与实验室标准传声器参考点的位置相同。在每个测试频率上，调整信号发生器的输出，与测量实验室标准传声器时的电压幅值相同，在每个测试频率上记录声级计的指示声压级。

(6) 声级计的自由场频率响应特性或频率计权特性，是在每个测试频率上，由测得的声级计不同计权位置的指示声级减去用实验室标准传声器测试得到的没有频率计权的声压级进行计算。

(7) 在 400Hz 及其以下频率范围内，声级计的传声器和实验室标准传声器应插入封闭声耦合腔中，按照上述方法测量计算。

(8) 所有被测声级计的频率计权偏离理论值的差值应在表 2.2.1 给出的相应频率上的允差范围内。

需要注意：① 在所有测试频率上，声源工作时的声压级至少大于声源不工作时的声压级 20dB；② 在低频段，传声器插入封闭声耦合腔中的声压响应可假定为等效自由场响应或无规入射响应，但应考虑耦合腔中的声场与传声器插口的位置。

为了加深对上述操作方法的理解，表 2.2.4 给出了用以 4180 型 (LS2P) 实验室标准传声器在自由场进行声级计的频率计权测量的实例。表中的传声器声压灵敏度级通过耦合腔互易法测定，可直接向国家声压基准进行量值溯源；传声器声场灵敏度级通过表 2.2.3 计算求得；传声器灵敏度修正值是传声器声场灵敏度级与参考灵敏度级 (−26dB) 的差值。

表 2.2.4 用 4180 型标准传声器在部分频率对声级计频率计权测量的实例

频率 /kHz	传声器声压灵敏度级/dB	传声器声场灵敏度级/dB	传声器声敏度级修正值/dB	相应 84dB 时测量放大器示值/dB	信号发生器输出电压/mV	声级计的 A 计权读数/dB	A 计权实际值/dB	A 计权理论值/dB	允差 /dB
1	−38.7	−38.6	+ 12.6	71.4	500.0	84.3	+ 0.3	0.0	±1.1
5	−38.5	−37.0	+ 11.0	73.0	426.5	84.5	+ 0.5	+ 0.5	±2.1
16	−38.8	−30.3	+ 4.3	79.7	215.5	78.5	−5.5	−6.6	+3.5 ;−17
20	−39.0	−30.0	+ 4.0	80.0	210.6	76.0	−8.0	+ 4.0	−9.3; −∞

测量时，功率放大器选定合适的增益后不再调节，而通过调节信号发生器的输出电压，使测量放大器指示在相应于 84dB 时的示值上，如 5kHz 时，加上传声器灵敏度级修正值之后 (假设前置放大器的传输损失可以忽略不计)，测量放大器指示应在 73.0dB，并记录信号发生器的输出电压值。当测量声级计时，保持信号发生器的输出电压值不变，并读取声级计的示值。重复各个测量频率点，即可准确得到声级计的频率计权值。

2. 时间计权特性

声级计必须有相应的时间计权特性与频率计权配合使用才能使测试结果在一定程度上反映人对声音的主观感觉。声级计时间平均特性包括"快"(F)、"慢"(S) 和"脉冲"(I) 三种检波指示特性。

快、慢检波特性主要用于对连续波信号的测试，图 2.2.4 是具有快、慢检波特性的仪器的方框图，"快"特性的检波电路的时间常数为 125ms，"慢"特性的检波电路的时间常数为 1000ms，对于测量稳定的连续噪声，两者没有差别；而对于起伏较大的声音，此时用"慢"时间平均，其指示在平均值附近摆动小。但是，由于平均时间长，将使峰值与谷值的测量产生较大的误差，所以用"快"时间平均测量，能准确地知道声音涨落的峰、谷值。

图 2.2.4 具有快、慢检波特性的仪器的方框图

对于脉冲声的测量，因为脉冲的宽窄不同，其响度的感觉与稳态声级的响度相比较也不相同。为了更好地反映脉冲声波的特性，采用平均时间更短的平均时间特性。

一般的声级计对最新发生的声音比对以前发生的声音要重视,即给出的是最新发生的即时声压级数值。为了对非稳态声音、断续声进行测量,并以等效连续声级表示,积分声级计具有较长的线性平均时间,对所选定的平均时间内的声音给予同等重视,给出的是数分钟直至数小时的测量值。

对上面所述的时间平均特性,采用稳态正弦电信号、猝发音电信号和重复猝发音电信号进行测试。

猝发音是从稳态正弦输入信号中提取的一种脉冲声,波形起始和终止在零点上的一个或多个完整周期的正弦信号,也称正弦波列。猝发音响应是用正弦电猝发音信号测量得到的最大时间计权声级、时间平均声级或者声暴露级,减去用相应稳态正弦输入信号输入时测量的声级。

测量的方法如下:

1) "F"和"S"指数衰减时间常数

用稳态的 4kHz 正弦电信号检定声级计的"F"和"S"指数衰减时间常数时,突然中断输入信号并测量指示声级的衰减速率,时间计权"F"的下降速率至少为 25dB/s,时间计权"S"应在 3.4dB/s 和 5.3dB/s 之间。

用 1000Hz 电信号检测"F"和"S"时间计权测量声级之间的偏差不应超过 ±0.3dB。

2) "F"和"S"时间计权猝发音响应

表 2.2.5 中的猝发音响应值是计算获得的 4kHz 猝发音响应的理论值。对于声级计"F"和"S"时间计权的不同频率计权猝发音响应最大声级 δ_{ref},用以下公式确定

$$\delta_{\mathrm{ref}} = 10 \lg(1 - \mathrm{e}^{-T_{\mathrm{b}}/\tau})(\mathrm{dB}) \tag{2.2.4}$$

式中:T_{b} 是规定的猝发音持续时间,s;τ 是规定的指数时间常数,"F"为 0.125s,"S"为 1s。

测量"F"和"S"时间计权猝发音响应时,将声级计的时间计权开关分别置于"F"和"S"位置,在参考级量程上,分别使用持续时间为 500ms、200ms、50ms 和 10ms 的 4kHz 正弦电信号单个猝发音进行测量。不同持续时间的猝发音响应是猝发音信号在"F"挡和"S"挡的最大指示声级减去相应连续信号的"F"和"S"时间计权的稳态指示声级,所得猝发音响应的差值应在表 2.2.5 规定的允差范围内。

对积分声级计和积分平均声级计测量的声暴露级而言,以 4kHz 猝发音响应的频率计权声暴露级 δ_{ref} 用式 (2.2.5) 近似确定

$$\delta_{\mathrm{ref}} = 10 \lg(T_{\mathrm{b}}/T_0) \tag{2.2.5}$$

式中:T_{b} 是规定的猝发音持续时间,s;T_0 是声暴露的参考持续时间,1s。

3) 时间平均的重复猝发音响应

对于具有时间平均声级的积分声级计, 使用重复猝发音序列响应检查时变噪声的时间平均声级的特性, 用测量的序列时间平均声级减去相应连续信号的时间平均声级进行确定。

表 2.2.5　参考 4kHz 猝发音响应和允差

时间计权特性	猝发音持续时间 T_b/ms	相对稳态声级的参考 4kHz 猝发音响应 δ_{ref}/dB		允差/dB	
		$L_{AFmax} - L_A$ $L_{CFmax} - L_C$ $L_{ZFmax} - L_Z$ [式 (2.2.4)]	$L_{AE} - L_A$ $L_{CE} - L_C$ $L_{ZE} - L_Z$ [式 (2.2.5)]	1 级	2 级
F	1000	0.0	0.0	±0.8	±1.3
	500	−0.1	−3.0	±0.8	±1.3
	200	−1.0	−7.0	±0.8	±1.3
	100	−2.6	−10.0	±1.3	±1.3
	50	−4.8	−13.0	±1.3	+1.3; −1.8
	20	−8.3	−17.0	±1.3	+1.3; −2.3
	10	−11.1	−20.0	±1.3	+1.3; −2.3
	5	−14.1	−23.0	±1.3	+1.3; −2.8
	2	−18.0	−27.0	+1.3; −1.8	+1.3; −2.8
	1	−21.0	−30.0	+1.3; −2.3	+1.3; −3.3
	0.5	−24.0	−33.0	+1.3; −2.8	+1.3; −4.3
	0.25	−27.0	−36.0	+1.3; −3.3	+1.8; −5.3
S		$L_{ASmax} - L_A$ $L_{CSmax} - L_C$ $L_{ZSmax} - L_Z$ [式 (2.2.4)]			
	1000	−2.0		±0.8	±1.3
	500	−4.1		±0.8	±1.3
	200	−7.4		±0.8	±1.3
	100	−10.2		±1.3	±1.3
	50	−13.1		±1.3	+1.3; −1.8
	20	−17.0		+1.3; −1.8	+1.3; −2.3
	10	−20.0		+1.3; −2.3	+1.3; −3.3
	5	−23.0		+1.3; −2.8	+1.3; −4.3
	2	−27.0		+1.3; −3.3	+1.3; −5.3

注: L_{AFmax}、L_{CFmax}、L_{ZFmax} 为在 "F" 时间计权下, 不同频率计权的猝发音信号最大指示声级; L_{ASmax}、L_{CSmax}、L_{ZSmax} 为在 "S" 时间计权下, 不同频率计权的猝发音信号最大指示声级; L_A、L_C、L_Z 为相同时间计权而不同频率计权的稳态指示声级。L_{AE}、L_{CE}、L_{ZE} 为在 "F" 挡的不同频率计权的猝发音信号最大指示声暴露级。

从 4kHz 连续正弦信号中提取一定持续时间的单个猝发音构成猝发音序列信号。一般使用的单个猝发音持续时间为 500ms、200ms、50ms 和 10ms。为了保证对时间平均声级进行稳定的测量，构成的每个重复猝发音序列中应包含足够数量的猝发音，并且在一个序列中的单个猝发音之间的时间间隔应至少是单个猝发音持续时间的 3 倍以上，在任何总的测试持续时间内，从稳态正弦信号中提取的 N 个猝发音序列的理论上的时间平均声级，与相应的该稳态正弦信号的时间平均声级之间的差值 $\delta_{\text{ref}}(\text{dB})$ 由下式给出

$$\delta_{\text{ref}} = 10\lg(NT_{\text{b}}/T_{\text{m}}) \tag{2.2.6}$$

式中：T_{b} 是单个猝发音持续时间，s；T_{m} 是总的测量持续时间，s；N 是测试持续时间内猝发音序列重复周期数。

相应的稳态正弦信号应以总的测量持续时间进行平均。

例 2.2.1 单个猝发音持续时间为 200ms，取重复时间间隔是单个猝发音持续时间的 4 倍，即两个单个猝发音之间的时间间隔为 800ms，如图 2.2.5 所示。在总的测量时间 10s 中含有 10 个重复周期，计算得到该序列重复猝发音响应的时间平均声级为

$$\delta_{200\text{ref}} = 10\lg(10 \times 0.2/10) = 10\lg 0.2 \approx -7.0(\text{dB})$$

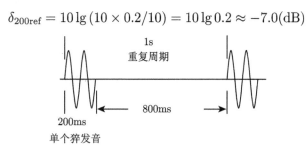

图 2.2.5 时间平均的重复猝发音序列

而当单个猝发音持续时间为 50ms 时，取重复时间间隔是单个猝发音持续时间的 4 倍，即两单个猝发音之间的时间间隔为 200ms，在总的测量时间 10s 中有 40 个重复周期，计算得到该序列重复猝发音响应的时间平均声级为

$$\delta_{50\text{ref}} = 10\lg(40 \times 0.05/10) = 10\lg 0.2 \approx -7.0(\text{dB})$$

这样在总的测量时间 10s 内，不同持续时间的平均声级与相应的该稳态正弦信号的时间平均声级之间的差值都为 −7.0dB，因此达到了对于选定的不同平均时间内的声音给予同等的重视。

2.2.3 声级计的整机校准

声级计 (以及音频测量放大器) 通常是按某一标称灵敏度设计的，然而，实际传声器的灵敏度与标称值总是有或多或少的偏差，导致系统的实际整机灵敏度并非标称灵敏度。为了保证测量的数据可靠和有效，声级计在使用时必须根据实际

所用传声器的灵敏度进行整机校准，使系统灵敏度达到标称值，以保证测量结果的可靠性和有效性。声级计在进行测量前和测量后均应进行校准，常用的校准方法有电信号校准方法和声学校准方法。

1. 电信号校准方法

一般的声级计或测量放大器均设有对应于 50mV/Pa (灵敏度级为 −26.0dB) 用于校准的参考电压信号，在放大器上有一个对应的指示刻度。校准时，根据传声器灵敏度的修正值 K_0，进行放大器指示刻度的校准。

例如，使用的传声器的开路灵敏度为 60mV/Pa，其灵敏度级是 −24.4dB，其修正值 K_0 是 −1.6dB。在校准时，调整放大器增益，使仪器的指示低于标称刻度 "▲" 处 −1.6dB 的位置 (或低于标称显示数 −1.6dB 的读数)，使整机灵敏度校准到 50mV/Pa。这样就可以在测量结果中减去使用该传声器时由于灵敏度过高而带来的影响。

电信号校准方法简单快捷，但缺点是没有考虑下列影响因素：前置放大器的输入电容影响和前置放大器的传输损失；本机校准电信号的频率与幅度的不稳定性；传声器灵敏度的不稳定性。

2. 声学校准方法

实际测量工作中，传声器总是与前置放大器连接工作，即处于带载工作状态。但生产厂家或检定机构给出的是传声器的开路灵敏度，而作为传声器负载的前置放大器的输入阻抗又不是无限大，导致传声器的带载灵敏度不等于其开路灵敏度，而且前置放大器具有一定的传输损失。因此，当使用本机电信号校准时，校准信号不经过此环节因而产生误差；尤其是当传声器的开路灵敏度和测量仪器的放大倍数发生变化时，有时可能产生较大的误差。使用已知声压级的标准声源——活塞发声器或声级校准器，可以对传声器包括前置放大器、连接电缆和测量放大器电路在内的整个测量系统的灵敏度进行校准。

例如，使用声级校准器进行校准时，经过计量标定的声级校准器 1000Hz 的声压级为 93.8dB，当与传声器耦合后，对包括前置放大器、连接电缆在内的测量系统进行校准，依据声级校准器的声压级，调整放大器的指示或显示声级为 93.8dB，即可达到整机的校准。

2.3　滤波器与频率分析仪

2.3.1　滤波器简介

声级计与各种滤波器配合使用，可以用来进行频率分析。有时将滤波器与测量放大器组合成一台仪器，这种仪器通常称为频率 (或频谱) 分析仪。

滤波器是一种把信号中各分量按频率加以分离的设备。它具有频率选择特性，可让某些频率范围内的信号通过，而阻滞或衰减其他频率范围内的信号。滤波器可以是单独的仪器，也可以是测量系统中的一个组件，工作在系统或仪器的整个频率范围内或频率范围中的某一段。根据滤波器的频率特性，滤波器可分为低通滤波器、高通滤波器、带通滤波器和带阻滤波器四种形式。

(1) 低通滤波器 (图 2.3.1(a))：具有一个从 0Hz 至截止频率 f_c 的通带，低于截止频率 f_c 的信号可以通过，高于截止频率 f_c 的信号被阻滞，其带宽为 $B = f_c$。

(2) 高通滤波器 (图 2.3.1(b))：具有一个从 0Hz 至截止频率 f_c 的阻带，高于截止频率 f_c 的信号可以通过，低于截止频率 f_c 的信号被阻滞。

(3) 带通滤波器 (图 2.3.1(c))：具有一个通带和两个阻带，下限截止频率 f_1 和上限截止频率 f_2 之间为通带，从 0Hz 至下限截止频率 f_1 和频率高于上限截止频率 f_2 为阻带。频率在 $f_1 \sim f_2$ 之间的信号可以通过，频率低于 f_1 或高于 f_2 的信号被阻滞，其带宽为 $B = f_2 - f_1$。

(4) 带阻滤波器 (图 2.3.1(d))：具有一个阻带和两个通带，下限截止频率 f_1 和上限截止频率 f_2 之间为阻带，从 0Hz 至下限截止频率 f_1 和频率高于上限截止频率 f_2 为通带。频率在 $f_1 \sim f_2$ 之间的信号被阻滞，其他频率的信号都可以通过。

带通滤波器只允许一定频率范围 (通带) 内的信号通过，高于或低于这一频率范围的信号不能通过。图 2.3.1(c) 中虚线画出了理想带通滤波器的幅度特性，在 $f_1 \sim f_2$ 频率范围 (通带) 内信号不衰减，f_1 以下及 f_2 以上频率范围 (阻带) 信号全部被衰减到 0。f_1 和 f_2 分别称为滤波器的下限截止频率和上限截止频率。

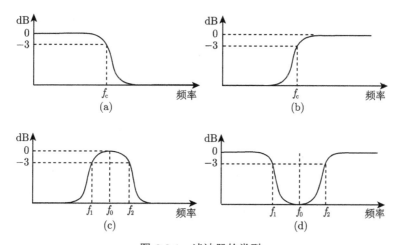

图 2.3.1 滤波器的类型

2.3.2 倍频程和 1/3 倍频程滤波器

1. 倍频程比

滤波器标称中心频率之比称为倍频程比，倍频程比记作 G。倍频程比决定了带通滤波器的中心频率和截止频率的准确值。

噪声与振动测量分析中使用的滤波器有倍频程滤波器和 1/3 倍频程滤波器。国家计量检定规程 JJG 449-2014《倍频程和 1/3 倍频程滤波器检定规程》规定了以 10 为底和以 2 为底的两个系统。在以 10 为底的系统中，倍频程比为 $G_{10} = 10^{3/10} \approx 1.99526$；在以 2 为底的系统中，倍频程比为 $G_2 = 2$。

2. 中心频率

滤波器的中心频率有标称中心频率和准确的中心频率两个概念。标称中心频率是用来标识滤波组，它是准确的中心频率取整后的值，而准确的中心频率是滤波器通带的上限和下限截止频率的几何平均值。

在以 10 为底的系统中，倍频程滤波器和 1/3 倍频程滤波器的准确中心频率分别为

$$f_m = 10^{3x/10} f_\tau \tag{2.3.1}$$

和

$$f_m = 10^{x/10} f_\tau \tag{2.3.2}$$

在以 2 为底的系统中，倍频程滤波器和 1/3 倍频程滤波器的准确中心频率分别为

$$f_m = 2^x f_\tau \tag{2.3.3}$$

和

$$f_m = 2^{x/3} f_\tau \tag{2.3.4}$$

式中：f_m 是准确的中心频率，Hz；x 是正整数、负整数或零；f_τ 是基准频率，1000Hz。

倍频程和 1/3 倍频程滤波器在可听声频率范围内的标称中心频率及其准确值见表 2.3.1，可听声频范围外的可由式 (2.3.1)～ 式 (2.3.4) 计算。

表 2.3.1 中准确的中心频率取 5 位有效数字，标有"*"号的为准确值，"+"号表示推荐采用的频率。

表 2.3.1 倍频程和 1/3 倍频程滤波器的中心频率

标称中心频率/Hz	准确的中心频率/Hz		1/3 倍频程	倍频程
	以 10 为底	以 2 为底		
25	25.119	24.803	+	
31.5	31.623	31.250*	+	+
40	39.811	39.373	+	
50	50.119	49.606	+	
63	63.096	62.500*	+	+
80	79.433	78.745	+	
100	100.00*	99.213	+	
125	125.89	125.00*	+	+
160	158.49	157.49	+	
200	199.53	198.43	+	
250	251.19	250.00*	+	+
315	316.23	314.98	+	
400	398.11	396.85	+	
500	501.19	500.00*	+	+
630	630.96	629.96	+	
800	794.33	793.70	+	
1000	1000.0*	1000.0*	+	+
1250	1258.9	1259.9	+	
1600	1584.9	1587.4	+	
2000	1995.3	2000.0*	+	+
2500	2511.9	2519.8	+	
3150	3162.3	3174.8	+	
4000	3981.1	4000.0*	+	+
5000	5011.9	5039.7	+	
6300	6309.6	6349.6	+	
8000	7943.3	8000.0*	+	+
10000	10000*	10097	+	
12500	12589	12699	+	
16000	15849	16000*	+	+
20000	19953	20159	+	

在可听声频率范围内，以 10 为底的系统中，只有 100Hz、1000Hz 和 10000Hz 这三个中心频率为准确值；而在以 2 为底的系统中，所有倍频程的中心频率都为准确值。

3. 截止频率

带通滤波器是声学测量中进行频率分析经常使用的滤波器，带通滤波器的截止频率分为下限频率和上限频率。

倍频程滤波器的下限频率 f_1 和上限频率 f_2 分别为

$$f_1 = G^{-1/2}f_m \tag{2.3.5}$$

和

$$f_2 = G^{1/2} f_m \tag{2.3.6}$$

1/3 倍频程滤波器的下限频率 f_1 和上限频率 f_2 分别为

$$f_1 = G^{-1/6} f_m \tag{2.3.7}$$

和

$$f_2 = G^{1/6} f_m \tag{2.3.8}$$

式中：G 是倍频程比；f_m 是准确的中心频率，Hz。

它们的上限频率 f_2 和下限频率 f_1 之间有如下关系：

$$\frac{f_2}{f_1} = G^n \tag{2.3.9}$$

对于倍频程滤波器，$n=1$；对于 1/3 倍频程滤波器，$n=1/3$。

倍频程和 1/3 倍频程滤波器的百分比带宽为 $(f_2-f_1)/f_m$，相应的百分比带宽分别为 70.7% 及 23.16%，是最常用的恒百分比带宽滤波器。

以 2 为底系统的倍频程和 1/3 倍频程滤波器在可听声频率范围内的标称中心频率及其上、下限频率见表 2.3.2，可听声频范围外的标称中心频率及其上、下限频率可由式 (2.3.5)~ 式 (2.3.8) 计算。

表 2.3.2　以 2 为底系统的倍频程和 1/3 倍频程滤波器的标称中心频率及其上、下限频率

| 频率/Hz | | | | | |
| 倍频程 | | | 1/3 倍频程 | | |
下限频率 f_1	标称中心频率 f_0	上限频率 f_2	下限频率 f_1	标称中心频率 f_0	上限频率 f_2
			22.4	25	28.2
22.4	31.5	44.7	28.2	31.5	35.5
			35.5	40	44.7
			44.7	50	56.2
44.6	63	89.2	56.2	63	70.8
			70.8	80	89.1
			89.1	100	112.2
89.0	125	178	112.2	125	141.3
			141.2	160	177.9
			177.8	200	224.0
177.6	250	355.2	223.8	250	282.0
			281.2	315	355.0

频率/Hz					
倍频程			1/3 倍频程		
下限频率 f_1	标称中心频率 f_0	上限频率 f_2	下限频率 f_1	标称中心频率 f_0	上限频率 f_2
			354.7	400	446.9
354.4	500	708.8	446.5	500	562.6
			562.1	630	708.2
			707.7	800	891.6
707.1	1000	1414.2	891.0	1000	1122.4
			1121.6	1250	1413.1
			1412	1600	1779.0
1410.8	2000	2821.7	1777.6	2000	2239.6
			2237.8	2500	2819.5
			2817.3	3150	3549.5
2815.0	4000	5630.1	3546.7	4000	4468.6
			4465.1	5000	5625.6
			5621.2	6300	7082.3
5616.8	8000	11233.4	7076.7	8000	8916.0
			8909.0	10000	11220.6
			11215.0	12500	14131.0
11206.9	16000	22413.8	14119.8	16000	17789.8
			17775.8	20000	22396.1

　　为了对一定频率范围内的噪声与振动信号进行分析,用若干组同样形式电路、不同中心频率的滤波器组成一台仪器,通过转动波段开关或按键开关选择任何一个滤波器,测出该滤波器通带内的频率成分。图 2.3.2 所示的是倍频程滤波器的频率响应特性曲线。

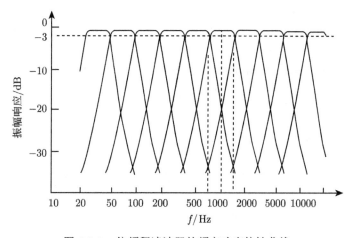

图 2.3.2　倍频程滤波器的频率响应特性曲线

2.4　噪声测量

随着工业化程度的提高以及交通运输和城市化建设的迅速发展，噪声污染已普遍成为一种社会公害。噪声对人们的健康影响已引起各方面的关注。噪声控制已成为环境保护的一项重要内容，我国政府已颁布了关于噪声控制的法律法规，相应地制定了一系列有关噪声测量、噪声限制和控制的国家标准和行业标准。

噪声测量是噪声影响评价、噪声控制方法和控制技术措施制定及其控制效果检验等一系列工作的基础，而测量噪声的仪器对噪声测量的结果有着直接的影响，因此熟悉测量仪器的功能和特点，了解和掌握有关噪声测量方法、噪声影响评价参量和要求，为正确开展不同用途的噪声影响评价和噪声控制工作创造条件。

2.4.1　噪声的评价方法和评价量

噪声对人的危害和影响是多方面的，各国的研究者对噪声的危害和影响进行了大量研究，提出了各种评价方法和评价指标，期望得到与主观感觉相一致的客观评价量和精确评价方法。这些评价量大致可概括为：与听觉特性有关的评价量，与心理感受有关的评价量，以及与室内活动有关的评价量等几个方面。不同的评价量适用于不同的环境、时间、噪声源特性以及评价对象。下面简要介绍一些基本的噪声评价参量。

1. 响度级与响度

大量的研究表明，人耳对不同频率的声音的响度感觉是不一样的。不同频率的声音即使声压级相同 (声能量相同)，听起来却感觉不一样响。为了使人耳对频率的响应与客观物理量 (声压级) 联系起来，采用响度级来定量地描述这种关系。

对于 1000Hz 的纯音，它的响度级就是这个声音的声压级，当人耳听到的其他频率的纯音与一定的声压级的 1000Hz 纯音为标准进行比较，感觉响度相同时，这时 1000Hz 纯音的声压级就被定义为这一纯音的响度级。在等响条件下，声压级与频率的关系曲线称为等响曲线，如图 2.4.1 所示。

响度级记为 L_S，单位是方 (phon)。例如，51dB 的 100Hz 纯音和 40dB 的 1000Hz 纯音听起来一样响，即两者位于同一条 40 方的等响曲线上，它们的响度级都是 40 方。同一条曲线上的每一个频率的声音在感觉上一样响。曲线中最下面的一条虚线是作为听阈的最小可听声场曲线，可以认为是响度为零的等响曲线，但响度级不是 0，而是 4.2 方，低于这条曲线的声音是听不到的。

响度级是一种对数标度的单位。不同响度级的声音不能直接进行比较，如响度级由 40 方增加到 80 方的声音，并不意味着 80 方的声音是 40 方的 2 倍响。主观上比较一个声音比另一个声音响一倍用响度。

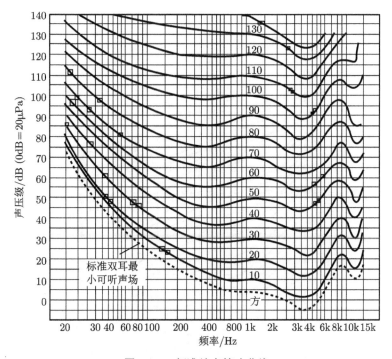

图 2.4.1 标准纯音等响曲线

响度记为 S, 单位为宋 (sone)。通常响度变化一倍时, 对应的响度级相差 10 方, 这个关系在 $40\sim105$ 方范围内已为心理物理实验所证实。考虑强度关系, 取 40 方 (或 40dB 的 1000Hz 纯音或窄带噪声) 所产生的响度为标准, 令其为 1 宋; 用另一个声音和它作比较, 听起来如果比它响 1 倍, 则这个声音的响度就是 2 宋。稳态声音的响度级 L_S 与响度 S 的关系为

$$L_S = 40 + 33.3 \lg S \tag{2.4.1}$$

$$S = 2^{(L_S - 40)/10} \tag{2.4.2}$$

由于大多数实际噪声源产生的频率范围很宽, 不是纯音或窄带, 为了计算这一复杂噪声的响度, 史蒂文斯 (Stevens) 提出了响度指数的计算方法, 如下所述。

首先, 根据噪声在倍频程或 1/3 倍频程中心频率的声压级, 由图 2.4.2 确定频带的响度指数。在各指数中找出最大的一个指数 S_m, 然后将各指数求和减去最大的指数, 乘以计权数 F, 最后与 S_m 相加, 即有

$$S_t = S_m + F \left(\sum_{i=1}^{n} S_i - S_m \right) \tag{2.4.3}$$

式中：S_t 是总响度，宋；S_i 是每一个倍频带对应的响度指数，宋；S_m 是最大的响度指数，宋；F 是带宽因子。

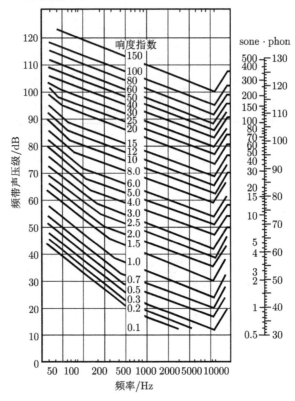

图 2.4.2　史蒂文斯响度指数曲线

对 1/3 倍频带，$F = 0.15$；对 1/2 倍频带，$F = 0.20$；对倍频带，$F = 0.30$。带宽因子表示最响的频带对其他频带的掩蔽效应。

通过计算求出来的总响度，就可由式 (2.4.1) 或者图 2.4.2 中的右边列线图得到响度级。

2. 感觉噪度和感觉噪声级

噪声的吵闹和烦恼的感觉同响度有密切关系，响度大的噪声显得更吵。但是，噪声的吵闹感觉还与频谱特性和时间变化特性有关。高频噪声比同样响的低频噪声觉得更吵；强度随时间变动的噪声比相对稳定的噪声更吵；含有纯音或窄带的噪声比一般宽带噪声更吵。通过对吵闹的一系列主观评价，克瑞特 (Kryter) 提出了感觉噪度来评价吵闹的感觉。感觉噪度的单位是呐 (noy)。同一个 40dB，中心频率为 1000Hz 的倍频带 (1/3 倍频带) 的无规噪声听起来有相等的吵闹感觉的声音为 1noy。

噪度是利用一组等感觉噪度曲线 (图 2.4.3) 进行计算的。

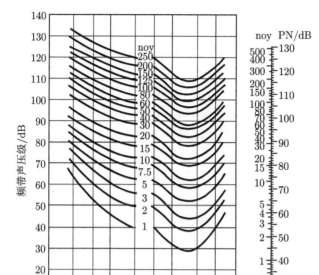

图 2.4.3 等感觉噪度曲线

总的感觉噪度的求法与史蒂文斯的响度计算方法类似, 是各频带的噪度之和, 则

$$N_t = N_m + F\left(\sum_{i=1}^{n} N_i - N_m\right) \tag{2.4.4}$$

式中: N_t 是总感觉噪度, noy; N_i 是各倍频带的感觉噪度, noy; N_m 是各倍频带感觉噪度最大值, noy; F 是带宽因子, 1/3 倍频带, $F = 0.15$; 倍频带, $F = 0.30$。

总感觉噪度转换用 dB 表示的评价量, 称为感觉噪声级, 则

$$L_{PN} = 40 + 33.3 \lg N_t \tag{2.4.5}$$

克瑞特提出的方法对高频的计权比史蒂文斯响度指数要大, 因此适用于喷气飞机的噪声评价。

3. A 声级

声压级仅反映声音强度对人响度感觉的影响, 不能反映声音频率对响度感觉的影响。响度级和响度解决了这个问题, 但是用它们来反映人们对声音的主观感

觉过于复杂, 于是又提出了声级, 即计权声压级的概念。声级就是用一定频率计权网络测量得到的声压级。

在声学测量仪器中, 根据等响曲线设置一定的频率计权电网络, 使接收的声音按不同程度进行频率滤波, 以模拟人耳的响度感觉特性。原来设置 A、B 和 C 三种计权网络。其中 A 计权网络是模拟人耳对 40 方纯音的响度, 是 40 方等响曲线的倒置, 当信号通过时, 其低、中频段 (1000Hz 以下) 有较大的衰减。B 计权网络是模拟人耳对 70 方纯音的响度, 是 70 方等响曲线的倒置, 它对低频有一定的衰减; 而 C 计权网络是模拟人耳对 100 方纯音的响度, 是 100 方等响曲线的倒置, 在整个频率范围内有近乎平直的响应。A、B、C 三种计权的频率响应曲线已由国际电工委员会定为标准, 我国标准 GB 3785.1-2010 已引用了这一规定, 计权网络曲线如图 2.2.2 所示。

通过实践和研究表明, 不论噪声强度多少, A 声级都能较好地反映噪声对人吵闹的主观感觉和人耳听力损伤的程度。因此, 现在基本上都用 A 声级作为噪声评价的基本量, C 声级可以近似作为可听声范围的总声压级来使用, 而 B 声级很少作为评价量被使用, 在新发布的声级计的国际标准和我国国家标准中, 已经取消对 B 计权网络的要求。

根据 A 计权的相应特性, 可以把一个噪声的倍频带或 1/3 倍频带谱转换为 A 声级, 换算公式为

$$L_{\mathrm{A}} = 10 \lg \left(\sum_{i=1}^{N} 10^{(L_i + A_i)/10} \right) \tag{2.4.6}$$

式中: L_i 是倍频带或 1/3 倍频带声压级, dB; A_i 是表 2.2.1 中对应倍频带或 1/3 倍频带的 A 计权网络响应值。

4. D 声级

感觉噪声级的计算比较麻烦, 为了寻求一种简单的方法, 类似于从 40 方等响曲线中得到 A 计权网络一样, D 计权网络的响应特性是 40 呐等噪度曲线的倒置, 并作为国际标准推荐使用。由 D 计权网络读出的声级为 D 声级, 一般记为 dB(D)。

感觉噪声级与 D 声级有如下关系:

$$L_{\mathrm{PN}} = \mathrm{D} \ \text{声级} \ + 7$$

感觉噪声级与 A 声级有如下近似关系:

$$L_{\mathrm{PN}} \approx \mathrm{A} \ \text{声级} \ + 13$$

5. 等效连续声级 L_{Aeq}

A 计权声级对于稳定的宽频带噪声是一种较好的评价方法, 但对于一个声级起伏或不连续的噪声, A 计权声级就显得不合适了。例如, 我们测量交通噪声时, 当有汽车通过时噪声可能是 85dB, 而没有汽车通过时噪声可能只有 60dB, 这时就很难说交通噪声到底是多少分贝。再如, 一个人在噪声环境下工作, 间歇接触噪声与一直连续接触噪声对人的影响也不一样, 这是因为人所接受噪声能量不相等。于是提出了用噪声能量时间平均的方法来评价噪声对人的影响, 即连续等效声级用符号 L_{eq} 表示。测量时仍用 A 计权, 所以也称为连续等效 A 声级。它的定义是: 在声场中某一确定位置上, 用一段时间能量平均的方法, 将间歇出现变化的 A 声级用一个持续同样时间、能量等效的稳态 A 声级来表示该时间内的噪声大小, 并称这个 A 声级为此段时间的等效连续声级, 即

$$L_{\text{Aeq}} = 10 \lg \left\{ \frac{1}{t_2 - t_1} \int_{t_1}^{t_2} \frac{p^2(t)}{p_0^2} \mathrm{d}t \right\}$$
$$= 10 \lg \frac{1}{t_2 - t_1} \int_{t_1}^{t_2} 10^{0.1 L_{\text{A}}} \mathrm{d}t \tag{2.4.7}$$

式中: $p(t)$ 是瞬时 A 计权声压, Pa; p_0 是参考声压, 2×10^{-5}Pa; L_{A} 是 A 声级的瞬时值, dB; t_1 是计算等效声级的起始时间, s; t_2 是计算等效声级的终止时间, s。

等效噪声级可被理解为: 在这段时间内, 噪声的总能量与 A 声级等于 L_{eq} 的稳态噪声的总能量相等。

在具体计算 L_{Aeq} 的过程中, 也可以相等的时间间隔从声级计上读出 A 计权声级, 得到 n 个 $L_{\text{A}i}$, 把它代入下式中计算等效连续声级, 则

$$L_{\text{Aeq}} = 10 \lg \left(\frac{1}{n} \sum_{i=1}^{n} 10^{0.1 L_{\text{A}i}} \right) \tag{2.4.8}$$

假定 n 个 A 声级中 $L_{\text{A}1}$、$L_{\text{A}2}$、$\cdots$、$L_{\text{A}j}$ 分别出现 n_1、n_2、$\cdots$、n_j 次, 则有

$$L_{\text{Aeq}} = 10 \lg \left(\frac{1}{n} \sum_{j=1}^{n} n_j 10^{0.1 L_{\text{A}j}} \right) \tag{2.4.9}$$

这样就可以用普通函数计算器进行计算。

6. 昼夜等效声级

在昼间和夜间的规定时间内测得的等效连续 A 声级分别称为昼间等效声级 L_{d} 和夜间等效声级 L_{n}。昼夜等效声级为昼间和夜间等效声级的能量平均值, 单位 dB(A)。

考虑到噪声在夜间要比昼间更吵人，尤其是对睡眠的干扰更是如此。评价的结果表明，晚上的噪声干扰通常比白天高 10dB。因此在计算昼夜等效声级时，需要将夜间等效声级加上 10dB 的计权后再计算。例如，昼间规定为 16h，夜间为 8h，昼夜等效声级为

$$L_{dn} = 10 \lg \left\{ \left(16 \times 10^{0.1 L_d} + 8 \times 10^{0.1(L_n + 10)} \right) \div 24 \right\} \qquad (2.4.10)$$

式中：L_d 是昼间的等效声级，dB；L_n 是夜间的等效声级，dB。

关于昼间和夜间的时间，可依地区和季节的不同按当地习惯划定。

7. 统计声级 (累积百分声级)L_N

对于呈现不规则大幅度变动的噪声，除了用等效噪声级表示其大小外，还采用统计声级 L_N 来表示不同的噪声级出现的概率或累积概率。统计声级 L_N 的物理意义是：在测量期间，$N\%$ 的时间内测得的声级值超过 L_N，或者说在 M 次测量中，有 $(M \times N\%)$ 次测得的值超过 L_N。例如，$L_{10} = 70dB$ 表示整个测量期间噪声超过 70dB 的概率占 10%，噪声不超过 70dB 的概率占 90%；$L_{50} = 60dB$ 表示噪声超过或不超过 60dB 的概率各占 50%；$L_{90} = 50dB$ 则表示噪声超过 50dB 的概率占 90%。其他的意义以此类推。

一般认为，L_{10} 相当于噪声的平均峰值，L_{50} 相当于噪声的平均中值，L_{90} 相当于背景噪声 (或称为本底噪声)。如果噪声的统计特性符合正态分布，那么

$$L_{eq} = L_{50} + \frac{d^2}{60} \qquad (2.4.11)$$

式中：$d = L_{10} - L_{90}$，差值的大小表明了噪声声级的离散程度，差值越大分布越不集中，或者说噪声的起伏大。

8. 交通噪声指数 TNI

通常，起伏的噪声比稳态的噪声对人的干扰更大。交通噪声指数就是考虑到噪声起伏的影响加以计权而得到的，记为 TNI。因为测量噪声级时使用 A 计权网络，并将采样的声级进行统计，以统计声级 L_{10} 和 L_{90} 作为计权组合，因此数学表达式为

$$\text{TNI} = L_{90} + 4d - 30 \qquad (2.4.12)$$

式中：$d = L_{10} - L_{90}$。

在式 (2.4.12) 中，第一项表示本底噪声，本底噪声越大，对人的干扰也越大；第二项 d 反映了交通噪声的起伏。

9. 噪声污染级

噪声污染级是用来评价噪声影响人们烦恼的一种方法，不过它是用噪声能量平均值和标准偏差来表示的。标准偏差的大小就反映了噪声起伏的大小，标准偏差越大，表示噪声级的离散程度越大，即噪声的起伏越大。噪声污染级的表达式为

$$L_{\mathrm{NP}} = L_{\mathrm{Aeq}} + 2.56\sigma \tag{2.4.13}$$

标准偏差为

$$\sigma = \sqrt{\frac{1}{n-1}\sum_{i=1}^{n}(L_i - \overline{L})^2} \tag{2.4.14}$$

式中：L_i 是第 i 个声级值，dB；$\overline{L}$ 是所测 n 个声级的算术平均值，dB；L_{Aeq} 是在指定的测量时间内 A 计权的等效声级，dB。

在正态分布条件下，噪声污染级可用统计声级来表示

$$L_{\mathrm{NP}} = L_{50} + d + d^2/60 \tag{2.4.15}$$

式中：$d = L_{10} - L_{90}$。

10. 语言干扰级

噪声对人的一个重要影响是对交谈的干扰，当噪声很响而导致彼此无法交谈时，我们就说噪声掩蔽了人的言语。为了听得清，人们不得不提高嗓门。假如噪声太响，即使提高嗓门也难以听清，这是人们在日常工作和生活中常遇到的事情。为了评价噪声对语言的干扰，早在 1947 年，白瑞奈克 (Beranek) 就提出了语言干扰级的评价方法。

由于语言的频谱声能主要集中在以 500Hz、1000Hz、2000Hz 为中心频率的三个倍频带中，故语言干扰级是指噪声在这三个倍频带声压级的算术平均值，记为 SIL(dB)，即

$$\mathrm{SIL} = \frac{1}{3}\left(L_{500} + L_{1000} + L_{2000}\right)(\mathrm{dB}) \tag{2.4.16}$$

由于语言通话还与距离有关，因此考虑到上述三个频率以外的高频、低频成分对通话也有一定影响，使用新的语言干扰级称为最佳语言干扰级 (PSIL)，两者之间的关系为

$$\mathrm{PSIL} \approx \mathrm{SIL} + 3\ (\mathrm{dB}) \tag{2.4.17}$$

若两个人在噪声场中面对面地交谈，在不同的说话强度和距离下，保证有效通话的最佳语言干扰级见表 2.4.1。

表 2.4.1　不同说话距离的语言干扰级　　　　　　(单位: dB)

距离/m	声音正常	声音提高	很响	极响
0.15	74	80	86	92
0.30	68	74	80	86
0.60	62	68	74	80
1.20	56	62	68	74
1.80	52	58	64	70
3.60	46	52	58	64

11. 噪声评价标准

在许多场合下, 需要考虑室内的语言干扰, 包括舞台演出的音响效果。为此, 白瑞奈克又提出了噪声评价标准 NC 的评价方法, 它是在语言干扰级 SIL 和响度级的基础上发展而来的, 并用一组 NC 曲线来表示。由于 NC 曲线对带有隆隆的单调低频声和嘶嘶的高频声的噪声评价不那么令人满意, 因此对其作了一些修改, 提出了一组新的曲线, 称为最佳噪声评价曲线 (PNC 曲线) 如图 2.4.4 所示。

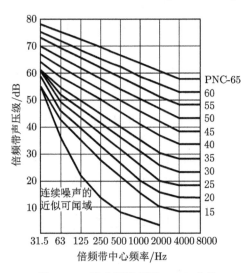

图 2.4.4　噪声评价标准 PNC 曲线

PNC 曲线不仅适用于对室内活动场所稳态背景噪声的评价, 也可用于设计中以噪声控制为主要目的的许多场合。它的具体求法是: 首先对噪声进行倍频带分析, 一般取八个倍频带 (63Hz, 125Hz, 250Hz, 500Hz, 1000Hz, 2000Hz, 4000Hz, 8000Hz); 然后再在 PNC 曲线图上 (图 2.4.4) 画出频谱图。噪声评价标准 PNC 值就等于该噪声八个倍频带声压级中接触到最高的一条 PNC 曲线之值。例如, 250Hz 中心频率的倍频带声压级所接触到的 PNC 值最高, 为 PNC-50, 那么我们说该背景噪声评价标准为 PNC-50。也就是说, 假如我们规定办公室的噪声评价标准值为 PNC-30，那么就可以依据该条曲线，确定各倍频带中心频率的控制限值。

12. 噪声评价数

噪声评价数用 NR(dB) 表示，它是 1961 年国际标准化组织推荐的评价方法，类似于 PNC 曲线，也是用于室内场所稳态背景噪声的评价和噪声控制效果的评价。其求法与 PNC 基本一样，先将噪声作倍频谱分析，在噪声评价数 NR 曲线图 (图 2.4.5) 上画频谱图，其中倍频带声压级接触到的最高一条评价曲线的数值，即为该噪声的噪声评价数 NR 值。对所设计的办公室，如果规定背景噪声以 NR30 进行控制，则在进行验收评价时，室内背景噪声的倍频带声压级，在 63Hz 不得超过 59dB，在 125Hz 不得超过 48dB，在 250Hz 不得超过 40dB，在 500Hz 不得超过 34dB，在 1000Hz 不得超过 30dB，在 2000Hz 不得超过 27dB，在 4000Hz 不得超过 25dB。

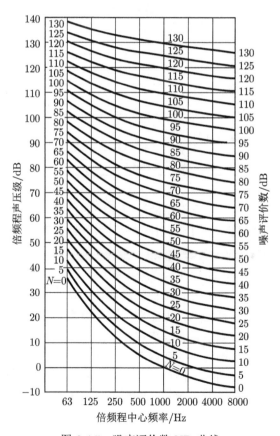

图 2.4.5　噪声评价数 NR 曲线

除了以上介绍的常用评价量外，还有评价飞机起降一次的噪声干扰程度的有效感觉噪声级，评价机场受飞机噪声干扰程度，由国际民航组织提出的等效连续感觉噪声级等评价量。总之，噪声的评价是当前国际上相当重视的研究内容。

2.4.2　噪声标准的限值与适用范围

我国开展环境保护以来制定了一系列噪声标准，为了便于了解噪声标准的基本情况，并能较好地在实际中运用，这里列举一部分相关的标准限值及其应用范围。

1. 环境噪声限值标准

1) GB 3096-2008《声环境质量标准》

该标准对于不同区域的使用功能特点和环境质量要求，规定了声环境功能区的环境噪声等效声级限值，见表 2.4.2，适用于城市乡村区域环境噪声评价。

表 2.4.2　功能区声环境质量标准限值 L_{Aeq} （单位：dB(A)）

类别	声环境功能区		昼间	夜间
0	康复疗养区等特别需要安静的区域		50	40
1	居民住宅、医疗卫生、文教、科研设计等安静区域		55	45
2	居住、商业和工业混杂，需要维护住宅安静的区域		60	50
3	以工业生产、仓储物流为主，需要防止工业对周围产生影响的区域		65	55
4	道路两侧一定距离内，防止交通噪声对周围环境产生严重影响的区域	高速公路、城市快速路、主干路	70	55
		铁路干线两侧	70	60

表 2.4.2 中的限值对于与五类功能区有重叠的机场周围区域不适用，而是应该执行 GB 9660-1988《机场周围飞机噪声环境标准》；对于机场周围区域内的地面噪声应执行该标准。

2) GB 12348-2008《工业企业厂界环境噪声排放标准》

工业企业厂界环境噪声，是指工业生产活动中使用固定设备等产生的干扰周围生活环境的声音。新修订的《工业企业厂界环境噪声排放标准》包括厂界环境噪声排放限值、结构传播固定设备室内噪声排放限值两部分，既有室外声环境质量要求，也有固定设备结构传声的室内声环境质量要求；对室内既有等效连续 A 声级的要求，也有低频段的噪声限值要求，能够反映噪声污染特征以及居民的主观感受，可作为居民楼内电梯、水泵、变压器等设备产生的噪声排放管理与控制的依据。

(1) 厂界环境噪声排放限值。

厂界环境噪声排放限值和厂界外声环境功能区的类别 (除功能区 4b 外) 与 GB 3096-2008《声环境质量标准》相同。对于夜间频发噪声的最大声级超过限值的幅度不得高于 10dB(A)；夜间偶发噪声的最大声级超过限值的幅度不得高于 15dB(A)。对于独立分散的各种产生噪声的固定设备的厂界，以其实际占地为边界。

(2) 通过结构传播的室内噪声排放限值。

当固定设备排放的噪声通过建筑物结构传播至噪声敏感建筑物的室内时，对噪声敏感的建筑物室内噪声限值分以下两种情况：表 2.4.3 中的 A 类房间以睡眠为主要目的，需要保证夜间安静的房间；B 类房间指主要在昼间使用，需要保证思考与精神集中、正常讲话不干扰的教室、会议室、办公室。表 2.4.3 为反映噪声污染特征的室内低频段噪声的倍频带声压级限值。

表 2.4.3 通过建筑物结构传播至室内等效声级限值 L_{Aeq}　　　(单位：dB)

建筑物所处声环境功能区类别	A 类房间		B 类房间	
	昼间	夜间	昼间	夜间
0	40	30	40	30
1	40	30	45	35
2、3、4	45	35	50	40

3) GB 22337-2008《社会生活环境噪声排放标准》

《社会生活环境噪声排放标准》是我国首次发布对文化娱乐场所或商业经营活动中排放的噪声规定了限值，见表 2.4.4。针对其周围不同的环境功能区，提出了噪声排放源边界的噪声限值。对文化娱乐场所或商业设施的一些噪声源，若位于医院、学校、机关、科研单位、住宅等噪声敏感建筑物内，并通过建筑物的结构传到室内的情况，除了常规的连续等效 A 声级评价外，为了更好地反映人的主观感受，针对噪声频谱发生改变，高频噪声被显著削减，低频噪声异常突出的

表 2.4.4 室内低频段噪声的倍频带声压级限值　　　(单位：dB)

噪声敏感建筑所处声环境功能区类别	时段	房间类型	室内倍频带声压级限值				
			31.5Hz	63Hz	125Hz	250Hz	500Hz
0	昼间	A、B 类房间	76	59	48	39	34
	夜间	A、B 类房间	69	51	39	30	24
1	昼间	A 类房间	76	59	48	39	34
		B 类房间	79	63	52	44	38
	夜间	A 类房间	69	51	39	30	24
		B 类房间	72	55	43	35	29
2、3、4	昼间	A 类房间	79	63	52	44	38
		B 类房间	82	67	56	49	43
	夜间	A 类房间	72	55	43	35	29
		B 类房间	76	59	48	39	34

特点，增加了低频段 (31.5~500Hz) 频谱评价，避免仅用 A 声级评价不充分，可能会出现室内监测 A 声级很低，但居民却难以忍受的情况。

今后，迪厅、商场促销等大喇叭产生的噪声将受到国家标准的限制。

《社会生活环境噪声排放标准》中的"噪声排放源边界排放限值"与 GB 12348-2008《工业企业厂界环境噪声排放标准》的"厂界环境噪声排放限值"要求相同；固定设备排放的噪声通过建筑物结构传播至噪声敏感建筑物室内的两种情况噪声限值的要求也一样。

4) GB 12523-2011《建筑施工场界环境噪声排放标准》

新修订的标准规定了建筑施工场界环境噪声排放限值 (表 2.4.5) 及测量方法，并规定，夜间噪声最大声级超过限值的幅度不得高于 15dB(A)；当场界距噪声敏感建筑物较近，其室外不满足测量条件时，可在噪声敏感建筑物室内测量，将表中相应的限值减 10dB(A) 作为评价依据。此标准适用于周围有噪声敏感的医院、学校、机关、科研单位和住宅等需要保持安静的建筑物对施工噪声排放的管理、评价及控制。

表 2.4.5　建筑施工场界噪声排放限值 L_{Aeq}　　　　　　　（单位：dB(A)）

昼间	夜间
70	55

2. 噪声限值标准

1) GB 9660-1988《机场周围飞机噪声环境噪声标准》

《机场周围飞机噪声环境噪声标准》适用于机场周围受到飞机通过时所产生噪声影响的区域评价 (表 2.4.6)，其中一类区域：特殊住宅区、居民、文教区；二类区域：除一类区域外的生活区。

表 2.4.6　机场周围飞机噪声环境噪声标准限值 L_{WECPN}　　　　（单位：dB）

适用区域	标准值
一类区域	≤ 70
二类区域	≤ 75

2) GB 12525-1990《铁路边界噪声限值及其测量方法》

表 2.4.7 所示的铁路边界噪声限值，适用于城市铁路边界距铁路外侧轨道中心线 30m 处的噪声评价。

表 2.4.7　铁路边界噪声标准限值 L_{Aeq}　　　　　　　　　（单位：dB）

昼间	夜间
70	70

3. 噪声控制限制标准

1) GB/T 17249.1-1998《声学低噪声工作场所设计指南噪声控制规划》

该标准是针对需要低噪声的各种工作场所进行设计，达到噪声控制目的而推荐的背景噪声级，以稳态 A 声级表示，见表 2.4.8。

表 2.4.8 推荐的各种工作场所背景噪声级

房间类型	L_A/dB(A)	备注
会议室	30~35	
教室	30~40	背景噪声是指室内技术设备 (如通风设备) 引
个人办公室	30~40	起的噪声或者是有室外传进来的噪声，此时对
多人办公室	35~45	工业性工作场所而言生产用机器设备没有启动
工业实验室	35~50	
工业控制室	35~55	
工业性工作场所	65~70	

2) GB J87-1985《工业企业噪声控制设计规范》

表 2.4.9 所示的是工业企业厂区内各类地点噪声标准限值，适用于工业企业中的新建、改建、扩建与技术改造工程的噪声 (脉冲噪声除外) 控制设计。

表 2.4.9 工业企业厂区内各类地点噪声标准限值

序号	地点类别		限值/dB(A)	备注
1	生产车间及作业场所 (工人每天连续接触噪声 8h)		90	1. 本表所列噪声限值，均按现行国家标准测量所定
2	高噪声车间设置的值班室、观察室、休息室 (室内背景噪声级)	无电话通信要求时	75	2. 对于工人每天接触噪声不足8h 的场合，可根据实际接触噪声
		有电话通信要求时	70	时间，按接触时间减半噪声限值增加 3dB 的原则，确定其噪声限
3	精密装配线、精密加工车间的工作地点、计算机房 (正常工作状态)		70	制值，但最高不得超过 115dB(A)
4	车间所属办公室、实验室、设计室 (室内背景噪声级)		70	3. 本表所列的室内背景噪声级，指在室内无声源发声的条件下，从室外经由墙、门、窗 (门窗处于
5	主控制室、集中控制室、通信室、电话总机室、消防值班室 (室内背景噪声级)		60	常规状态) 传入室内的室内平均噪声级
6	厂部所属办公室、会议室、设计室中心实验室 (包括试验、化验、计量室)(室内背景噪声级)		60	
7	医务室、教室、哺乳室、托儿所、工人值班室 (室内背景噪声级)		55	

注：新建、改建、扩建工程的噪声控制设计必须与主体工程设计同时进行。

2.4.3 噪声级的测量

1. 稳态噪声测量

稳态噪声的声压级用声级计测量。如果用"F"挡来读数，当频率为 1000Hz 的纯音输入时，在 200~250ms 以后就可以指示出真实的声压级。如果用"S"挡来读数，则需要在更长时间才能给出平均声压级。

对于稳态噪声，当 "F" 挡读数的起伏小于 6dB 时，如果某个倍频带声压级比邻近的倍频带声压级大 5dB，说明噪声中有纯音或窄带噪声，必须进一步分析其频率成分。对于起伏小于 3dB 的噪声可以测量 10s 内的声压级；如果起伏大于 3dB 但小于 10dB，则每 5s 读一次声压级并求出其平均值，可以测量声压级的统计分布进行更详细的分析。

背景噪声将对实际测量噪声级产生影响，总声级由于背景噪声不同而不同，尤其是当所测噪声与背景噪声相差不大时，应从测得的总噪声级中减去背景噪声的影响。设含背景噪声的总声压级为 L_{T}，背景噪声声压级为 L_{B}，经过背景噪声修正得到的被测声压级 L_{N} 为

$$L_{\mathrm{N}} = L_{\mathrm{T}} - K_{\mathrm{B}} \tag{2.4.18}$$

$$K_{\mathrm{B}} = -10 \lg(1 - 10^{-\Delta L/10})$$

其中：$\Delta L = L_{\mathrm{T}} - L_{\mathrm{B}}$，即包括背景噪声在内的总声压级与背景噪声的差值。根据式 (2.4.18) 计算的背景噪声修正值见表 2.4.10。

表 2.4.10 背景噪声的修正值 　　　　　　　　　　(单位：dB)

ΔL	1	2	3	4	5	6	7	8	9	10
K_{B}	7.0	4.3	3.0	2.2	1.65	1.26	1	0.75	0.59	0.46
取近似值	7	4	3	2	2	1	1	0.8	0.6	0.5

注：表中给出的修正值也适用于每个倍频带或 1/3 倍频带声压级的背景噪声修正。

例如，测量某发动机噪声，当发动机未开动时，测量的背景噪声为 76dB，开动发动机测得总噪声级 (包括发动机噪声和背景噪声) 为 83dB，两者之差为 7dB，从表 2.4.10 查出修正值为 1dB，于是从总声压级中减去修正值，发动机的实际噪声值为 82dB。

如果总声压级与背景噪声两者的差值大于 10dB，则背景噪声对噪声源测量的影响可以忽略；如果两者的声压级差值小于 3dB，说明被测声源的声压级低于背景噪声声压级；出现这种情形，测量应安排在较为安静的环境中重新进行。对于差值 ΔL 介于 3~10dB，可从表 2.4.10 获得修正值，所需要的声源声压级就能合理地判断出来。

测得 n 个声压级后，可以求得平均值为

$$\bar{L}_p = 20 \lg \left(\frac{1}{n} \sum_{i=1}^{n} 10^{L_i/20} \right) \tag{2.4.19}$$

其中：L_i 为第 i 次测得的声压级。

对 n 个分贝数值非常接近的声压级求平均时, 可根据下列的近似公式求平均值和标准方差, 有

$$\bar{L}_p = \frac{1}{n} \sum_{i=1}^{n} L_i \tag{2.4.20}$$

$$\delta = \frac{1}{\sqrt{n-1}} \left(\sum_{i=1}^{n} L_i - n \left(\bar{L}_p \right) \right)^{\frac{1}{2}} \tag{2.4.21}$$

上述平均计算, 若 n 个 L_i 的数值相差小于 2dB, 则计算误差小于 0.1dB; 若 n 个 L_i 的数值相差 10dB, 则计算误差可达 1.4dB。

在噪声测量中广泛使用 A 声级, 既可以用 A 计权网络直接测量, 也可以由所测得的倍频带声压级或 1/3 倍频带声压级, 根据 A 计权网络特性计算转换为 A 声级, 见 2.4.1 节。

2. 非稳态噪声测量

1) 不规则噪声测量

对于不规则噪声, 根据需要可测量声压级的时间分布特性, 具体测量值有:

(1) 最大值、最小值和平均值;

(2) 声压级的统计分布 (如累积百分声级 L_N);

(3) 等效连续声级;

(4) 噪声的频谱分布。

2) 脉冲噪声测量

脉冲噪声是指大部分能量集中在持续时间短于 1s 而间隔时间长于 1s 的猝发噪声。关于 1s 的选择当然是任意的, 在极限情况下, 如果脉冲时间无限短而间隔时间无限长, 这就是单个脉冲。

脉冲噪声对人的影响通常是能量而不是峰值、持续时间和脉冲数量。因此, 对于连续的猝发音序列应该测量声压级和功率, 对于有限数目的猝发音则测量暴露声级。

对于脉冲噪声的测量通常使用脉冲声级计, 也可同时用数字示波器测量脉冲峰值声压和持续时间。

2.4.4 声强测量系统

由于声压测量的原理简单, 方法简便, 测量仪器也比较成熟, 因而在噪声测量中, 一般测量的是声压级 (或声压)。通过测得的声压级可以计算得到声强、声强级和声功率、声功率级。但是, 在声压测量过程中, 受环境 (背景噪声、反射等) 的影响较大, 往往需要进行修正, 还需要在特定的声学环境 (如消声室、混响室) 中进行测量。

声强可以描述声场中声能量的流动特性，比声压量更能反映声场的动态规律，能有效地提供复杂环境中的主要噪声来源信息。随着近代电子技术的发展，各种直接测量声强的仪器相继问世。由于声强测量及其频谱分析对噪声源的研究有着独特的优越性，能够有效地解决许多现场声学测量问题，因此成为噪声研究的一种有力工具。在声强测量方面，国际标准化组织公布的利用声强测量噪声源声功率级的国际标准，规定了离散点测量法 (ISO 9614.1) 和扫描法 (ISO 9614.2)；国际电工委员会则公布了 IEC 1043《电声声强测量仪器》标准，利用声压响应的传声器对声强进行测量。

1. 声强测量原理

声场中某一点上，单位时间内，在与指定方向 (或声波传播方向) 垂直的单位面积上通过的平均声能量，称为声强。在没有流动的介质中，声强矢量 $\boldsymbol{I}$ 等于瞬时声压 $p(t)$ 和同一点上相应的质点速度 $\boldsymbol{u}(t)$ 乘积的时间平均，即

$$\boldsymbol{I} = \frac{1}{T} \int_0^T p(t)\boldsymbol{u}(t)\mathrm{d}t \tag{2.4.22}$$

在给定方向声强矢量的分量是

$$I_r = \frac{1}{T} \int_0^T p(t)u_r(t)\mathrm{d}t \tag{2.4.23}$$

式中：$p(t)$ 是传播方向 r 上某一点的瞬时声压，Pa；$u_r(t)$ 是传播方向 r 上某一点的瞬时质点速度，m/s。

声场中某点的质点速度的测量可以通过两个适当安放的传声器组成的探头来进行 (图 2.4.6)。两个传声器测出的声压分别为 $p_1(t)$ 和 $p_2(t)$。当两传声器距离 Δr 远小于声波波长时，则有

$$p(t) = \frac{p_1(t) + p_2(t)}{2} \tag{2.4.24}$$

声波传播方向上，质点速度与声压梯度之间存在积分关系，即

$$u_r(r) = -\frac{1}{\rho_0} \int \frac{\partial p}{\partial r}\mathrm{d}t \tag{2.4.25}$$

式中：ρ_0 是空气密度，kg/m³。

因为 Δr 很小，所以可以用有限差值 $\dfrac{p_2 - p_1}{\Delta r}$ 来近似声压梯度，于是质点速度为

$$u_r(t) = -\frac{1}{\rho_0} \int \frac{p_2(t) - p_1(t)}{\Delta r}\mathrm{d}t \tag{2.4.26}$$

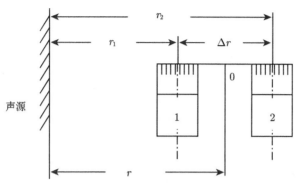

图 2.4.6 双传声器声强探头示意图

测量点的声强可表示为

$$I_r = -\frac{p_1(t) + p_2(t)}{2\rho_0} \int \frac{p_2(t) - p_1(t)}{\Delta r} \mathrm{d}t \qquad (2.4.27)$$

利用电子线路进行 $p_1(t)$ 和 $p_2(t)$ 加法和减法处理,再将相减的信号通过电子积分器,就可以测量出声强的平均值。

2. 声强测量仪器

声强测量仪器大致有三种:第一种是模拟式声强计,它能给出线性或 A 计权声强或声强级,也能进行倍频程或 1/3 倍频程声强分析,适用于现场声强测量;第二种是利用数字滤波技术的声强计,由两个相同的 1/3 倍频程数字滤波器获得实时声强分析;第三种是利用双通道 FFT 分析仪,由互功率谱计算声强,并能进行窄带频率分析。

图 2.4.7 所示的是小型模拟式声强计的原理方框图。这种仪器应用模拟倍乘方法,能实时测量声压级、质点速度和声强级,测量结果用 dB 表示。声强测量探头的两个传声器测得的声压 $p_1(t)$ 和 $p_2(t)$,经放大器放大,通过 $f_c = 100\mathrm{Hz}$ 的高通滤波器滤除低频寄生信号,以避免电路过载。两信号在通道 1 中相减,在通道 2 中相加,分别得到 $(p_2 - p_1)$ 和 $(p_2 + p_1)$,再各自通过 A 计权滤波器或外接带通滤波器进行分析。其中通道 1 的 $(p_2 - p_1)$ 再进入积分电路,输出信号便是 u,它与 $(p_2 + p_1)/2 = p$ 的信号相乘,就得到声强 I。经过线性/对数转换器,在指示器上得到以 dB 指示的声强级。

为了减小实际测量中由于相位失配引起的误差,声强测量探头的两个传声器的相位失配要小 (100~10000Hz 小于 0.5°),同时使 p 和 u 通道在相位上精确地匹配,再根据所研究的频率范围调节距离 Δr,使两个通道之间的相位失配在 100~10000Hz 频率范围低于 1°。

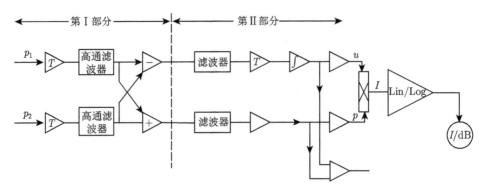

图 2.4.7　小型模拟式声强计的原理方框图

声强测量设备中，对两个测量通道的幅度和相位匹配要求很严，如采用模拟滤波器进行声强分析，将会由于相位失配使测量误差大大增加，而使用数字滤波器，就可完全避免相位失配。虽然数字滤波器具有与一般滤波器类似的相位响应曲线，但是对两个测量通道进行测量时间平分，使两个滤波器通道的相位函数完全相同，就可避免两通道之间的相位失配。

图 2.4.8 是数字滤波器应用于声强测量的方框图。数字滤波器的输出被交叉地送到求和、求差与积分电路后，再送到乘法器，由乘法器输入到平均电路的信号经线性/对数转换，再经过均方处理，在荧光屏上直接显示出 1/3 倍频程声强级的实时值。

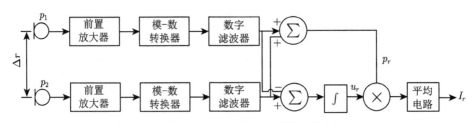

图 2.4.8　数字滤波器应用于声强测量的方框图

上面所述的是基于时域中的声强测量，根据信号分析理论同样可以在频域中进行声强测量。由随机信号分析理论可知，两个平稳随机信号 $p(t)$ 和 $u(t)$ 的互相关函数 $R_{\mathrm{pur}}(0)$ 与互功率谱密度函数 $G_{\mathrm{pur}}(f)$ (单边谱) 之间存在如下关系：

$$R_{\mathrm{pur}}(0) = \int_0^\infty G_{\mathrm{pur}}(f)\mathrm{d}f \tag{2.4.28}$$

对于单一频率有

$$R_{\mathrm{pur}}(0) = G_{\mathrm{pur}}(f)\Delta f \tag{2.4.29}$$

式中：Δf 是有限傅里叶变换相关频率分辨率。

对于非单一频率有

$$R_{\text{pur}} = \sum_{i=1}^{n} G_{\text{pur}}(f_i)\Delta f \tag{2.4.30}$$

由于互相关函数即为两信号乘积的数学期望，因此可得声强在频域中的表达式为

$$I_r(f) = G_{\text{pur}}(f)\Delta f \tag{2.4.31}$$

将互功率谱密度函数的估计值

$$G_{\text{pur}}(f) = I \lim_{T \to \infty} \frac{1}{T} \sum \left[F_p^* \cdot F_{\text{ur}}\right] \tag{2.4.32}$$

代入式 (2.4.31) 后可得声强为

$$I_r(f) = I \lim_{T \to \infty} \frac{1}{T} \sum \left[F_p^* \cdot F_{\text{ur}}\right]\Delta f \tag{2.4.33}$$

将式 (2.4.24) 与式 (2.4.25) 进行傅里叶变换后代入式 (2.4.33)，经整理可以得到声强的互谱表达式

$$I_r(f) = \frac{1}{2\pi\rho\Delta rf}\text{Im}\left[G_{21}(f)\cdot\Delta f\right] = \frac{1}{2\pi\rho\Delta rf}\text{Im}\left[G_{\text{II I}}(f)\right] \tag{2.4.34}$$

式中：G_{21} 是传声器 1 与 2 测出的声压 $p_1(t)$ 与 $p_2(t)$ 的互功率谱密度函数；$G_{\text{II I}}$ 是两声压的互功率谱；Im 是表示取虚部。

从声强的互谱表达式 (2.4.34) 中可以清楚地看到，只要获得了两个声压信号的互功率谱，就可以测出声强及其频谱，而通过双通道快速傅里叶变换分析仪，不难进行互功率谱的测量与计算。

IEC 1043 标准对声强测量仪器及组成该仪器的处理器和声强探头，按照所能达到的测量准确度分为 1 级和 2 级。1 级声强计用于 ISO 9614 标准规定的精密级和工程级的声功率测量，2 级声强计则用于调查级测量。该标准规定的声强处理器指标及性能要求见表 2.4.11。

我国研制的 GS-4 型便携式互谱声强测量分析系统由笔记本电脑、精密测量系统、声强探头和 Windows 平台的声强测量分析软件组成。采用双通道快速傅里叶变换 (FFT) 的互谱声强测量分析技术，可以提供准确的窄带谱分析功能，以及 A、B、C、D 任意计权任意倍频程分析。这种声强测量分析系统可以在普通声学环境中准确测定声源和各种设备的声功率，并且可以完成诸多在消声室内使用

表 2.4.11 IEC 1043 标准规定的声强处理器指标及性能要求

	1 级	2 级	2x 级
滤波器类型	1 级 1/3 倍频程 (模拟或数字)	2 级倍频程或 1/3 倍频程 (模拟或数字)	2 级倍频程或 1/3 倍频程 (模拟或数字)
实时信号处理	必须具备。如果频带由 FFT 分析合成,则要求重迭处理		时间窗、数据获取和处理时间要求的全部信息
指示器准确度/dB	±0.2	±0.3	±0.3
各个传声器准确度/dB	±0.1	±0.2	±0.2
时间平均	10~180s 连续或以 1s 或更小分挡	10~180s 连续或分挡	30~600s 连续或分挡
在环境条件下提供声强校准	必须具备	任选	任选
频率范围	45Hz~7.1kHz(对 1/3 倍频程),45Hz~5.6kHz(对倍频程)		
计权特性	A 计权,符合 IEC651 标准,计权误差为 1 型声级计误差的一半		
分辨率/dB	0.1		
峰值因数容量	> 5(14dB)		
量程选择	自动或手动		
过载指示	应提供		
工作环境/°C	5~40		

声压法无法完成的测量工作,广泛应用于汽车桥箱、发电机、整车等生产线以及冰箱、空调、洗衣机等家用电器的噪声辐射功率测定和质量检测;并且可以通过点/面辐射的声压、声强及三维声强、部分声功率等,了解设备的工作状况以及噪声源定位、声辐射探查等工作。

3. 声强测量探头

由两个声压响应的传声器组成的声强探头 (p-p 探头) 是声强测量系统的重要组成部分。传声器的组合通常有四种形式:并列式、顺置式、背靠背式和面对面式。

并列式声强探头的两个传声器的中心轴线平行排列,测量时传声器轴线与声波传播方向垂直 (图 2.4.6)。这种形式易于安装前置放大器,在测量中易于变换位置以消除测量通道之间的相位误差。其主要缺点是,对测量轴线不易做到完全几何对称,两传声器之间的声学距离与几何尺寸的距离偏差较大,在高于某一频率时对相位响应产生不利影响,传声器之间距离不能小于传声器的外径。

常见的声强探头是两个传声器面对面安装的形式。把两个性能相同、灵敏度一致的传声器面对面地布置在一根轴线上,测量时传声器中心轴线与声波传播方向一致。传声器之间装有分隔垫块,使声波只能沿传声器的径向边缘入射 (图 2.4.9)。使用一种特制的双静电激发器校准结构,可以在整个频率和灵敏度范围内同时校准两个传声器，如丹麦 B&K 公司的 3541 型声强校准器。

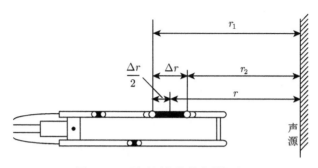

图 2.4.9　面对面安装的声强探头

声强探头两传声器之间的间距 (Δr) 直接影响声强探头的频率范围，表 2.4.12 给出了不同间距的声强探头的测量频率范围。探头的上限频率是指 250Hz 参考频率响应降低 1dB 处的频率，从表中可以看出，间隔越小，测量的上限频率越高。另外，对于两个传声器之间同样的相位误差 (如 0.5°)，对于不同间隔的声强探头，间隔越小，低频时的测量误差越大，测量的下限频率越高。为了满足 45Hz~7.1kHz 整个频率范围的要求，声强探头往往做成几种结构尺寸，可供调整选择。

表 2.4.12　不同间距的声强探头的测量频率范围

传声器外径 \ Δr/min	6	12	25	50
1/4in	250Hz~10kHz	125Hz~5kHz		
2/2in		125Hz~5kHz	63Hz~2.5kHz	31.5Hz~1.25kHz

2.4.5　噪声源声功率测量

用声压级描述噪声源辐射特性时，由于声压级的测量结果与测量位置和声学环境有关，它不能全面刻画噪声源辐射声波的强度及特性。因此，在声学测量中，声功率的测量占有非常重要的地位。声功率是指单位时间内辐射声波的平均能量，单位为瓦 (W)，$1W = 1J/s$。若用声功率级表示，则为

$$L_W = 10\lg\frac{W_{\mathrm{A}}}{W_0} = 10\lg W_{\mathrm{A}} + 120 \qquad (2.4.35)$$

式中：L_W 是声功率级，dB；W_{A} 是声源辐射的声功率，W；W_0 是基准声功率，10^{-12}W。

声源声功率级的频率特性和指向特性可用声功率级、频率函数或频谱表示。

我国自 20 世纪 80 年代开始，先后制定了 10 多项与测量噪声源声功率相关的国家标准，这些国家标准与 ISO 标准都是等效的或有渊源关系。关于噪声源声

功率的测量方法分为 3 类, 见表 2.4.13 所示。每种测量方法适用于不同测试环境和测试精度。依照这些标准, 在规定的条件下对噪声源进行发射值的测定、标示和验证, 使同一系列机器的测量值具有可比性。

表 2.4.13   我国颁布的噪声源声功率测试标准简况

方法分类	标准编号	精度分类	特点	声源体积	对应的 ISO 标准
声压法	6881.1-2002	精密	混响室精密法	小于混响室体积的 1%	3741:1999
	6881.2-2002	工程	硬壁测试室中比较法	小于测试室体积的 1%	3743-1:1994
	6881.3-2002	工程	专用混响室中工程法	小于混响室体积的 1%	3743-2:1994
	6882-2008	精密	消声室和半消声室精密法	小于消声室体积的 0.5%	3745:2003
	3767-1996	工程	反射面上方近似自由场的工程法	由有效测试环境限定	3744:1994
	3768-1996	简易	反射面上方采用包络测量表面	由有效测试环境限定	3746:1995
	16538-2008	简易	标准声源现场比较	无限制	3747:2000
声强法	16404.1-1996	精密	离散点上的测量	无限制, 测量表面由声源尺寸确定	9614-1:1993
	16404.2-1999	精密	扫描测量	无限制, 测量表面由声源尺寸确定	9614-2:1996
	16404.3-2006	精密	扫描测量精密法	无限制, 测量表面由声源尺寸确定	9614-3:2002
振速法	16539-1996	精密	封闭机器测量	无限制	7849:1987

噪声源声功率的测量方法有声压法、声强法、振速法。测量环境主要分为: 自由场法 (消声室或半消声室)、混响场法 (专用混响室或硬壁测试室)、户外声场法; 从测量精度分, 有精密法、工程法和简易法。

1. 声压法测量噪声源声功率

声压法是指通过测量声压值换算得到声功率的测量方法, 是声源功率测量的常用方法。从声学环境来讲, 总体上分为自由场法和混响室法两类, 下面分别介绍。

1) 自由场和近似自由场法

自由场的测量环境可以是消声室或半消声室, 以及近似满足自由场条件的室内或户外, 因此其测量准确度有所不同, 一般分为三级: 精密法、工程法和简易法 (又分别称为 1 级、2 级和 3 级精度)。三种方法适合各类噪声频谱, 如宽带、窄带、离散频率、稳态、非稳态、脉冲等。

在消声室中测量噪声源声功率时, 测试传声器阵列的位置采用球面布置, 一般在半径为 r 的球面上占有相等面积的 20 个固定测点获得球面表面的声压级; 每一个传声器的位置具有规定的位置坐标, 如图 2.4.10 所示。表 2.4.14 中给出了 20 个测点对应的以声源中心为原点的直角坐标 (x, y, z) 的位置。

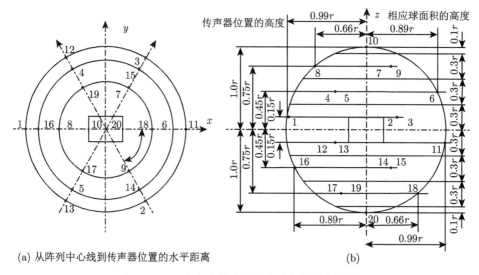

(a) 从阵列中心线到传声器位置的水平距离　　　　　　　　　　　　　(b)

图 2.4.10　自由声场中测量声功率的测点位置

表 2.4.14　自由声场声功率测量时的传声器坐标位置

测点	$\dfrac{x}{r}$	$\dfrac{y}{r}$	$\dfrac{z}{r}$	测点	$\dfrac{x}{r}$	$\dfrac{y}{r}$	$\dfrac{z}{r}$
1	−0.99	0	0.15	11	0.99	0	−0.15
2	0.50	−0.86	0.15	12	−0.50	0.86	−0.15
3	0.50	0.86	0.15	13	−0.50	−0.86	−0.15
4	−0.45	0.77	0.45	14	0.45	−0.77	−0.45
5	−0.45	−0.77	0.45	15	0.45	0.77	−0.45
6	0.89	0	0.45	16	−0.89	0	−0.45
7	0.33	0.57	0.75	17	−0.33	−0.57	−0.75
8	−0.66	0	0.75	18	0.66	0	−0.75
9	0.33	−0.57	0.75	19	−0.33	0.57	−0.75
10	0	0	1.0	20	0	0	−1.00

　　对于半消声室，一般也采用半径 r 半球面上的 20 个传声器位置测量，但与消声室的传声器的坐标位置不同；还可以使用单个传声器以同轴圆在多个不同高度的路径连续移动，使不同圆环的面积相等，声压级作时间和空间的平均，如图 2.4.11 所示。

　　许多情况下，噪声源不是在消声室或半消声室的自由场中进行测量的，当噪声源所处的位置反射面上方近似为自由场，采用的方法是在反射面上使用包络表面法测定噪声源声功率，表 2.4.15 给出了在半消声室及近似半自由场的反射面上使用包络表面法测定噪声源声功率的主要特性及要求。

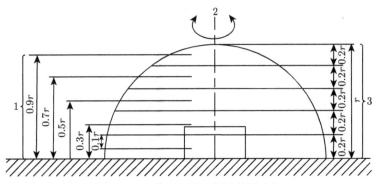

图 2.4.11 传声器移动的同轴圆路径

1. 传声器高度；2. 半圆的轴心或机械转轴；3. 圆的高度

表 2.4.15 在反射面上使用包络表面法测定噪声源声功率的主要特性及要求

项目	精密法/1 级	工程法/2 级	简易法/3 级
测量环境	半消声室	室内或室外	室内或室外
声源体积	小于测量房间体积的 0.5%	无限制，由有效测试环境限定	无限制，由有效测试环境限定
评判标准	$K_r \leqslant 0.5\text{dB}$	$K_r \leqslant 2\text{dB}$	$K_r \leqslant 7\text{dB}$
背景噪声限定	$\Delta L \geqslant 10\text{dB}$，最好大于 15dB	$\Delta L \geqslant 6\text{dB}$，最好大于 15dB	$\Delta L \geqslant 3\text{dB}$，最好大于 15dB
测量点数目	$\geqslant 10$	$\geqslant 9$	$\geqslant 4$

表 2.4.15 中的 ΔL 等于被测声源工作期间的测量表面平均声压级减去测量表面平均背景噪声声压级，其背景噪声修正值的计算参见 2.4.3 节；K_r 是声学环境修正值，由于近似半自由场的工程法和简易法的测量环境存在一定的混响，因此需要对声学环境进行修正。一般确定修正值 K_r 有以下两种方法。

(1) 通过测量混响时间确定。

室内存在混响而引起的修正值 K_r 为

$$K_r = 10\lg\left(1 + \frac{4S}{A}\right)$$

式中：S 是测量表面积，m^2；$A = 0.161V/T_{60}$ 是吸声量，dB。

通过测量混响时间 T_{60} 获得 A，然后即可以确定 K_r 值。从上式看出，如果 A/S 的比值越大，则修正值 K_r 就越小，所以，对于工程法而言，如果要求 $K_r \leqslant 2\text{dB}$，则必须满足 $A/S \geqslant 6$。

(2) 通过标准声源比较法确定。

将标准声源放置于与被测声源相同的位置，并采用相同的测量方法，修正值 K_r 等于所测得的标准声源声功率级 L_W 减去标准声源校准的声功率级 L_{Wr}，即

$$K_r = L_W - L_{Wr}$$

利用声压法，对于不同指向性声源的声功率和指向性测量的主要方法有以下三种。

a. 无指向性声源辐射的声功率测量。

对于各向均匀辐射的声源，当声源放在自由场空间中时，在声源的远场处某个位置上测量其声压级或频带声压级，就可以计算出声功率，即

$$L_W = L_p + 10 \lg \frac{S}{S_0} + C \tag{2.4.36}$$

式中：C 是气压和温度修正值，dB；S 是测量面积，m^2；S_0 是参考面积，$1m^2$。

如果测量时与标准气象条件差别不大，可以忽略不计；对于半径为 r 的球面的声功率为

$$L_W = L_p + 20 \lg r + 11 \tag{2.4.37}$$

式中：r 是声源与传声器的距离，m；L_p 是距离声源 r 处的声压级，dB。

对于在消声室内进行的精密测量，要求消声室内各表面的吸声系数大于 0.99。传声器距离声源的位置应选择 2~5 倍于被测声源的尺寸，通常不应小于 1m。传声器离边界面的距离则不应小于被测信号波长的 1/4。

b. 指向性声源的声功率测量。

对于指向性声源，当声源放在自由声场中时，测量出包围声源球面上固定距离 r 的具有相等面积的 20 个测点位置的声压级，如图 2.4.10 所示。对于式 (2.4.37) 式中的 L_p，需用多个测点平均声压级 $\bar{L}_p$ 来代替，即

$$\bar{L}_p = 10 \lg \frac{1}{n} \left(\sum_{i=1}^{n} 10^{0.1 L_{pi}} \right) \tag{2.4.38}$$

式中：L_{pi} 是第 i 测点测量所得的频带声压级，dB；n 是总测点数。

如果在半自由声场中进行测量，一般将声源置于半消声室的坚硬地面上，测量时，传声器在反射面上半球面规定的坐标测点上求出平均声压级。

c. 指向性指数和指向性因数。

一般来说，噪声源是有方向性的，若将某方向给定距离的声强以 I 表示，在相同距离的各方向平均声强以 $\bar{I}$ 表示，则指向性因数 Q 为

$$Q = \frac{I}{\bar{I}} \tag{2.4.39}$$

指向性指数 D_I 定义如下

$$D_I = 10 \lg Q = L_{p\theta} - \bar{L}_p \tag{2.4.40}$$

式中：$L_{p\theta}$ 是半径为 r 球面上角度 θ 处的声压级，dB；$\bar{L}_p$ 是半径为 r 球面上测得的平均声压级，dB。

沿特定方向 (由 θ 与 φ 角决定) 的指向性指数 $D_I(\theta, \varphi)$ 与在距离 r 处测得的声压级 $L_p(r, \theta, \varphi)$ 有下述关系：

$$D_I(\theta, \varphi) = L_p(r, \theta, \varphi) - \bar{L}_p \qquad (2.4.41)$$

通过式 (2.4.40) 和式 (2.4.41)，可以在自由场测量噪声源的指向性指数。

由于声源在反射面上的自由场中工作的指向性图案通常比较复杂，但是当声源直接置于坚硬反射面上时，则可考虑反射面是声源的一部分，以求出声源的指向性指数和指向性因数。因此，反射面上方是自由场的声源，指向性指数为

$$D_I = L_{pi} - \bar{L}_p + 3 \qquad (2.4.42)$$

式中：L_{pi} 是在 D_I 方向上测得的离声源距离为 r 的声压级，dB；$\bar{L}_p$ 是半径 r 的测试半球上的平均声压级，dB。

2) 混响室法

在混响室内，通过测得噪声源在室内平均声压级后可以求出噪声源功率级。除了非常靠近声源和离开壁面半波长以内的区域，在混响室内其他区域的扩散声场中的声压级几乎是相同的。若将测点布置在扩散声场区域，则声压和声源总功率的关系为

$$W = \frac{S\alpha}{4} \frac{p^2}{\rho_0 c_0} \qquad (2.4.43)$$

当取 $\rho_0 c_0 = 400$ 时，其声功率级为

$$L_W = \bar{L}_p + 10\lg(S\alpha) - 6 \qquad (2.4.44)$$

式中：$S\alpha$ 是室内总吸声量，dB；$\bar{L}_p$ 是室内平均声压级，dB。

式 (2.4.44) 没有考虑空气吸收对高频声的影响，如做高频空气吸收修正，则式 (2.4.44) 可改写为

$$L_W = \bar{L}_p + 10\lg(S\alpha + 4mV) - 6 \qquad (2.4.45)$$

混响室测量声功率的精密方法主要适用于稳态噪声源，测量获得倍频带或 1/3 倍频带声功率级、A 计权声功率级，但是不能得到指向性特性。测量频率与混响室的体积关系见本书 1.2.4 节中的表 1.2.2。

测量时使用无规响应型传声器。传声器的位置离墙角和墙边至少为 $3\lambda/4$，距离墙面应大于 $\lambda/4$(λ 为最低频率声波的波长)；传声器距声源的最小距离大于 1m，

使得平均声压级至少要在一个波长的空间内进行。测量位置与噪声源的频谱有关，一般为 3~8 点；如果噪声源有离散频率，则需要增加传声器的测点。

通过测量混响时间来计算混响室的总吸声量，这时的噪声源声功率级用下式计算

$$L_W = \bar{L}_p + 10\lg\frac{V}{T_{60}} + 10\lg\left(1 + \frac{S\lambda}{8V}\right) - 14 \qquad (2.4.46)$$

式中：V 是混响室体积，m^3；T_{60} 是混响时间，s；λ 是相应于测试频带中心频率的声波波长，m；S 是混响室内表面的总面积，m^2。

由于混响室法测量噪声源的声功率所要求的条件比自由场法简单，所以在实际中使用较多。需要注意的是，测量混响时间 (特别是在低频率) 需根据衰变曲线从下降 10dB 的斜度开始计算，否则算出的 L_W 值可能低很多。

2. 声强法

应用声强技术测量噪声源的声功率，与上面的声压法相比具有两个优点：① 不需要使用消声室或混响室等声学环境；② 在多个声源辐射叠加声场中能区分不同声源的辐射功率。因此，声强技术能方便地用于测量现场条件下实际噪声源的辐射功率。

应用声强技术测量声源辐射声功率的方法有两种：定点式测量和扫描法测量。

1) 定点式测量

通过包围声源的封闭曲面上多个测量面元的声强法向分量值测量，可以得到每个面元的局部声功率 W_i，由 N 个测量面元局部声功率获得声源辐射声功率级

$$L_W = 10\lg\left(\sum_{i=1}^{N}\frac{W_i}{W_0}\right) \qquad (2.4.47)$$

式中：W_0 是基准声功率，10^{-12}W；$W_i = I_i S_i$ 是面元 i 的局部声功率，其中，S_i 是面元 i 的面积，m^2；I_i 是在测点 i 处测得的法向声强分量幅值，dB。

测量准确度取决于测点数目的多少和声强测量误差的大小。在声强测量误差一定的情况下，测点数目越多，声源辐射功率的测量准确度应该越高。此外，声功率测量准确度还与测量曲面上测点位置的选择有关。图 2.4.12 给出了在实验室条件下正方体表面 (5 个等面积正方形平面和刚性地面组成的封闭测量曲面，声源放置在刚性地面中心) 上测点位置和测点数目与声功率测量误差的关系。图中的正方形平面为 1m×1m，测量的误差级为 ΔL_W；"○"表示测点位置。图中结果表明：如果测点位置选择恰当，即使测点数目少，也能获得较高的声功率测量准确度；如果测点位置选择不当，增加测点数目不一定能提高声功率测量准确度。一般情况下，曲面上测点面密度不应少于 1 个/m^2。

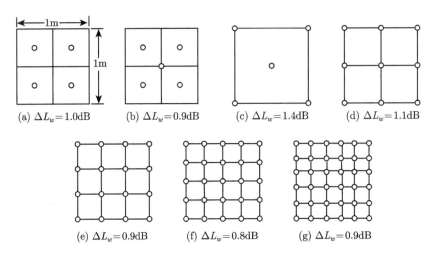

(a) ΔL_w=1.0dB　　　(b) ΔL_w=0.9dB　　　(c) ΔL_w=1.4dB　　　(d) ΔL_w=1.1dB

(e) ΔL_w=0.9dB　　　(f) ΔL_w=0.8dB　　　(g) ΔL_w=0.9dB

图 2.4.12　测点位置和测点数目与声功率测量误差的关系

　　一个噪声源的声功率级测定的不确定与声源的声场特性、外来声场的特性、被测声源的吸声以及声强场采样和采用的测量方法的类型有关。

　　2) 扫描法测量

　　扫描法测量声功率是用声强探头对覆盖噪声源的包络表面的每个面元以一条连续路径进行扫描，通过测量面上各面元的局部声功率为 W_i，于是测定的声源产生的总声功率由下式给出

$$W = \sum_{i=1}^{N} W_i = \sum_{i=1}^{N} \bar{I}_{ni} S_i \tag{2.4.48}$$

式中：$\bar{I}_{ni}$ 是在第 i 个面元上测得的平均法向声强幅值，dB；S_i 是面元 i 的面积，m^2；$\bar{I}_{ni}$ 可以由声强探头在第 i 个小曲面上移动时采集的数据估算，它是时间和空间的平均结果。

　　声强探头在各面元上的移动路径为正交平行线，即在数学上声功率流测量值等价于两次曲面积分平均值。声强探头运动速度的快慢和运动路径的形状对声功率流测量准确度是有影响的，对于宽频带声功率测量，应根据分析仪中谱线带宽选择声强仪移动速度，一般声强仪移动速度应在 0.1~0.5m/s 范围内，最大极限速度为 3m/s。

　　在扫描式测量方法中，声强法向分量的曲面积分是由其曲线积分近似代替的，因而产生了声功率流的估算误差。与定点式测量方法相比，扫描式测量方法具有测量速度快、操作简便等优点，已被广泛地应用在工程测量中。目前已有很多文献报告对这两种测量方法进行了比较，所得结论是两种测量方法获得的结果"等同"，其差异在测量精度范围内。

3. 标准声源比较法

使用标准声源比较法测量噪声源声功率级是声压法测定噪声源声功率级的简易方法。

测量时已知标准声源的声功率级 L_{Wr}，使标准声源和待测声源在同样条件、同样测量点产生的声压级分别为 L_{pr} 和 L_{px}，则噪声源的声功率级 L_{Wx} 为

$$L_{Wx} = L_{Wr} + L_{px} - L_{pr} \tag{2.4.49}$$

对于多个传声器测量位置，噪声源的声功率级为

$$L_{Wx} = L_{Wr} + 10 \lg \left(\frac{1}{n} \sum_{i=1}^{n} 10^{\Delta L_{pi}/10} \right)$$

式中：$\Delta L_{pi} = L_{px} - L_{pr}$。

使用标准声源的方法有三种形式：① 置换法，把机器移开，用标准声源代替它作测量；② 并摆法，若机器不便移动，可以把标准声源放在对称的位置进行测量；③ 类比法，把标准声源放在厂房另一点，周围反射面位置和机器旁相似。

由比较法测量得到的是噪声源的频带声功率或 A 计权声功率级。为了使被测声源的指向性对测量得到的声压级的影响小，其测量环境必须有足够的混响。除此之外，测量准确度与环境条件有关。需要指出的是：标准声源的声功率输出，尤其是低频声功率输出，会随着声源到邻近反射面的距离而有所改变。

标准声源有空气动力式、电声式和机械式三种。空气动力式标准声源是一种特殊设计的风扇，由风扇的旋转速度和风扇叶片大小形状决定声功率输出和频谱特性。电声式标准声源是由数个扬声器组成，并由无规噪声信号激发。机械式标准声源是将标准冲击机放入金属罩内打击薄板辐射噪声。从声功率来看，基本上有两类：一类为 (90±5)dB，另一类则为大于 100dB。标准声源的另一个特性是它的功率谱特性，通常在 200~6000Hz 的功率谱是比较平直的。此外，标准声源应该是没有方向性的。

4. 振速法测量噪声源声功率

在实际声功率测量中，经常会遇到这样的情况：① 背景噪声比被测机器直接辐射的噪声要高；② 需要将结构噪声与空气动力噪声区分开；③ 需要确定整个声源的结构噪声是来自机器还是来自机组的另一部分；④ 既要确定机器负载的噪声，又要排除被拖动负载及其他噪声的影响。

遇到上述情形时，尤其是机械结构振动主要通过封闭于机器外表面的壳体辐射噪声的那类设备，可以通过测量表面各部分的振动速度来确定整个机器结构振动辐射的声功率。

测量时将振动传感器安装在振动表面上，作为宽频率范围的振动测量，优先采用压电加速度计。在规定的运行条件下，各测点在规定的频率范围内按频带测定振动速度级，对于第 i 个测点，有

$$L_{vi} = L'_{vI} - K_{Ii} + K_{mi} \tag{2.4.50}$$

式中：L'_{vI} 是未修正的实测振动速度级，dB；K_{Ii} 是附加结构修正因数，dB；K_{mi} 是传感器质量修正因数，dB。

计算振动速度级的参考基准速度为 50nm/s，一般情况下，上述修正因数可以忽略。

测点分为均匀分布和不均匀分布两种情况。当从初始结果中已知振动测试面的某些部分比其他部分的振动更强烈时，则应该在较强的那部分更密集地布置测点，这就是不均匀分布测点。对于均匀分布测点，以分贝值表示的平均速度级为

$$\bar{L}_v = 10 \lg \left(\frac{1}{N} \sum_{i=1}^{N} 10^{0.1 L_{vi}} \right) \tag{2.4.51}$$

对于不均匀分布测点，以分贝值表示的平均速度级为

$$\bar{L}_v = 10 \lg \left(\frac{1}{S_S} \sum_{i=1}^{N} S_{Si} 10^{0.1 L_{vi}} \right) \tag{2.4.52}$$

式中：S_S 是振动测量面积，m²。

由速度级获得的声功率级为

$$L_{WS} = \bar{L}_v + \left[10 \lg \frac{S_S}{S_0} + 10 \lg \sigma + 10 \lg \frac{\rho_0 c_0}{(\rho c)_{20°C}} \right] \tag{2.4.53}$$

式中：$\rho_0 c_0$ 是空气特性阻抗；$(\rho c)_{20°C} = 400 \text{N·s/m}^3$；$S_0$ 是参考面积，1m²；$10 \lg \sigma$ 是辐射指数。

对于大多数机器，其振动速度的分布取决于相应频率振动模态、机器结构特性和激励力等因素，而其辐射指数不仅与上述诸因数有关，而且还与辐射面尺寸、相关频率声波在空气中的波长有关。所以，各种类型机器的辐射指数通常是经过大量试验取得的，具体方法可参看 GB/T 16539-1996 中的有关规定。

如果被测振源的尺度远小于主要振动波长，可作为零阶振动球形声辐射模式考虑，则辐射指数的理论计算公式为

$$10 \lg \sigma = -10 \lg \left(1 + 0.1 \frac{c_0^2}{(fd)^2} \right) \tag{2.4.54}$$

式中：f 是振动频率，Hz；c_0 是空气中的声速；d 是声源特征尺寸，$d \approx \sqrt{S/\pi}$ 或 $d \approx \sqrt[3]{2V}$；S 是声源近似的辐射面积，m²；V 是声源的体积，m³。

2.4.6 环境噪声测量方法

1. 测量基本要求

1) 气象条件

应在无雨雪、无雷电，风力小于 5m/s 的情况下进行。

2) 测量时段

测量分为昼间和夜间两个时段：一般昼间为 6:00 至 22:00，夜间为 22:00 至 6:00；或根据当地实际情况划分。

3) 测量仪器

测量仪器为积分平均声级计或环境噪声自动监测仪，其性能符合 GB/T 3875.1-2010《声级计》的规定，并进行定期校验，并在测量前后用满足 GB/T 15173-2010 的 1 级声校准进行校准，灵敏度相差不得大于 0.5dB，否则测量无效。测量仪器时间计权特性设为 "F" 挡，采样时间间隔不大于 1s，有风状况下，根据测量准确度要求和风噪声 (或风速) 对测量的影响，酌情考虑是否需要加装传声器防风罩，风速过大 (具体值按相关测量标准规定执行) 时，停止测量。

不同测试环境传声器的设置如下。

(1) 一般户外。

声级计或传声器单元可手持或固定在测量三脚架上。传声器距地面高度 1.2m 以上，并远离其他反射体。

(2) 噪声敏感建筑物户外。

如果在噪声敏感建筑物户外测量，传声器距墙壁或窗户 1m 处，距地面高度 1.2m 以上。

(3) 噪声敏感建筑物室内。

传声器距墙壁或其他反射面至少 1m，距窗户 1.5m 处，距地面高度 1.2m 以上。

2. 声环境质量的测量

1) 定点监测

选择能反映各类功能区声环境质量特征的若干个监测点，进行长期定点监测。

对于 0、1、2、3 类声环境功能区，监测点应为户外长期稳定、距地面高度为声场空间垂直分布的最大值处，并避开反射面和附近的固定噪声源；对于 4 类声环境功能区监测点，应设于 4 类区内的第一排噪声敏感建筑物的户外，是交通噪声空间垂直分布的最大值处。

声环境功能区监测每次至少进行一昼夜 24 小时的连续监测，得出每小时及昼间、夜间的等效声级 L_{eq}、L_d、L_n 和最大声级 L_{max}。为了进行噪声分析，可适当增加累积百分声级 L_{10}、L_{50}、L_{90} 等监测项目。

对各监测点位的测量结果独立评价，以昼间等效声级 L_d 和夜间等效声级 L_n 作为评价各监测点位声环境质量是否达标的基本依据。

2) 普查监测

将要普查监测的某一声环境功能区划分成多个相等的正方格，覆盖被普查的区域的有效网格总数应多于 100 个，测点设在每一个网格的中心，为户外条件。

监测分别在昼间工作时间和夜间 22:00 至 24:00(时间不足可顺延) 进行。在测量时间内，每次每个测点测量 10min 的等效声级 L_{eq}，同时记录噪声主要来源。

将全部测点测得的 10min 的等效声级 L_{eq} 作算术平均运算，并计算标准偏差，得到的平均值即代表该声环境功能区的总体环境噪声水平。根据每个网格中心的噪声值及对应的网格面积，统计不同噪声影响水平下的面积百分比，以及昼间、夜间的达标面积比例，以此可以估算受影响的人口。

对于交通干线两侧 4 类声环境功能区的环境噪声，应分别测量规定时间内的等效声级 L_{Aeq} 和交通流量；对铁路、城市轨道交通线路 (地面段) 的道路交通噪声，应同时测量最大声级 L_{max} 和累积百分声级 L_{10}、L_{50}、L_{90}。将交通干线各典型路段测得的噪声值，按路段长度进行加权算术平均，以此得出某条交通干线两侧 4 类声环境功能区的环境噪声平均值。

3. 边界排放噪声测量

1) 工业企业厂界噪声测量方法

(1) 测点位置及布点。

测点 (即传声器位置) 应选在厂界外 lm、高度 1.2m 以上。当厂界有围墙且周围有受影响的噪声敏感建筑物时，测点应选在厂界外 1m、高于围墙 0.5m 以上的位置。

对于固定设备结构传声至噪声敏感建筑物室内的噪声，在室内测量时，测点应离开反射面、距地面 1.2m、距外窗 1m 以上，在窗户关闭状态下测量等效声级 L_{eq} 和 500Hz 以下的倍频带声压级；同时应关闭被测房间内的其他可能干扰测量的声源 (如电视机、空调机、排气扇以及镇流器较响的日光灯等)。

另外，如果是为了全面了解一个企业的厂界噪声分布，应用等间隔或等声级方法在整个厂界布点。

(2) 测量时段与测量值。

a. 分别在昼间、夜间两个时段测量。夜间有频发、偶发噪声影响时同时测量最大声级。

b. 对于稳态噪声，测量 l min 的等效声级 L_{eq}。

c. 对于非稳态非周期性噪声，测量被测声源有代表性时段的等效声级，必要时测量被测声源整个正常工作时段的等效声级。

2) 建筑施工场界噪声测量方法

在城市建筑施工作业期间，由建筑施工场地 (工程限定边界范围以内的区域) 产生的噪声，采用 GB/T 12523-2011 中的测量方法。

(1) 测点确定。

a. 根据城市建设部门提供的建筑方案或建筑施工过程中实际使用的施工场地边界，测量并标出边界线与噪声敏感区域之间的距离。

b. 根据被测建筑施工场地的建筑作业方位和活动形式，确定噪声敏感建筑或区域的方位，并在建筑施工场地边界上选择离敏感物距离较近、噪声影响较大的点作为测点。由于敏感建筑物方位不同，对于一个建筑施工场地，可同时有几个测点。

c. 当场界无法测量到声源的实际排放时，如声源位于高空、场界有声屏障、噪声敏感建筑物高于场界围墙等情况，测点可设在噪声敏感建筑物户外 1m 处。

d. 在噪声敏感建筑物室内测量时，测点设在室内中央、距室内任一反射面 0.5m 以上、距地面 1.2m 高度以上，在受噪声影响方向的窗户开启状态下测量。

(2) 测量时段与测量值。

在施工期间测量连续 20min 的等效声级 L_{eq}，夜间同时测量最大声级。

测量期间，各施工机械应处于正常运行状态，并应包括不断进入或离开场地的车辆 (如载货汽车、施工机械车辆、搅拌机 (车) 等) 以及在施工场地上运转的车辆，这些都属于施工场地范围以内的建筑施工活动。

(3) 测量报告。

测量报告中应包括以下内容：① 建筑施工场地及边界线示意图；② 敏感建筑物的方位、距离及相应边界线处测点；③ 各测点的等效 A 声级 L_{eq}、最大声级 $L_{A\,max}$ 的评价。

3) 铁路边界噪声测量方法

铁路边界是指距铁路外侧轨道中心线 30m 处。应用 GB 12525-1990《铁路边界噪声测量方法》，进行铁路边界噪声的评价测量工作。

(1) 测点位置。

测点原则上选在铁路边界高于地面 1.2m、距反射物不小于 1m 处。

(2) 测量时段及测量值。

a. 测量时间：昼间、夜间各选在接近其机车车辆运行平均密度的某一个小时，用其分别代表昼间、夜间。必要时，昼间或夜间分别进行全时段测量。

b. 用积分声级计 (或具有相同功能的其他测量仪器) 读取 1h 的等效声级 L_{eq} (dB)。

(3) 测量报告。

测量报告应包括以下内容：

　　a. 测量仪器;

　　b. 测量环境 (测点距轨面相对高度, 几股线路, 测点与轨道之间的地面状况, 如土地、草地等);

　　c. 车流密度 (每小时通过机车车辆数);

　　d. 背景噪声声级;

　　e. 1h 的等效声级;

　　f. 测量结果应及时填入铁路边界噪声测量记录表。

4) 社会生活噪声排放测量方法

　　根据 GB 22337-2008《社会生活环境噪声排放标准》规定的边界噪声排放限值, 对营业性文化娱乐场所和商业经营活动中产生的环境噪声污染进行测量。

　　(1) 测点布设及位置。

　　根据社会生活噪声排放源、周围噪声敏感建筑物的布局以及毗邻的区域类别, 在社会生活噪声排放源边界布设多个测点, 其中包括距噪声敏感建筑物较近以及受被测声源影响大的位置。

　　a. 一般情况下, 测点选在社会生活噪声排放源边界外 1m、高度 1.2m 以上、距任一反射面距离不小于 1m 的位置。

　　b. 当边界有围墙且周围有受影响的噪声敏感建筑物时, 测点应选在边界外 1m、高于围墙 0.5m 以上的位置。

　　c. 室内噪声测量时, 室内测量点的位置设在距任一反射面至少 0.5m 以上、距地面 1.2m 高度处, 在受噪声影响方向的窗户开启状态下测量。

　　d. 社会生活噪声排放源的固定设备结构传声至噪声敏感建筑物室内, 在噪声敏感建筑物室内测量时, 测点应距任一反射面至少 0.5m 以上、距地面 1.2m、距外窗 1m 以上, 在窗户关闭状态下测量; 应关闭被测房间内的其他可能干扰测量的声源。

　　(2) 测量时段与测量值。

　　a. 分别在昼间、夜间两个时段测量。夜间有频发、偶发噪声影响时同时测量最大声级。

　　b. 被测声源是稳态噪声, 采用 1min 的等效声级。

　　c. 被测声源是非稳态噪声, 测量被测声源有代表性时段的等效声级, 必要时测量被测声源整个正常工作时段的等效声级。

　　(3) 背景噪声测量。

　　a. 测量环境: 不受被测声源影响且其他声环境与被测声源保持一致。

　　b. 测量时段: 与被测声源测量的时间长度相同。

　　(4) 测量记录。

噪声测量时需做测量记录。记录内容应主要包括：被测量单位名称、地址、边界所处声环境功能区类别、测量时气象条件、测量仪器、校准仪器、测点位置、测量时间、测量时段、仪器校准值 (测前、测后)、主要声源、测量工况、示意图 (边界、声源、噪声敏感建筑物、测点等位置)、噪声测量值、背景值、测量人员等相关信息。

2.4.7 工业企业噪声测量

工业企业噪声测量主要包括两个方面：一是机器设备的噪声测量，另一个是工作场所的噪声测量。前者是通过对机器设备噪声的现场测量，以近似估计或比较机器噪声的大小，同时为设备噪声控制提供重要的参考；后者是从劳动卫生保护出发，对工作场所的噪声进行控制。

1. 机器设备噪声测量

工业企业中的电动机、风机、水泵、机床以及建筑施工等机械设备是工业生产和施工企业的主要噪声源。对机器设备噪声的现场测量内容有：机器设备噪声的 A 声级、C 声级测量，倍频带或 1/3 倍频带声压级测量。

1) 测量方法

测点的位置和数量可根据机器的外形尺寸来确定：一般对于外形尺寸长度小于 30cm 的小型机器，测点距其表面 30cm；外形尺寸长度为 30~100cm 的中型机器，测点距其表面 50cm；外形尺寸长度大于 100cm 的大型机器，测点距其表面 100cm；特大型机器或有危险性的设备，可根据具体情况选择较远位置为测点。

各类型机器噪声的测量，均需按规定距离在机器周围均匀选取测点，测点数目视机器的尺寸大小和发声部位的多少而定，可取 4 个、6 个或 8 个；测点高度以机器的一半高度为准，或选择在机器水平轴的水平面上。

测量各种类型的通风机、鼓风机、压缩机等空气动力机械的进、排风噪声和内燃机、燃气轮机的进、排风噪声时，进气噪声测点应取在进风口轴向，与管口平面距离不能小于 1 倍管口直径处，也可选在距管口平面 0.5m 或 1m 等位置；排气噪声测点应取在与排风口轴线 45° 方向上，或在管口平面上距管口的中心 0.5m、1m 或 2m 处。

测量时，传声器应对准机器表面，并在相应的测点上测量背景噪声。

2) 测量注意事项

(1) 必须设法避免或降低环境背景噪声的影响。为此，应使测点尽可能地接近噪声源，除待测机器外，应关闭其他无关的机器设备，对于室外或高大车间的机器噪声，在没有其他声源影响的条件下，测点可以选在距机器稍远的位置。

(2) 要减少测量环境的反射面，增加吸声面积。

(3) 选择测点时，原则上使被测机器的直达声大于背景噪声 10dB(A)，否则应对测量值进行修正。

(4) 测量若在室外进行，有微风时，传声器应加防风罩。当风速超过 5m/s 时，应停止测量。

3) 测量记录与数据处理

测量记录内容包括：机器名称、型号、功率、转速、工况、安装条件以及生产厂家、出厂序号和时间等。机器与测点的相对位置应画图表示，必要时还应将机器周围 (或车间) 的声学环境予以标示。

将测量数据以表格形式列出，或者以曲线图的形式描画。

2. 生产环境 (车间) 噪声测量

我国政府发布并实施的《工业企业噪声卫生标准》是依据噪声对人的语言听力损伤为主要根据，同时调查和参考了其他系统的生理变化。标准规定：工作地点的噪声允许标准为等效连续 A 声级 90dB。同时规定，接触噪声时间减半容许放宽 3dB，但是无论接触时间多短，噪声强度最大不得超过 115dB。

因此，生产环境噪声测量是按照《工业企业噪声卫生标准》对生产车间和作业场所进行环境评价的依据，也是对超标声源采取措施或调整工人作业时间的重要依据，以防止工业企业噪声的危害，保护工人身体健康，实现劳动保护。车间噪声测量方法可参见《工业企业噪声检测规范》。

1) 测量内容与测量项目

对于稳态噪声，使用声级计"F"挡，测量 A 声级；对于非稳态噪声，使用声级计"S"挡，测量等效连续 A 声级，或测量不同 A 声级下的暴露时间，计算等效连续 A 声级 L_{eq}。

2) 测量方法

测量时，将传声器放置在操作人员的耳朵位置 (人离开)；同时，要注意避免或减少气流、电磁场、温度和湿度等因素对测量结果的影响。

若生产环境内的噪声声级波动小于 3dB(A)，则只需选择 1~3 个测点；若车间内的噪声声级波动大于 3dB(A)，则需按声级大小，将车间分成若干区域，每个区域内的噪声声级之差必须小于 3dB(A)，而相邻区域的噪声声级应大于或等于 3dB(A)。每个区域取 1~3 个测点，这些区域必须包括所有工人经常工作、活动的地点和范围。

稳态噪声和非稳态噪声的测点选取方法相同。

等效连续 A 声级的测量可用噪声计量仪或积分声级计来直接测量，也可以先测量不同 A 声级下的暴露时间，然后计算出等效连续 A 声级。

3) 测量记录与数据处理

对于使用普通声级计而言，测量数据按声级的大小及持续时间进行整理，以计算等效连续声级。将声级以其算术平均中心声级表示，从小到大排列，每隔 5dB 为一段，则以中心声级表示的各段为：80dB、85dB、90dB、95dB、100dB、105dB、110dB、115dB、$\cdots$，即 80dB 表示 78~82dB，85dB 表示 83~87dB，以此类推，然后将测量的数据按声级大小及暴露时间进行记录。一天各段声级的总暴露时间按分段进行统计后，按下式进行计算

$$L_{\text{eq}} = 80 + 10\lg\left(\frac{1}{480}\sum_n T_n \cdot 10^{\frac{L_n - 80}{10}}\right) \tag{2.4.55}$$

式中：L_{eq} 是 480min 等效连续 A 声级，dB；T_n 是第 n 段声级 L_n 在一个工作日内的总暴露时间，min；n 是声级的分段序号。

思 考 题

1. 声学研究和应用中为什么声压是最基本的、使用最广泛的声学参量？
2. 传声器自由场灵敏度和声压灵敏度有什么区别？
3. 计算自由场灵敏度为 50mV/Pa 传声器的灵敏度级。
4. 如何测量传声器的开路电压？
5. 传声器自由场灵敏度直接比较法和替代比较法校准有哪些特点？
6. 声级校准器中的活塞发声器和声级校准器的工作原理有什么不同？为什么声级校准器使用时不需要进行大气压和腔体体积修正？
7. 静电激励器工作原理是什么？
8. 对声级计进行校准时，使用声级计的参考信号校准与使用声级校准器校准的差别是什么？
9. 滤波器按照频率特性可以分为几种类型？各自的特点是什么？
10. 噪声评价量包括哪些评价量？
11. 如何确定某一纯音的响度级？
12. 声级计为什么设置一定的频率计权网络？且必须要有 A 计权网络？
13. 等效连续 A 声级的定义是什么？
14. 两个声源产生的总声压级为 L_p，其中一个声源产生的声压级为 L_2，计算另一个声源产生的声压级 L_1。
15. 根据声强定义简述声强测量的原理。
16. 噪声源声功率测量有哪几种方法？

第 3 章　扬声器电声参数测量

扬声器单元作为声源，是各种声音重放音响装置的重要组成部件；扬声器系统也是完成各种室内声学测量不可或缺的仪器。因此，扬声器单元及多个扬声器组成的系统的电声性能参数测量显得十分重要。本章介绍常用的扬声器电声参数测量方法，相关内容属于空气声计量与测量范畴。

3.1　扬声器测量的条件与要求

3.1.1　测量声场

扬声器和扬声器系统电声性能的测量结果，除了与它本身的性能有关外，还与测量环境、安装方式及测量信号有关，为获得可靠、可对比的测量结果，国家标准 GB/T 2060.5-2011《扬声器主要性能测试方法》规定了对影响测量结果的测量条件实施控制。

扬声器和扬声器系统的灵敏度、频率响应、失真等多项技术参数需在自由声场或半空间自由声场中进行测量。

(1) 自由声场：声学条件为自由场环境 (如消声室)，在扬声器和测量中所用传声器之间声场的区域内，从点声源到距离 r 处的声压按 $1/r$ 的规律减小，其误差不超过 $\pm 10\%$。该声场满足扬声器电声性能测试需要。

(2) 半空间自由声场：室内墙壁中，除有一面是无限大的反射面外，其余的五面墙 (顶) 壁接近全吸声，由于反射面 (其平面的线度比最低工作频率的波长大) 的前方形成半自由场空间，安装在具有足够大反射面上的点声源辐射的声压按 $1/r$ 的规律减小，其误差不超过 $\pm 10\%$。

(3) 混响声场：室内墙壁是全反射的空间，对于各类声源的辐射功率，需要在混响声场中测定。

3.1.2　有关测量条件的规定

1) 障板

在进行扬声器单元测量时，纸盆两面都向外辐射声波，为避免低频时前后两列相位相反的波发生干涉而互相抵消降低辐射的声功率，有关标准规定在消声室内测量时，扬声器单元必须安装在一种标准障板上。标准障板的尺寸及结构如图 3.1.1 所示。

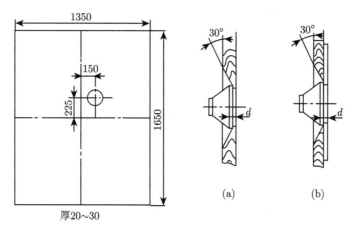

图 3.1.1 标准障板的尺寸及结构 (单位: mm)

这种障板主要适用于测量对于直径 $\phi200$mm (约 8in) 以下的扬声器单元, 因为它的使用条件是 $ka \approx 3$, 因此, 对直径 $\phi200$mm 扬声器有效半径 $a \approx 0.083$m, 当测量上限频率为 20kHz 时, $k = 2\pi f/c \approx 36.7$, 即 $ka \approx 3$。

标准障板一般由高内阻尼的硬木制成, 表面平整且不敷设任何吸声材料, 以利于声反射, 且足够的厚度, 使板的振动可以忽略。扬声器与障板的接触面应平整无缝隙, 可以采用图 3.1.1(a) 所示的挖锥形孔的方法安装, 为更换方便, 也可以采用图 3.1.1(b) 所示的加一块薄硬质 "分障板" 的方法安装, 尺寸可参考 GB/T 2060.5-2011。

采用标准障板来测量扬声器单元, 虽然对测量结果有所改善, 但因为障板不是无限大, 在频率较低时, 扬声器背面辐射的声波仍然可以绕过障板和纸盆前面辐射的声波发生干涉, 在测得的频响曲线上的低频响应产生一定的起伏, 甚至会出现不应有的峰谷。为改进标准障板在低频测量时带来的缺点, 可采用半空间自由场来测量扬声器单元的电声性能。

2) 半空间自由场规定

为了消除采用有限尺寸的标准障板所产生的缺点, 国家标准 GB/T 2060.5-2011 推荐了半空间自由场的条件来测量扬声器单元的电声性能的方法, 这种采用半空间自由场消声室的反射面, 实际上是一种无限大障板法, 如图 3.1.2 所示。

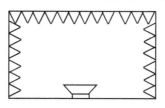

图 3.1.2 采用半空间自由场反射面做无限大障板

3) 测试距离

扬声器电声性能的测试距离是指扬声器参考点到测量传声器受声面之间的距离。扬声器在自由场条件下的测试，应是在远场进行的，即应满足

$$r \gg a, \quad r \gg d^2/\lambda \tag{3.1.1}$$

式中：r 是测试距离，m；a 是扬声器有效半径，m；d 是扬声器直径，m；λ 是测量信号频率对应的波长，m。

这时轴向声压随距离增大而减小，符合球面自由场条件的 $p \propto 1/r$。如果测试距离 r 太小，不满足远场条件，测量结果将产生较大的误差，但 r 也不能太大，因为受到消声室内自由场区域和背景噪声的限制。一般直径 $\phi 200 \text{mm}$ 以内的扬声器，测试距离 r 取 1m 可满足远场要求，小尺寸扬声器测试距离可取 0.5m，大尺寸的扬声器测试距离应取大于 1m。一般取 0.5m 或 1m 的整数倍，但在最后计算特性灵敏度时，都应换算成 1m 的标准参考距离来表示。

对于两个或多个扬声器单元重放频带相同的扬声器系统，由于不同单元辐射的声波相互作用而在测量点产生干涉。这种情况的存在是由于所有单元都工作在整个被测频带，或者一些单元工作在频带的相同频段 (如分频区)，针对这种情况，选择测量距离应使其产生的误差减到最小。

3.1.3 测试信号

测试扬声器使用的信号主要有以下几种。

(1) 正弦信号：是指瞬时电压随时间作正弦变化的信号，通常要求信号频率从 20Hz 到 20kHz 可连续变化，周而复始；馈给扬声器输入端的电压应该在所有频率上保持恒定。

(2) 无规噪声信号：在前面测量信号中已经说明，无规噪声是含有各种频率成分，且频谱连续的信号。在扬声器性能测试时，为避免放大器产生削波，规定使用峰值因数为 3~4 的粉红噪声或白噪声信号。由于粉红噪声的功率谱密度与频率成反比，粉红噪声信号发生器与相对带宽为 1/3 倍频程的滤波器一起使用，实现频谱连续并且均匀，在扬声器的特性灵敏度等参数测量中发挥显著的作用。

(3) 猝发音：也称正弦波列或正弦波群，它是一系列有间断的正弦波列，每个波列包含一定数的正弦波 (一般 10 个以上)，常用来测量电声器件的瞬态失真。

3.2 扬声器及其系统的电声参数测量方法

3.2.1 额定阻抗和阻抗曲线

扬声器阻抗随频率变化的特性称为扬声器阻抗特性，对应的曲线称为扬声器阻抗曲线。从阻抗曲线上可以测量扬声器的谐振频率、振动系统的 Q 值、最佳匹

配的阻抗以及高频感抗部分的变化情况，这对扬声器以及扬声器箱的设计、扬声器和信号源的匹配都是很重要的参数。

为确定信号源加给扬声器 (或扬声器系统) 的电功率，常用一个纯电阻作为负载来替代扬声器或扬声器系统，该纯电阻即为扬声器 (或扬声器系统) 的额定阻抗。其值等于阻抗曲线上由低频到高频第一个共振峰后的最小阻抗值。此时的阻抗接近一个纯电阻，通常有 4Ω、8Ω、16Ω 等。具体数值由制造厂规定，是用于计算和馈给扬声器电功率的基准。

1. 阻抗曲线测量

扬声器阻抗曲线可用恒流法或是恒压法进行测量。

(1) 恒流法：在馈送信号的线路中串接大电阻 R，其阻值大于扬声器共振频率处阻抗模值的 20 倍，以此实现恒流测量，如图 3.2.1 所示。

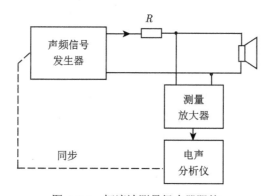

图 3.2.1　恒流法测量扬声器阻抗

测量时，通常馈给扬声器 50mA 正弦信号电流，并保持恒定在 ±5mA 之内，对大功率或小功率扬声器，则分别选用 100mA 或 50mA，使信号发生器扫描的起始频率与记录纸的频率刻度一致，自动记录扬声器有效频率范围内的阻抗曲线。

(2) 恒压法：用恒压法测量扬声器阻抗曲线时，在馈送信号回路的低电位端串接一个阻值小于或等于额定阻抗值 1/10 的电阻，通过测量电阻两端随频率变化的电压，达到测量阻抗的变化曲线，其测量线路按图 3.2.2 所示的线路进行。

信号源输出电压 U 按下式确定

$$U = \sqrt{0.1 P_{eN} Z} \quad (\text{当 } 1\text{W} \leqslant P_{eN} \leqslant 10\text{W 时})$$
$$U = \sqrt{0.1 P_{e0} Z} \quad (\text{当 } P_{eN} > 1\text{W 时}) \tag{3.2.1}$$
$$U = \sqrt{P_{e0} Z} \quad (\text{当 } P_{eN} > 10\text{W 时})$$

式中：P_{eN} 是额定最大噪声功率，W；P_{e0} 是 1W 电功率；Z 是额定阻抗，Ω。

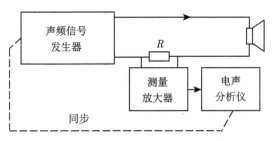

图 3.2.2　恒压法测量扬声器阻抗

　　测量时，需保持信号发生器输出电压恒定，扫描的起始频率与记录纸的频率刻度一致，自动记录扬声器有效频率范围内的阻抗曲线。

　　2. 额定阻抗测量

　　一般优选替代法，测量线路如图 3.2.3 所示。图中 K 为转换开关，R 值应大于额定阻抗的 10 倍，R_k 为十进位无感电阻箱。测量时，通常馈给扬声器的电流为 $(50\pm5)\text{mA}$，要求信号源为恒流源，因此在声频信号发生器的输出端串联一个大电阻 R，在扬声器辐射面前应无反射物，测试频率一般选择 $200\sim400\text{Hz}$ 内的某一点 (即阻抗曲线上最小阻抗对应的频率)，先把开关 K 接通被测扬声器，然后把开关 K 接通可变电阻箱 R_k，调节电阻值，使有效值电压表上所指示的电压与被测扬声器的电压相等 (必要时可反复比较)，此时的 R_k 值即为扬声器的阻抗，可用来判定是否符合额定阻抗的要求。这种测量一般称为额定阻抗测量。

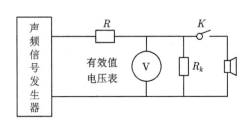

图 3.2.3　扬声器额定阻抗测试

3.2.2　共振频率测量

　　扬声器单元的共振频率和闭箱式扬声器系统的共振频率，可以从测得其阻抗模值随频率的变化曲线上得到，第一个阻抗极大值所对应的频率，即为共振频率。测量线路按图 3.2.1、图 3.2.2 两种测量阻抗曲线方法进行，所不同的是用电压表替代测量放大器。对于具有有效值功能测量放大器，可以直接进行共振频率测量。如果采用恒压法测量时，信号发生器的输出电压 U 按式 (3.2.1) 确定。

3.2.3　频率响应测量

频率响应是扬声器的重要性能参数之一,它反映了扬声器对不同频率的电信号转换成声辐射的能力。依据频率响应与其相关的有效频率范围和不均匀度,来选择适合不同用途的扬声器,如对高保真扬声器,要求频率响应平直,频率范围宽,不均匀度小。

在自由场条件下,在规定的参考轴和参考点位置上,以恒压法或恒流法测得扬声器的输出声压级随频率的变化,称之为扬声器的频率响应。对应的曲线为频率响应曲线。扬声器频率响应测量可以分为正弦信号法和 1/3 倍频程窄带噪声信号法两种。

1. 正弦信号法

使用正弦信号测量扬声器频率响应是最常用的方法,其测量框图如图 3.2.4 所示。

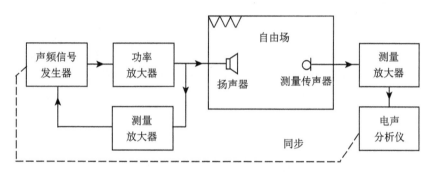

图 3.2.4　正弦信号测量扬声器频率响应

在自由场中,扬声器安装在标准障板上,测量传声器放在参考轴上。对 $\phi100\text{mm}$ 以上的扬声器,一般测试距离 r 选 1m;对小于 $\phi100\text{mm}$ 的小型扬声器,r 可选 0.5m;对 $\phi200\text{mm}$ 以上的大口径扬声器,r 可选大于 1m,以满足远声场的要求。测量时馈给扬声器的恒定电压一般应为 1/10 额定噪声功率的相应电压,也可用 1W 电功率的相应电压。在扬声器的输入端并接一个测量放大器,并将信号反馈给声频信号发生器进行压缩控制,使声频信号发生器馈给扬声器输入端的电压稳定不变,当声频信号发生器的频率由 20Hz 连续扫描到 20kHz 时,在电平记录仪上就可以同步自动记录得到由测量传声器接收到声压级的扬声器频率响应,这条曲线即是扬声器频响曲线。

2. 1/3 倍频程窄带噪声信号法

1/3 倍频程窄带噪声信号法测量扬声器频率响应的框图如图 3.2.5 所示。

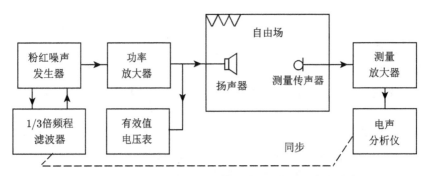

图 3.2.5　1/3 倍频程窄带噪声信号法测量扬声器频率响应

　　在自由场中,扬声器同样安装在标准障板上,而且测量距离同前,馈给扬声器 1/10 额定噪声功率相应的电压,由电平记录仪驱动并控制 1/3 倍频程滤波器中心频率同步变化,使之与记录纸上频率刻度相对应,自动记录扬声器各频带内声压变化曲线,该曲线即为频响曲线。

　　扬声器在实际使用时输入的信号总是复合声,而噪声信号的峰值因数与语言或音乐信号的峰值因数较近似,因此,用粉红噪声信号测量的结果更接近扬声器实际工作状况。而用纯音正弦信号测量频响,虽然测量设备较简便,但是因为用纯音信号输入,当扬声器纸盆产生分割振动时,由于声波的相互干涉,在测得的频响曲线上会产生很窄的峰谷值,而使用 1/3 倍频程窄带噪声信号测量将会避免这一缺陷。

3.2.4　特性灵敏度 (级) 测量

　　在规定的频率范围内,在自由场条件下,馈给扬声器额定阻抗上相当于消耗 1W 电功率的粉红噪声信号的电压时,在其参考轴上距离参考点 1m 处产生的声压,称为扬声器特性灵敏度,简称扬声器灵敏度,单位为 Pa/(W·m)。当用分贝来表示扬声器特性灵敏度时,则称为特性灵敏度级,单位为 dB/(W·m)。

　　特性灵敏度 (级) 测量框图如图 3.2.6 所示。在扬声器的有效频率范围内,馈给以相当于在额定阻抗上消耗 1W 电功率的粉红噪声电压,从测量放大器上读出其在参考轴上距离参考点 1m 处产生的声压级,即为特性灵敏度级。

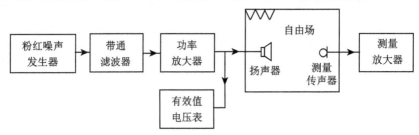

图 3.2.6　特性灵敏度 (级) 测量框图

如果所用的带通滤波器的频率范围是被测扬声器的有效频率范围，在规定的频率范围内馈给扬声器 1/10W 或大于 1W(当扬声器额定功率大于 10W 时) 的粉红噪声功率，从测量放大器读出声压 p_r 代入式 (3.2.2)，可算出扬声器的特性灵敏度级 L_p，以 dB/(W·m) 为单位，则

$$L_p = 20 \lg \frac{p_r}{p_0} - 10 \lg \frac{P_e}{P_{e0}} + 20 \lg \frac{r}{r_0} \tag{3.2.2}$$

式中：L_p 是换算到 1m、1W 时的声压级，dB；p_r 是在距离 r 处测得的声压，Pa；p_0 是参考声压，2×10^{-5}Pa；P_{e0} 是参考功率，1W；r 是测试距离，m；r_0 是参考距离，1m。

3.2.5 有效频率范围测量

按正弦信号法测量得到的频响曲线，在灵敏度最大的区域内，取一个倍频程带宽的平均声压级，在下降 10dB 处划一条平行于横坐标的直线，交于频响曲线上的上频率点 f_2 和下频率点 f_1，则 $f_2 - f_1$ 即为扬声器的有效频率范围，但对小于 1/9 倍频程带宽的谷值可忽略不计。

对于按 1/3 倍频程窄带噪声信号法测得的频响曲线，用上述同样方法可获得 $(f_2 - f_1)$ 为扬声器的有效频率范围，不过对小于 1/6 倍频程带宽的谷值可忽略不计。

3.2.6 指向性特性测量

扬声器的指向性是指扬声器辐射的声压随方向变化的特性，反映了扬声器在不同方向上的辐射本领。扬声器的指向特性通常用指向性图、指向性因数或指数以及指向性频率特性来表征。

扬声器在向空间辐射声波时，随频率的增加波长缩短，当波长与扬声器本身的线度可比拟时，由于声波的相互干涉，扬声器辐射的声波会明显地出现指向性，而且频率越高，指向性越强。在使用扬声器或者设计扬声器系统时，其指向性是必须考虑的重要参数。如在厅堂扩声系统设计时，为获得均匀的声场，就必须注意扬声器系统的指向特性设计。

1. 指向性图案测量

扬声器指向性图案是指在自由场条件下，在规定的平面上，对规定的频率，扬声器辐射声波的声压级随辐射方向变化的曲线。

(1) 正弦信号法测量指向性图案：用正弦信号法测量指向性图案的测量线路如图 3.2.7 所示。

将扬声器置于消声室内转台上，注意转台转轴的中心应通过扬声器的参考点，转台由电平记录仪控制，可作 360° 连续转动。测量频率一般在额定频率范围内按

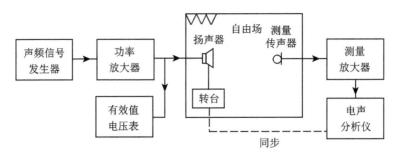

图 3.2.7 正弦信号法测量指向性框图

1/3 倍频程或倍频程的中心频率选点，至少应包括 500Hz、1kHz、2kHz、4kHz 和 8kHz。测量传声器的参考轴与扬声器参考轴重合 (即从 0° 开始)，距离置于远场区。测量时，馈给扬声器 1/10 额定噪声功率的相应电压，且保持电压恒定，分别测出上述各频率点 0° ~ 360° 扬声器随辐射方向变化的极坐标图案，即为扬声器的指向性图案。

在没有转台的情况下，可用点测法进行测量，对上述各频率点的某一个频率，在 0° ~ 360° 范围内，扬声器每转动 10° 或更大些，测得该方向角度的声压级，然后在极坐标图上作出该频率的指向性图案。对扬声器系统的测量方法与上述相同。如果扬声器系统体积大，重量重，无法在转台上测量，往往要用点测量法测量，在水平 ±45° 内每隔 15° 测一点，在垂直方向 ±40° 内每隔 20° 测一个点，以获得在规定的角度内辐射指向性。

(2) 1/3 倍频程窄带噪声信号法测量指向性图案：这种方法的测量线路参照图 3.2.7，此时用粉红噪声和 1/3 倍频程滤波器代替声频信号发生器，用 1/3 倍频程噪声信号代替纯音信号，其他均同上述测量方法。

2. 指向性因数及指数测量

指向性因数是在自由场条件下，在某一给定频率或频带内，在选定参考轴上的某点所测得的扬声器辐射声强，与被测扬声器辐射相同功率的点声源在相同的测试点上所产生的声强之比，一般用 $Q(f)$ 表示其指向性因数。

指向性指数是指用分贝表示的指向性因数，表达式为 $D_I(f) = 10 \lg Q(f)$，单位为 dB。

对旋转轴对称的扬声器，用正弦信号法测得指向性图案后，可按式 (3.2.3) 计算该扬声器的指向性因数 $Q(f)$，即

$$Q(f) = \frac{2}{\displaystyle\sum_{n=1}^{Q/\Delta Q} \left(\frac{p_{\theta n}}{p_{ax}}\right)(\sin Q_n)\Delta Q} \tag{3.2.3}$$

式中：$p_{\theta n}$ 是偏离参考轴 θ_n 处测得的声压，Pa；p_{ax} 是参考轴上测得的声压，Pa；n 是测试点的次序；当 $\Delta\theta$ 确定后，$Q_n = (n - 1/2)\Delta\theta$。

用分贝表示的指向性因数即为指向性指数，即

$$D_I(f) = 10\lg Q(f) \tag{3.2.4}$$

$Q(f)$ 和 $D_I(f)$ 为频率的函数，不同的频率可测得不同的 $Q(f)$ 和 $D_I(f)$ 值。

3. 指向性频率特性测量

指向性频率特性是指在若干规定的声波辐射方向上，测得的扬声器频响曲线族。此外，也可用等声压级曲线来表征扬声器指向性特性，即以频率 f 为横坐标，以与扬声器参考轴的夹角 θ 为纵坐标，绘出等声压级的曲线图。

3.2.7 失真测量

1. 谐波失真测量

扬声器谐波失真测量可分为正弦信号测量法和窄带噪声信号测量法。而最广泛使用的是正弦信号测量失真曲线法，其测量框图如图 3.2.8 所示。

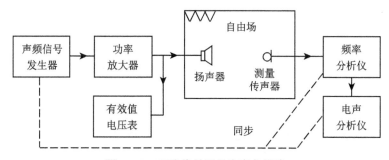

图 3.2.8 正弦信号测量失真曲线法

在自由场中，扬声器装在标准障板上，并馈给扬声器额定功率和额定阻抗相对应的电压，使电压保持恒定，在接收到的扬声器输出声信号中，除了原来输入的信号频率 (即基频) 的声压 p_f，还出现有 2 倍于基频的声压 p_{2f} 和 3 倍于基频的声压 p_{3f}，$\cdots$，这些信号称为谐波，这种失真现象即称为谐波失真，其总谐波失真系数 d_t 用下式来表达，即

$$d_t = \frac{\sqrt{p_{2f}^2 + p_{3f}^2 + \cdots + p_{nf}^2}}{p} \times 100\% \tag{3.2.5}$$

$$p = \sqrt{p_f^2 + p_{2f}^2 + p_{3f}^2 + \cdots + p_{nf}^2}$$

式中：d_t 是总谐波失真系数；p_f 是基波声压，Pa；p_{nf} 是 n 次谐波成分声压，Pa。第 n 次谐波的失真系数为

$$d_{nf} = p_{nf}/p \times 100\% \qquad\qquad (3.2.6)$$

因此，二次谐波失真系数为

$$d_{2f} = p_{2f}/p \times 100\%$$

三次谐波失真系数为

$$d_{3f} = p_{3f}/p \times 100\%$$

测量时，先把频率分析仪的 1/3 倍频程滤波器的中心频率调节到声频信号发生器的输出频率上，使两者同时受到电平记录仪的同步控制。启动测量系统，记录扬声器的声压级频响曲线；然后把频率分析仪 1/3 倍频程滤波器的中心频率调节到声频信号发生器输出频率的两倍，使两者都受到电声测试仪的同步控制。在同一张记录纸上记录其二次谐波的声压级随频率变化的曲线，同样可以在这张纸上记录其三次谐波声压级随频率的变化曲线 (受滤波器频带宽度的限制，一般需测量三次)。

从所记录的三条频响曲线上，即可读取某频率点上所对应 p_{1f}、p_{2f}、p_{3f} 的声压级值 (从记录得到的曲线获得所对应的声压级值，可换算成对应的声压)。代入式 (3.2.5) 中计算，可得出总谐波失真系数 d_t。若要求得 n 次谐波失真系数，则代入式 (3.2.6) 计算可得出 d_{nf} 值。

使用失真测量仪测量更简便、快捷，其测量原理是：当仪器的开关打到校准挡时，信号中基波与所有的谐波通过，表头所指示的是所有谐波在内所对应的值。把指针调节到满刻度 (即以 1V 为 100%)，然后把开关打到失真度挡，这时输入信号通过一个文氏桥滤波电路，反复调节其频率调谐旋钮和相位旋钮，将基波信号 p_f 滤除，这时表头指示的是除去基波后对应的所有谐波的值。因在前一步骤中已将分母调节到 1 (满刻度)，因此，表头读数即为式 (3.2.5) 中的谐波失真系数 d_t 值。

2. 互调失真测量

国家标准 GB/T 12060.5-2011《扬声器主要性能测试方法》中推荐 n 次调制失真法 ($n = 2$ 或 $n=3$) 测量。

互调失真测量框图如图 3.2.9 所示，在自由场或半自由场条件下，在规定的频率范围内，将频率为 f_1 和 $f_2 (f_2 > 8f_1)$、电压幅度比为 $U_{f_2} = U_{f_1}/4$ 的两个正弦信号输入到放大器，经线性叠加后馈送到扬声器。测量传声器接收到的信号，

输给外差式频率分析仪进行分析，就可直接读取读数，也可通过电平记录仪进行连续记录。

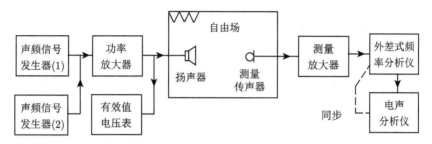

图 3.2.9　互调失真测量框图

其二次调制失真系数 d_2 可按下式求得

$$d_2 = \frac{p_{(f_2-f_1)} + p_{(f_2+f_1)}}{p_{f_2}} \times 100\% \qquad (3.2.7)$$

或用分贝表示为

$$L_{d_2} = 20\lg (d_2/100)$$

其三次调制失真系数 d_3 按下式求得

$$d_3 = \frac{p_{(f_2-2f_1)} + p_{(f_2+2f_1)}}{p_{f_2}} \times 100\% \qquad (3.2.8)$$

或用分贝表示为

$$L_{d_3} = 20\lg (d_3/100)$$

式 (3.2.7) 和式 (3.2.8) 中，$p_{(f_2\pm f_1)}$ 和 $p_{(f_2\pm 2f_1)}$ 分别为调制产生的声压；p_{f_2} 为信号频率为 f_2 的声压。

3. 瞬态失真

瞬态失真是扬声器的振动系统跟不上快速变化着的电信号而引起的输出波形失真。从图 3.2.10 的扬声器辐射输出图中可以看出，扬声器膜片在电信号驱动下，没有立即达到稳态振动，同样，当施加的电信号停止后，膜片不能立即停止振动。这种现象的存在，使得扬声器不可能逼真地重放急促变化着的信号，如打击乐器的敲击声，因为迅速变化的信号中包含着丰富的频率成分。因此，对于重放音质要求高的扬声器及其系统，需要通过测量了解和掌握瞬态失真的特性。

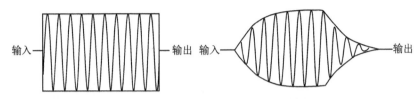

图 3.2.10   用猝发音信号获得的瞬态特性

馈送给扬声器规定电压的正弦波列信号后,由于扬声器振动系统的惯性作用,辐射出的声信号发生畸变,由测量传声器接收并经放大器放大,可以在示波器上观察到失真的波形和拖尾。经门电路信号只剩下周期性的拖尾信号的方均根值,即 $\sqrt{\dfrac{1}{T}\displaystyle\int_0^T f^2(t)\,\mathrm{d}t}$,这里 $f(t)$ 是拖尾信号,T 是信号周期。瞬态失真的测量框图如图 3.2.11 所示。用电平记录仪记录其平均的声压级值,再在记录仪上记录该扬声器与正弦波列幅值相同的连续信号的声压级,两者的数差即为瞬态失真的大小。

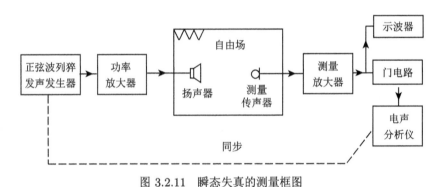

图 3.2.11   瞬态失真的测量框图

3.2.8   声功率测量

在以 f 为中心频率的某一频带内的电信号馈给扬声器时,它所辐射的总声功率即为扬声器的声功率。在计算和评估扬声器的电声转换效率时,需要测量扬声器所辐射的声功率,声功率测量可分为自由场法和扩散场法两种。

1. 自由场法

自由场法的测量线路可参照特性灵敏度测量框图,在半径 r 足够大的球面上,选取分布具有代表性的若干点,测得这些点的方均根声压值 p,按式 (3.2.9) 计算声功率

$$P_a = \frac{4\pi r^2}{\rho_0 c_0}\overline{p^2} \tag{3.2.9}$$

式中：P_a 是扬声器输出声功率，W；p 是若干点声压有效值的方均根值，Pa；$\rho_0 c_0$ 是空气的特性阻抗，kg/(m²·s)。

2. 扩散场法

扩散场法的测量线路如图 3.2.12 所示。将 1/3 倍频程某频段中心频率为 f 的噪声信号馈送给扬声器，在混响室中测得对应的声压 $p(f)$，按式 (3.2.10) 计算该 1/3 倍频程频段的声功率：

$$P_a = \frac{V}{T(f)} p^2(f) \times 10^{-4} \tag{3.2.10}$$

式中：V 是混响室体积，m³；$T(f)$ 是规定频带内混响室的混响时间，s；$p(f)$ 是扩散场中测得相应 1/3 倍频程频段的声压，Pa。

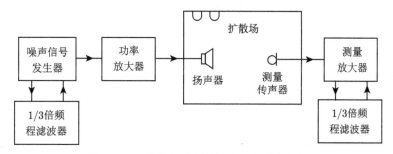

图 3.2.12 扩散场法测量扬声器声功率框图

对于一定频带宽度内的辐射声功率，由该频带内所有 1/3 倍频程所测得的声功率的算术平均值计算，可参阅国家标准《噪声源声功率的测定》中的有关方法。

3.2.9 品质因数测量

电动式扬声器 (或闭箱式扬声器系统) 的品质因数 Q 定义为在共振频率处声阻抗的惯性抗 (或弹性抗) 与纯阻之比。

电动式扬声器的品质因数 Q 值的大小和频率响应、瞬态失真有密切关系。Q 值太大，纸盆扬声器在谐振频率 f_0 处出现尖锐的峰，使低频响应变差，而且扬声器的瞬态失真增大。适当减小 Q 值可使低频响应平直而展宽。一般 Q 值取 0.3~0.45，应根据扬声器不同的用途而定。如开口音箱比封闭音箱的 Q 值相对低一些。

扬声器的品质因数，可由上述测量扬声器阻抗曲线的办法测出图 3.2.13 所示的阻抗曲线，并按下式计算品质因数，即

$$Q_t = \frac{1}{r_0} \frac{f_0}{f_2 - f_1} \sqrt{\frac{r_0^2 + r_1^2}{r_1^2 - 1}} \tag{3.2.11}$$

式中：Q_t 是扬声器的品质因数；f_0 是扬声器的共振频率，Hz；r_0 是在频率 f_0 处扬声器阻抗模值的最大值 $|Z_\mathrm{max}|$ 与扬声器直流电阻 R_DC 之比；r_1 是 f_1 或 f_2 处阻抗模值与扬声器直流电阻之比；Z_max 是 f_0 处测得的最大阻抗模值，Ω；R_DC 是测得的扬声器 (即音圈) 的直流电阻，Ω。

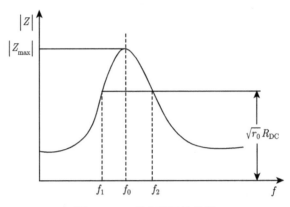

图 3.2.13　扬声器阻抗曲线

可以看出，当 $r_1 = \sqrt{r_0}$ 和用 $\sqrt{f_1 f_2}$ 代替 f_0 时，由于阻抗曲线的不对称而产生的计算误差减至最小，于是式 (3.2.11) 可简化为

$$Q_\mathrm{t} = \frac{1}{r_0} \frac{f_0}{f_2 - f_1} \tag{3.2.12}$$

可以在测得阻抗曲线上由共振频率 f_0 对应的阻抗最大值下降 3dB 来求取对应的两个频率 f_1 和 f_2，按式 (3.2.12) 计算品质因数。

3.2.10　输入电功率测量

扬声器输入电功率包括最大噪声功率、长期最大功率、短期最大功率和最大正弦功率。

(1) 最大噪声功率：是用最大噪声电压的平方与额定阻抗的比值所表示的电功率。所谓的最大噪声电压是指在额定功率范围内，馈给扬声器以规定的模拟节目信号，而不产生热和机械损坏的最大噪声电压值。进行此项试验时，应连续工作 100h 后考核是否合格。

(2) 长期最大功率：是用长期最大电压的平方与额定阻抗的比值所表示的电功率。所谓的长期最大电压是指在额定频率范围内，馈给扬声器以规定的模拟节目信号，信号持续时间为 1min，间隔为 2min，重复 10 次，而扬声器不产生永久性损坏的最大噪声电压。

(3) 短期最大功率：是用短期最大电压的平方与额定阻抗的比值所表示的功率。所谓的短期最大电压是指在额定频率范围内馈给扬声器以规定的模拟节目信号，信号持续时间为 1s，间隔时间为 60s，重复 60 次，而扬声器不产生永久性损坏的最大噪声电压。

(4) 最大正弦功率：是用额定最大正弦电压的平方与额定阻抗的比值所表示的功率。所谓的额定最大正弦电压是指产品标准对其扬声器在额定频率范围内，能承受连续正弦信号而不产生热的损坏和机械的损坏所规定的最大正弦电压值。此电压一般规定持续 1h。因电压值随频率不同而不同，在不同的规定频率范围内，可给出不同的电压值。

上述四种最大功率值都是由生产厂家规定的，因此，测试的目的在于考核所生产的扬声器最大可承受各种功率的能力，一般在其前冠以"额定"二字，即额定最大噪声功率、额定长期最大功率、额定短期最大功率、额定最大正弦功率。

测量最大噪声功率时，对全频带扬声器或扬声器系统可按图 3.2.14 测试线路进行，对带有高频分频器的高频扬声器可按图 3.2.15 进行。测试时，粉红噪声信号通过模拟节目信号滤波器后，产生模拟节目信号，经限幅、放大处理后馈送给扬声器。

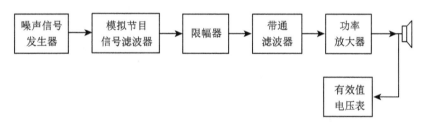

图 3.2.14 全频带扬声器及其系统噪声功率测量框图

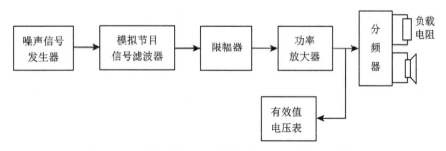

图 3.2.15 带有分频器的高频扬声器噪声功率测量框图

对于模拟节目信号的要求，以及关于最大噪声功率、长期最大功率等不同技术要求的电功率测量具体方法和施加信号的操作要求，可参见 GB/T 12060.5-2011《扬声器主要性能测试方法》与相关标准的规定。

思　考　题

1. 进行扬声器单元测量时，为什么扬声器单元必须安装在一个标准障板上？
2. 标准障板上安装扬声器的圆孔为什么不设置在障板中心？
3. 测试扬声器使用的信号有哪几种？
4. 掌握扬声器及其系统的电声参数测量方法。

第 4 章 超 声 计 量

在超声的应用中，超声的频率、声压、声强、声功率、声速和声衰减等是很重要的声学参量，对于这些参量的测量构成了超声研究和应用的基础。然而，超声测量相对于声学中的其他领域的测量既有共同点，又有不同之处，从测量的主要内容和作用来说有三个方面的不同：一是超声量值的测量与传递；二是超声设备的计量检定；三是在应用中对介质的声学性能测试。

超声设备一般由电子设备和超声换能器构成，超声换能器用来发射或接收超声波。在功率超声中，换能器主要用于向介质中发射超声波；在检测超声中，换能器一般是收发两用型的，既作超声波的发射器，又作超声波接收器。超声换能器的主要指标有谐振频率、带宽、电阻抗特性、电声效率、指向性和非线性特性等性能参数。对于超声设备而言，最重要的性能参数一般是整套设备的超声功率和换能器的特性参数；在医用超声诊断和治疗中，由于大剂量的超声对人体有危害，人们越来越关注安全诊断阈值的剂量标准和超声治疗的最佳辐射剂量，因此，超声功率是一个更为重要的参量。

在大多数的应用中，超声波是在液体或固体介质中传播的。传播的介质不同，超声波的各种声学参数也将发生相应的变化，超声检测正是依据不同的介质对超声波有不同的传输特性而实现的。因此，有时还需要对超声传播介质的声速、密度等参数进行测量。另外，不同材料对超声的衰减也不同，为了能正确估算超声波的声学参数，还需要对不同材料的超声衰减进行检测。

目前我国在声学计量量值的传递中，在超声领域进行的量值传递主要是声压和声功率。声压的测量和其量值的传递主要是通过标准水听器进行的。

本章讲述的是关于超声测量中水听器的校准、超声的基本量的测量，以及超声换能器主要参数的测量原理和方法。

4.1 水听器校准

超声场中的声压量值、声场的声压分布及其声压波形是通过水听器测量获得的。在超声场的声压作用下，水听器产生相应的电信号。为了能准确地测量声场中的声压，首先需对水听器的灵敏度进行校准。按照定义，高于 20kHz 频率范围为超声频率，由于超声测量的频率范围比较宽，针对不同的频率范围，我国的国家标准规定了不同的水听器的校准方法，如频率范围在 0.1~5MHz 分两个频段，水听器的校准方法分别采用自由场三换能器互易法和二换能器互易法校准，它们的适用频率范围分别为 0.1～1MHz 和 0.5～5MHz；在频率范围 0.5～15MHz 频段，采用激光干涉法测量校准，用激光直接测量超声场中的介质质点振速，从而计算声压，可以获得高的测量精度。此外，还可以根据测量要求和精度采用比较法进行水听器的灵敏度校准。

4.1.1　超声水听器的类型及其性能

1. 超声水听器的类型

目前，用于 0.1～15MHz 超声测量的水听器主要是用 PZT 压电陶瓷或 PVDF 压电薄膜材料作为敏感元件制作的压电型水听器。敏感元件被切割成圆片放置在金属管的顶端，外面包覆防水透声橡胶层。图 4.1.1 为使用四个 PZT 压电陶瓷的标准水听器。对于压电陶瓷水听器，一般用环氧钨粉作为吸声背衬材料，以减小压电圆片背面的声反射。用于高频测量的水听器金属管的直径一般在 1mm 左右。图 4.1.2 所示为 PZT 和 PVDF 探针水听器的结构示意图。

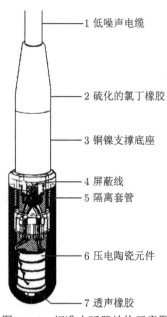

图 4.1.1　标准水听器结构示意图

2. 超声水听器的性能与要求

理想的超声水听器应具有小尺寸、高灵敏度、无指向性、性能稳定、在较宽的频带内响应平坦、具有良好的接收线性等特点。按照水听器的特性和用途，可

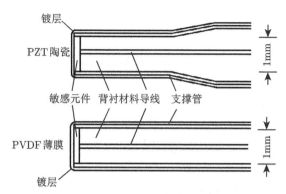

图 4.1.2 PZT 和 PVDF 探针水听器的结构示意图

将水听器分为两类：一类是用作对超声场瞬时声压作定量精密测量用的标准水听器；另一类是对声场作一般测量用的测量水听器。两者的差别主要是在频率特性、温度和时间稳定性的要求上不同，当然，对水听器的校准精度和方法的要求也不相同。

我国参照国际标准 IEC 500 和 IEC 866，制定的国家标准 GB/T 4128-1995《声学 标准水听器》，分别对 1Hz~100kHz 频率范围内的水听器和 0.1~10MHz 频率范围内的高频水听器的性能与设计技术作出了规定。就超声测量而言，这里对 0.1~10MHz 频率范围内使用的高频水听器的主要性能要求作一介绍。

1) 灵敏度及其频率响应

标准水听器的自由场电压灵敏度应不低于 -265dB (基准值 1V/μPa)；其频率响应曲线的平坦度应达到在整个使用频率范围内，至少有 $2\frac{1}{2}$ 倍频程的范围，自由场灵敏度的不均匀性小于 ± 1dB，且频率每改变 100kHz 时灵敏度的变化小于 ± 0.5dB。

测量水听器的灵敏度应不低于 -270dB(基准值 1V/μPa)；在整个使用频率范围内，至少有 $2\frac{1}{2}$ 倍频程的范围，自由场灵敏度的不均匀性小于 ± 2dB，且频率每改变 100kHz 时，灵敏度的变化小于 ± 1dB。

2) 指向特性

(1) 有效立体角：在最高使用频率下，-6dB 的波束宽度应大于 15°。

(2) 波束对称性：在有效立体角内，波束的不对称性应小于 ± 3dB。

(3) 轴偏差：最大灵敏度方向与几何对称轴方向间的偏差应小于 3°。

3) 动态范围

在 40dB 的动态范围内，水听器的输出电压应与自由场声压呈线性关系，其偏差小于 ± 1dB。在信噪比大于 6dB 的条件下，能测量的最小声压级应不低于

190dB (以 1μPa 为基准)。

4) 稳定性

(1) 时间稳定性：在校准周期一年的时间内，标准水听器灵敏度的变化不大于 ±2dB；测量水听器灵敏度的变化不大于 ±3dB。

(2) 温度稳定性：在 16~30℃ 的范围内，不同温度的灵敏度与 23℃ 时的灵敏度的偏差，标准水听器应不大于 ±1dB，测量水听器应不大于 ±3dB；在 30~40℃ 的范围内的灵敏度与 23℃ 时的灵敏度的偏差，标准水听器不大于 ±2dB，而测量水听器不大于 ±3dB。

4.1.2 灵敏度与相关电声参数的定义

1. 灵敏度和灵敏度级

水听器接收灵敏度是描述水听器特性的重要指标。知道了灵敏度，只要将水听器放置于待测声场中某点，测出水听器在声压作用下的开路电压，就可求出所测对象的声辐射特性，或者是测量位置处的声压或声压级。因而，在测量工作中灵敏度的校准占据了重要的地位。

1) 灵敏度

(1) 自由场灵敏度。

水听器输出端的开路电压 u 与在自由声场中引入水听器前存在于其中心位置处的瞬时声压 p_f 的复数比值。单位为 V/Pa。

$$M_f = u/p_f \tag{4.1.1}$$

(2) 声压灵敏度。

水听器输出端的开路电压 u 与实际作用于水听器接收面上的声压 p_p 的复数比值。单位为 V/Pa。

$$M_p = u/p_p \tag{4.1.2}$$

当水听器的最大线性尺寸远小于水中的声波波长，并且水听器的机械阻抗远大于水听器在水中的辐射阻抗时，声压灵敏度值近似等于自由场灵敏度值。

2) 灵敏度级

把上述获得的灵敏度用分贝表示时，是将测量的灵敏度模量与基准灵敏度之比的常用对数乘以 20，称为灵敏度级。因此有

自由场灵敏度级：

$$L_{M_f} = 20\lg(M_f/M_r) \tag{4.1.3}$$

声压灵敏度级：

$$L_{M_p} = 20\lg(M_p/M_r) \tag{4.1.4}$$

式中：M_r 是基准灵敏度，$1\text{V}/\mu\text{Pa}$。

水听器输出端的开路电压一般是指在连接电缆终端测得的电压，对于含有前置放大器的水听器，通常是选择在压电元件与前置放大器的连接处测量输出电压，但这种测量需要高输入阻抗的电压测量系统。由于采用固体电路的前置放大器性能稳定，同样也可以在电缆的末端测量其开路电压。

需要指出的是：采用互易法校准自由场灵敏度或者声压灵敏度时，所依据的互易原理与第 2 章介绍的相同，不同之处在于这里的传声介质是水，以及针对在水中测量和校准的特点而采取不同的技术措施。因此，本章有关互易校准的内容仅介绍水听器的自由场灵敏度互易法校准方法。

2. 发送响应和发送响应级

水听器在校准时，水听器或发射换能器的发送响应，按参考电学量的不同分为发送电压响应和发送电流响应。

1) 发送电压响应

在某频率和指定方向上，离发射器声中心参考距离 d_0 处的瞬时声压 p_0 和参考距离的乘积与输入至其电端的电压 U 的比值。参考距离为 1m，单位为 Pa·m/V。

$$S_V = p_0 d_0 / U \tag{4.1.5}$$

2) 发送电流响应

在某频率和指定方向上，离发射器声中心参考距离 d_0 处的瞬时声压 p_0 和参考距离的乘积与输入至其电端的电流 i 的比值。参考距离为 1m，单位为 Pa·m/A。

$$S_I = p_0 d_0 / i \tag{4.1.6}$$

3) 发送响应级

测量的不同响应值与相应的基准值之比的常用对数乘以 20，用分贝表示，有发送电压响应级

$$L_{S_V} = 20 \lg(S_V / S_{Vr}) \tag{4.1.7}$$

式中：S_{Vr} 是发送电压基准值，1Pa·m/V。

发送电流响应级

$$L_{S_I} = 20 \lg(S_I / S_{Ir}) \tag{4.1.8}$$

式中：S_{Ir} 是发送电流基准值，1Pa·m/A。

3. 电转移阻抗

由两个换能器构成的声耦合系统，接收换能器的输出电压与发射换能器电端的电流复数比，单位为 Ω。

4.1.3　自由场三换能器互易法校准

1. 原理和方法

互易法校准是根据电声互易原理进行校准的一种绝对校准方法。在自由场互易校准过程中，需用三个换能器，其中至少有一个互易换能器 (H)，另外两个换能器分别是发射换能器 (F) 和待校水听器 (J)，这两个换能器只要求满足线性条件。在自由场远场中按图 4.1.3 所示组合，分别测量每组换能器对的发射器输入电流和接收器的开路电压，或系统的电转移阻抗，就能获得待校水听器和互易换能器的自由场灵敏度及互易换能器和发射器的发送电流响应。

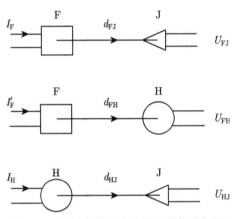

图 4.1.3　水声换能器自由场互易校准框图

在第一组测量中，发射器换能器 (F) 以电流 I_F 激励，在距其声中心校准距离 d_{FJ} 处的自由场远场声压 $p_{d,FJ}$ 略去时间因子 $e^{j\omega t}$ 后为

$$p_{d,FJ} = \frac{p_0 d_0}{d_{FJ}} \cdot e^{jk'(d_0 - d_{FJ})} = \frac{I_F S_{IF}}{d_{FJ}} \cdot e^{jk'(d_0 - d_{FJ})} \tag{4.1.9}$$

式中：p_0 是距发射器换能器 (F) 声中心参考距离 d_0 处的声压，Pa；d_0 是参考距离，m(参考值 1 m)；S_{IF} 是发射器换能器 (F) 的发送电流响应，Pa·m/A；k' 是复波数，m^{-1}。并且有

$$k' = -j\gamma, \quad \gamma = \alpha + j\beta, \quad \beta = k = \frac{\omega}{c} \tag{4.1.10}$$

式中：γ 是传播系数，m^{-1}；α 是衰减系数，dB/m。

则其电转移阻抗 Z_{FJ} 为

$$Z_{FJ} = U_{FJ}/I_F = \frac{U_{FJ}}{p_{d,FJ}} \cdot \frac{p_{d,FJ}}{I_F} = \frac{M_J S_{IF}}{d_{FJ}} \cdot e^{jk'(d_0 - d_{FJ})} \tag{4.1.11}$$

式中：U_{FJ} 是发射换能器 (F) 辐射声波时，待校水听器 (J) 的开路电压，V；M_J 是待校水听器 (J) 的自由场灵敏度，V/Pa；S_{IF} 是发射换能器 (F) 的发送电流响应，Pa·m/A；d_{FJ} 是发射换能器 (F) 和待校水听器 (J) 的声中心之间的距离，m。

同样，对第二组测量，发射换能器以电流 I'_F 激励发送，互易换能器 (H) 接收时的电转移阻抗 Z_{FH} 为

$$Z_{FH} = U_{FH}/I'_F = \frac{M_H S_{IF}}{d_{FH}} \cdot e^{jk'(d_0 - d_{FH})} \tag{4.1.12}$$

式中：U_{FH} 是发射换能器 (F) 辐射声波时，互易换能器 (H) 的开路电压，V；M_H 是互易换能器 (H) 的自由场灵敏度，V/Pa；S_{IF} 是发射换能器 (F) 的发送电流响应，Pa·m/A；d_{FH} 是发射换能器 (F) 和互易换能器 (H) 的声中心之间的距离，m。

对第三组测量，互易换能器 (H) 发送，待校水听器 (J) 接收时的电转移阻抗 Z_{HJ} 为

$$Z_{HJ} = U_{HJ}/I_H = \frac{M_J S_{IH}}{d_{HJ}} \cdot e^{jk'(d_0 - d_{HJ})} \tag{4.1.13}$$

式中：U_{HJ} 是互易换能器 (H) 辐射声波时，待校水听器 (J) 的开路电压，V；I_H 是输入互易换能器 (H) 的电流，A；S_{IH} 是互易换能器 (H) 的发送电流响应，Pa·m/A；d_{HJ} 是互易换能器 (H) 和待校水听器 (J) 的声中心之间的距离，m。

根据电声互易原理，对于互易换能器 (H)，其接收灵敏度和用作发射时相应的发送响应之比值是一个与换能器本身结构无关的常数 $J_s = M_f/S_I$，称为互易常数。在自由场球面波条件下，有

$$J_s = M_f/S_I = \frac{2}{\rho f} e^{j(k'd_0 - \frac{\pi}{2})} \tag{4.1.14}$$

联立式 (4.1.11) ～ 式 (4.1.14) 可得待校水听器 (J) 和互易换能器 (H) 的自由场灵敏度

$$M_J = \left[\frac{Z_{FJ} \cdot Z_{HJ}}{Z_{FH}} \cdot \frac{d_{FJ} \cdot d_{HJ}}{d_{FH}} \cdot \frac{2}{\rho f} \cdot e^{j[k'(d_{FJ}+d_{HJ}-d_{FH})-\frac{\pi}{2}]} \right]^{\frac{1}{2}} \tag{4.1.15}$$

$$M_H = \left[\frac{Z_{FH} \cdot Z_{HJ}}{Z_{FJ}} \cdot \frac{d_{FH} \cdot d_{HJ}}{d_{FJ}} \cdot \frac{2}{\rho f} \cdot e^{j[k'(d_{FH}+d_{HJ}-d_{FJ})-\frac{\pi}{2}]} \right]^{\frac{1}{2}} \tag{4.1.16}$$

对式 (4.1.15) 取模值，并考虑 600kHz 以上的声衰减已不能忽略，由式 (4.1.10) 和式 (4.1.15) 得到待校水听器自由场灵敏度的量值为

$$M_J = \left\{ \left| \frac{Z_{FJ} \cdot Z_{HJ}}{Z_{FH}} \right| \cdot \frac{d_{FJ} \cdot d_{HJ}}{d_{FH}} \cdot \frac{2}{\rho f} \cdot e^{\alpha(d_{FJ}+d_{HJ}-d_{FH})} \right\}^{\frac{1}{2}} \tag{4.1.17}$$

在校准中，若使校准距离 $d_{\text{FH}} = d_{\text{FJ}} + d_{\text{HJ}}$，$d_{\text{FJ}} = d_{\text{HJ}} = d$，式 (4.1.14) 的指数项为 1，则可以简化为

$$M_{\text{J}} = \left\{ \left| \frac{Z_{\text{FJ}} \cdot Z_{\text{HJ}}}{Z_{\text{FH}}} \right| \cdot \frac{d}{\rho f} \right\}^{\frac{1}{2}} \tag{4.1.18}$$

采用灵敏度级表示，则上面的式 (4.1.18) 为

$$\begin{aligned} L_{M_{\text{J}}} &= 20 \lg \frac{M_{\text{J}}}{M_{\text{r}}} \\ &= 10 \lg \left| \frac{Z_{\text{FJ}} Z_{\text{HJ}}}{Z_{\text{FH}}} \right| + 10 \lg \frac{d}{2} + 10 \lg \frac{2}{\rho f} - 120 \end{aligned} \tag{4.1.19}$$

根据式 (4.1.15) 和式 (4.1.10) 确定水听器自由场灵敏度的相位为

$$\varphi_{\text{HJ}} = \arg M_{\text{fJ}} = \frac{1}{2} \left[\arg Z_{\text{FJ}} + \arg Z_{\text{HJ}} - \arg Z_{\text{FH}} + k(d_{\text{FJ}} + d_{\text{HJ}} - d_{\text{FH}}) - \frac{\pi}{2} \right] \tag{4.1.20}$$

由式 (4.1.20) 不难看出，校准距离 d_{FJ}、d_{FH}、d_{HJ} 和声速 c 的测量误差对相位测量的影响很大，特别是 d 的测量，当测量频率为 100kHz、距离 $d = 1\text{m}$ 时，$\pm 1\text{mm}$ 的测量误差将引起的相位误差为 $\pm 12°$。

如果将三个换能器排成一条直线，水听器处于中间的位置，如图 4.1.4 所示，并且保证 $d_{\text{FH}} = d_{\text{FJ}} + d_{\text{HJ}}$，那么，式 (4.1.20) 可以简化成为

$$\varphi_{\text{HJ}} = \arg M_{\text{fJ}} = \frac{1}{2} \left[\arg Z_{\text{FJ}} + \arg Z_{\text{HJ}} - \arg Z_{\text{FH}} - \frac{\pi}{2} \right] \tag{4.1.21}$$

由于式 (4.1.21) 消去了 k 和 d，相位测量的误差可减至最小。

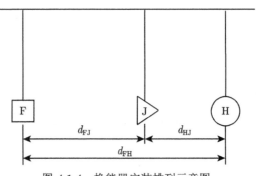

图 4.1.4　换能器安装排列示意图

2. 校准的频率限制

互易校准法在理论上对校准频率不存在任何限制, 但是在实施中因技术上的原因而有一定的限制。

1) 高频限制

在自由场互易校准中, 其远场条件就是要求校准时两换能器的声中心间的距离足够大, 对于一定尺寸的换能器, 校准时容许的最小距离将随着频率增加而相对加大, 这样对于连续正弦波信号或有一定带宽的噪声信号 (在不考虑指向性的情况下), 直达声与反射声的相对幅值比与其声程比成反比, 因此, 来自边界的反射声对直达声的干扰也随测量距离的增大而增大。实验表明, 当反射声的声程比直达声的声程大 30dB 时, 由反射声带来的影响将不大于 0.3dB。

在相位测量时, 这个比值至少应大于 40dB。在式 (4.1.21) 中, 测量距离 d 虽然已不出现, 但这只是将由 d 可能引起的误差减至最小, 并没有真正消除。当频率较高时, 这一影响将很显著, 并且随频率增高而加大, 所以实际相位测量一般不大于几十千赫。

2) 低频限制

一般压电型换能器, 在低于其谐振频率下, 发送电流响应随频率成正比减少, 当频率低至某一值时, 它在水听器处产生的声压与环境噪声之差不大于 30dB 时, 不符合互易校准的要求, 因而限制了校准的最低频率。

3. 校准的条件

1) 自由场球面波的验证

在自由声场中, 声源在一定远处产生的声压呈球面发散波, 其声压 p_d 与离声源中心的距离 d 成反比, 所以, 验证球面波的传播规律是否成立, 其关系可表示为

$$p_d = A/d \qquad (4.1.22)$$

式中: p_d 为离声源声中心距离 d 处的声压, Pa; A 为常数。

将式 (4.1.22) 以对数形式表示时, 有

$$\lg p_d + \lg d = \lg A = C \qquad (4.1.23)$$

表明了在以对数表示的直角坐标中为一直线, 如图 4.1.5 所示。任何使自由场条件不满足的因素, 如边界反射、声源的近场效应、换能器间的反射等, 都将使实测点偏离理想直线。因此, 一般以此偏差来度量自由场条件的符合程度, 并以此量值来计算由声场条件引起的校准误差。在互易校准中, 要求在校准处的声场偏差小于 ±0.5dB。

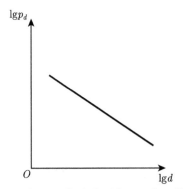

图 4.1.5　声压 p_d 与离声源中心距离 d 的关系

2) 发射器与水听器的声中心

用类同于检验自由场的方法来确定换能器的声中心。设 Δd 为换能器的几何声中心与真正声中心之间的偏差，则声场中某处的声压为

$$p_d = A/d' = A/(d + \Delta d) \tag{4.1.24}$$

式中：d' 是由换能器的真正声中心测量的距离，m；d 是由换能器的几何声中心测量的距离，m。式 (4.1.24) 可写成

$$A/p_d = d + \Delta d$$

以 A/p_d 为纵坐标，d 为横坐标，则式 (4.1.24) 表示为一条直线，Δd 为 d 轴上的截距，由截距 Δd 值确定声中心的正确位置。

对于对称性的尺寸比较大的发射器和水听器，为了方便起见，常以几何声中心作为声中心。

3) 校准距离的确定

适当地选取校准距离可以提高校准测量精度。在自由场远场的互易校准中，当两换能器声中心间的距离足够大时，由水听器所截去的声波波阵面近似为一平面，对于敏感元件的最大尺寸分别为 a_1、a_2 的发射器和水听器，当校准距离 d 同时满足下面条件时

$$d > \left(a_1^2 + a_2^2\right)/\lambda \quad (d > a_1 \text{ 及 } a_2) \tag{4.1.25}$$

引起的校准误差将不大于 0.2dB。

4) 换能器输出端的选定

不同的换能器输出端点测量的灵敏度数值的意义和大小是不相同的。换能器的输出端一般选在连接换能器的固定点的末端，也可选在换能器头处或外加延伸电缆的末端。对于已经选定的输出端，在整个校准的过程中所有的电测量都必须

在此输出端进行，所得到的灵敏度或响应值也是此端的值。如果需要变更输出端，应用插入电压法或阻抗法测定这两个输出端之间的耦合损失后，再求得新输出端的灵敏度或响应值。

5) 换能器线性范围的验证

换能器的线性范围是在输入量变化的一定范围内其输出量与输入量之比值保持不变的特性。对于发射器而言，输入量是电流 I，输出量是在距离 d 处产生的声压；对于水听器来说，输入量是作用其上的声压，输出量是其输出开路电压。

检验线性范围的方法是：在测量范围内从小到大改变激励电流，测量发射器-水听器 (F-J) 换能器对的电转移阻抗模值 $|Z_{FJ}|$，并检验其模值的变化量是否在规定值之内。通过改变距离 d，或者更换一个换能器可以进一步判断是发射器 (F) 还是水听器 (J) 出现非线性，或者两个换能器均出现了非线性。对于互易换能器，应同时测量用作发射器时和用作水听器时的线性范围。

6) 互易换能器互易性的验证

互易性的检验就是看互易换能器在线性范围内是否遵守电声互易原理。测试的方法是将发射器和互易换能器按图 4.1.6 排列，测量和判定它们转移电阻抗 Z_{FH} 和 Z_{HF} 的模和辐角相等的范围。

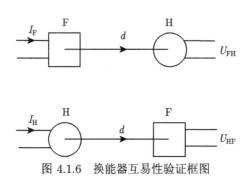

图 4.1.6 换能器互易性验证框图

对于量值的校准，互易性的判据为：当频率低于 100kHz 时，这两个值之差应不大于 ± 0.5dB；当频率高于 100kHz 时应不大于 ± 1.0dB。满足上述要求的换能器为互易换能器，否则，需要逐个调换，并进行互易性判断。

检验互易性时，一般不能用结构上完全一样的两个换能器来检验，以避免可能出现的换能器的线性或非线性相同，而无法由 $|Z_{FH}| = |Z_{HF}|$ 来判断是否互易。

4. 校准过程中的有关参量的测量方法

在前面获得的灵敏度表达式 (4.1.18)、式 (4.1.19) 中，关于频率 f、水听器开路电压 U、输入发射器电流 I 或换能器的电转移阻抗 Z，以及介质的密度和校准距离 d 的测量，直接影响灵敏度的精确度。

1) 测量信号类型与频率

校准所用的信号可以是连续的脉冲调制的正弦信号，也可以是一定带宽的噪声信号。当使用脉冲调制正弦信号校准时，为了获得相当于正弦连续信号校准的结果，脉冲宽度应满足使换能器在测量时达到稳态条件的要求。

(1) 要求脉冲声波作用于换能器的时间足以使换能器的各部分之间完成相互作用，其脉冲宽度 τ 需满足下列条件

$$\tau > 2l'/c \tag{4.1.26}$$

式中：l' 是沿声波传播方向上水听器的尺寸，m；c 是声波在水中传播的速度，m/s。

(2) 脉冲宽度应足够大，使换能器容易达到稳态条件，特别是当换能器共振时，欲使脉冲声测试达到稳态值的 96% 以上，即与连续信号测试相比，实测值不小于理论值 0.4dB，则脉冲宽度 τ 应满足条件

$$\tau > Q/f_0 \tag{4.1.27}$$

式中：Q 是换能器的品质因数；f_0 是换能器的共振频率，Hz。

(3) 为了保证脉冲信号在测试过程中不发生畸变，测试设备 (如放大器、滤波器等) 和换能器的带宽应满足下列条件

$$\Delta f > 2/\tau \tag{4.1.28}$$

校准时所用的频率 (对一定带宽的噪声信号为其中心频率) 应包含国家标准 GB 3240-1982 规定的声学测量中的常用频率。在一般情况下，校准的频率间隔应小于 1/3 倍频程，在共振峰附近其频率间隔应更小些。

2) 开路电压测量

为了能正确地测得水听器的开路电压，要求电压表的输入阻抗比水听器的输出阻抗至少大 100 倍。如果电压表的输入阻抗达不到上述要求，以及当水听器带有前置放大器并需要测量水听器头处的开路电压时，可用插入电压法测量。

3) 输入发射电流的测量

测量输入发射的电流有两种方法：一种方法是用电流变换器，将其初级串接于发射器的高电位端，因初级的阻抗很低，以至于对次级和地之间的电容很小，所以，它的接入不致影响发射器的工作状态；另一种方法是在发射器的低电位端串接一个标准电阻 R，测量 R 上的电压来得到。为了避免对地的杂散电容对测量的影响，标准电阻的阻值应小于发射器复阻抗实数部分的 1%，且不大于几欧姆。

4) 电转移阻抗

电转移阻抗 Z 可用测得的水听器开路电压 U 和输入发射器电流 I 计算得到其模值，也可以用标准衰减器直接测量。

对于电转移阻抗的辐角 $\arg Z$，以信号发生器的信号作参考信号，可以用相位计或移相器分别测量水听器的开路电压 U 和输入发射器电流 I 的相位计算得到，或者直接测量 U 和 I 间的相位差。

4.1.4 两换能器互易法

对于测试频率范围为 $0.5 \sim 15 \text{MHz}$ 的水听器在水池中进行两换能器互易法校准的装置原理框图如图 4.1.7 所示。

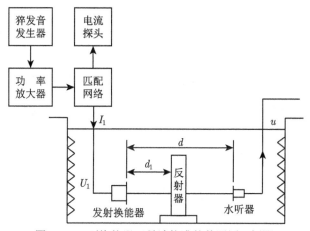

图 4.1.7 两换能器互易法校准的装置原理框图

1. 原理和方法

两换能器互易法校准测量分为两个过程，首先采用互易换能器的互易法校准获得表观发送电流响应，然后在互易换能器产生的已知声场中校准水听器的自由场灵敏度。测量中使用的发射换能器为互易换能器，其远场和近场的临界距离为 $N_1 = a_1^2/\lambda$，a_1 为换能器半径。测试水槽应保证发射换能器与不锈钢反射器之间的距离 d_1 至少能达到 1.5 倍近场临界距离 N_1。为消除或减小声反射的影响，应在槽壁上铺设吸声材料。从发射换能器到水听器的总声程 d 应达到换能器近场距离 N_1 的 $1.5 \sim 3$ 倍。发射换能器在功率放大器的驱动下向水槽中辐射至少包含 $10 \sim 20$ 个周期的猝发音。

进行互易校准时，在水槽中放入反射器，并调整反射器的角度，使发射换能器的声束轴垂直于反射器表面，从而使反射声波能被发射换能器接收。

在理想平面波条件下，互易换能器作为发射时的表观平面波发送电流响应 S_1^* 可表示为

$$S_1^* = \sqrt{\frac{U_1}{I_1 J_P}} \tag{4.1.29}$$

且有

$$J_{\mathrm{P}} = \frac{2A_1}{\rho c} \tag{4.1.30}$$

式中：U_1 是互易校准时互易换能器接收回波的开路电压信号，V；I_1 是互易换能器发射时的激励电流信号，A；J_{P} 是平面波互易常数；A_1 是互易换能器的有效辐射面积，m^2；ρ 是介质密度，$\mathrm{kg/m}^3$；c 是声波传播速度，m/s。

在校准水听器时，取出反射器，将被校水听器置于互易换能器发射时产生的已知声场中，调整水听器的位置和方向，使水听器被校准的方向与互易换能器的声轴重合。测量它的输出开路电压，可得水听器的表观自由场灵敏度为

$$M^* = \frac{U}{I_1} \left(\frac{I_1 J_{\mathrm{P}}}{U_1} \right)^{\frac{1}{2}} \tag{4.1.31}$$

式中：U 是被测水听器的开路输出电压值，V。

考虑到实际测量时声场并非理想平面波，以及换能器的衍射、声波在水中的传播衰减和反射器反射系数随频率变化等因素的影响，必须对校准结果进行修正。修正后的水听器自由场灵敏度为

$$M = M^* k \tag{4.1.32}$$

式中：k 是修正系数。

如果互易换能器与超声水听器的直径比大于 5，总声程长度为互易换能器近场长度的 1.5~3 倍，则 k 可表示为

$$k = G_{\mathrm{c}} \frac{K_1^{\frac{1}{2}} r_p^{\frac{1}{2}}}{K} e^{\alpha d} \tag{4.1.33}$$

式中：G_{c} 是互易换能器的非平面波声场衍射效应的修正值，其值仅为归一化距离 S 的函数，而 $S = 2dr/a_1^2$（a_1 是互易换能器有效半径，d 是互易换能器与发射器之间的距离）可通过查阅图 4.1.8 获得；r_p 是声波从水中入射到发射板表面时的声压振幅反射系数，反射板为不锈钢材料时，$r = 0.937$；d 是互易换能器与反射器之间的距离，m；α 是蒸馏水的声衰减系数，在 23℃ 时，$\alpha = 2.2 \times 10^{-14} f^2$（频率 f 的单位为 Hz）；K_1 是互易换能器的接收开路电压的修正值。

当互易换能器作为接收换能器使用时，如果电负载条件（如功率放大器的输出阻抗）在发射和接收过程中没有改变，K_1 可由激励电流 I_1 与短路电流 I_K 的比值确定，即

$$K_1 = I_1/I_K \tag{4.1.34}$$

信号电压乘以此修正因子 K_1 等效于互易换能器的开路电压。

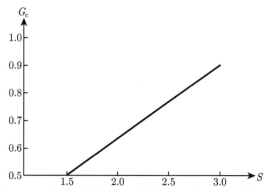

图 4.1.8 非平面波声场衍射效应修正值与声程的关系

式 (4.1.33) 中的 K 为超声水听器开路电压的修正值, 水听器产生的电压乘以此修正因子即可得到等效开路电压, 由于在实际测量中仍使用校准水听器时所接入的电负载, 因而在一般情况下, 无须对开路电压作修正, 即 $K=1$。

当互易换能器和水听器的直径比或声程的长度不能满足上述要求, 要根据下列公式计算修正因子 k

$$k = (K_1 G_1 r_p)^{\frac{1}{2}} \frac{\mathrm{e}^{\alpha d}}{K G_2} \tag{4.1.35}$$

式中: G_1 是在互易换能器自易校准中考虑到声波从发射到接收的变化而进行的修正; G_2 是水听器处于互易换能器的已知声场进行校准时考虑相应变化而进行的修正。

图 4.1.9 给出了根据理想活塞声源导出的相对于各种接收和发射直径之比的归一化距离与 $|p/p_0|$ 之比的对数图 (图中参数为接收换能器与发射换能器的直径比)。G_1 值对应于互易换能器既作发射又作接收的情况, 可从图上与直径比为 1 对应的曲线上获得。G_2 值对应于互易换能器发射、水听器接收的情况, 可从合适的直径比的曲线上获得, 一般这个比值应小于 0.2。

2. 校准条件与注意事项

1) 互易换能器及其性能检验

对于校准测量用的互易换能器应为平面、圆形活塞型换能器, 并应具有良好的互易性及线性。

在进行互易性检验时, 一般使用两个互易换能器。先用一个互易换能器作为发射器, 而另一个互易换能器作为接收换能器, 对它们的转移阻抗进行测量; 然后保持位置不变, 使两个换能器的发射和接收状态相互转换, 再次进行转移阻抗测量。对于用作互易测量的互易换能器来说, 要求两次测量的转移阻抗值相差应不大于 10%。

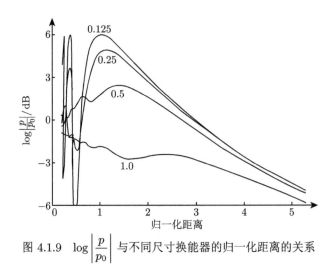

图 4.1.9　$\log\left|\dfrac{p}{p_0}\right|$ 与不同尺寸换能器的归一化距离的关系

　　由于互易换能器的有效半径 a_1 并不总是等同于敏感元件的半径，因此在实际测量时，要求 a_1 大于探针水听器敏感元件半径 10 倍以上。用探针水听器测量出互易换能器声轴方向声压随距离的变化，并与理论关系相比较就可确定其有效半径。对于活塞形声源，轴向声压与距离的理论关系式为

$$\frac{p}{p_{tp}} = 2\left|\sin\frac{\pi}{\lambda}\left[(z_1^2 - a_1^2)^{\frac{1}{2}} - z_1\right]\mathrm{e}^{-\alpha' d}\right|$$

式中：p 是在声源声轴上距离 z_1 处的声压幅值，Pa；p_{tp} 是同一距离上的真正平面波声压幅值，Pa；λ 是声波波长，m；a_1 是声源有效半径，m；α' 是声衰减系数，m^{-1}。

　　2) 反射器及性能要求

　　为了保证能截取互易换能器发射的整个超声波束，不锈钢圆盘反射器的直径应足够大；同时，应具有足够的厚度及较好的表面平整度和光洁度，以利于在最低校准频率下使用互易换能器或水听器也能够接收到足够大的反射波。

　　3) 换能器的安装

　　互易换能器、水听器、反射器的安装装置应能进行精密的位置和角度调节；进行角度调节时，保持辅助换能器和水听器的声中心位置不变。

4.1.5　激光干涉法校准

　　对于高频超声使用的 PVDF 膜片水听器，应用激光干涉法技术，可以获得较高的校准精度。

　　1. 原理和方法

　　水听器灵敏度激光测振法校准装置的原理框图如图 4.1.10 所示。

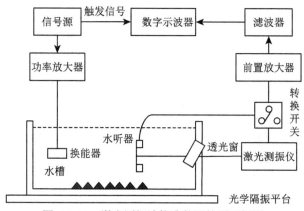

图 4.1.10 激光测振法校准装置的原理框图

在水介质中传播的超声波作用到透声反光膜片上时，如果膜片厚度远小于超声波长，膜片将跟随周围的水介质作相同的振动。这时使用激光干涉仪测量出膜片的振动位移或振动速度，便可计算出该点的超声波声压，即

$$p_0(r) = \rho c v_0(r) = \rho c \omega \xi_0(r) \tag{4.1.36}$$

式中：$v_0(r)$ 是水介质中 r 点的质点振速，m/s；$\xi_0(r)$ 是水介质中 r 点的质点位移，m。

在测出水介质的质点振速后，移走膜片，将被测水听器安置在膜片原来的位置，并使水听器声中心位于原振速测量点，保持发射电路的状态不变，测量水听器开路电压 U_{oc}，根据式 (4.1.37) 计算水听器的开路电压灵敏度：

$$M = \frac{U_{\text{oc}}}{p_0(r)} = \frac{U_{\text{oc}}}{\rho c v_0(r)} \tag{4.1.37}$$

在水中，由于声光干涉，激光干涉仪测得的平面波质点振速 u_I 和水中 r 点的实际质点振速 $v_0(r)$ 不同，它们存在如下关系

$$u_I = 2n^* v_0$$

式中：$n^*=1.01$ 是水介质的等效折射系数。

因此，水听器的开路电压灵敏度计算公式可表示为

$$M = \frac{U_{\text{oc}}}{p} = \frac{2n^* U_{\text{oc}}}{\rho c u_I} \tag{4.1.38}$$

2. 校准条件与注意事项

(1) 测量膜片一般选择镀金的聚酯薄膜，校准的上限频率与透射膜片的厚度有关。如果校准装置的上限测量频率为 15MHz，膜片的厚度应小于 5μm，以保证其在较高频率下仍具有很大的透射系数。

(2) 通常透声膜片紧绷在金属圆环上，并使其形状和尺寸与通用的 PVDF 膜片水听器相同，这样便于利用水听器的夹具对其进行安装和调节。

(3) 为了缩短测量水槽中的混响时间，水槽中应铺设一些吸声材料。测量水槽的透光窗玻璃应略微倾斜一定的角度，这样使入射激光束在玻璃上的反射偏转一定的角度，从而保证了激光测振仪能最大限度地接收到膜片反射的激光光束。

(4) 由于超声波在高频段的振幅非常小，为了降低环境振动对测量的影响，测量时应将测量水槽放置在光学隔振平台上，同时，测量时最好用木块等物体将水的表面覆盖起来，以减少水面波动对测量的影响。对放大和带通滤波后的电压信号进行多次平均，并由波形分析仪对接收信号进行 FFT 分析，以准确给出振动信号的大小。

4.1.6 水听器的自由场比较法校准

同空气声的传声器比较校准法一样，水听器的比较校准法是与标准水听器或标准声源比较的一种相对比较方法。与前面讲到的互易校准法以及其他的绝对校准方法相比，比较校准法简单易行。如果校准装置设置合理，操作过程正确，也可得到比较高的测量精度。这里主要介绍目前水听器校准中较为广泛使用的两种比较校准方法。

1. 与标准水听器比较

将发射器 (F)、标准水听器 (P) 及待校水听器或换能器 (X) 按图 4.1.11 所示排列，分别测量换能器 F-P 对和 F-X 对的电转移阻抗模值 $|Z_{FP}|$ 和 $|Z_{FX}|$，于是，待校水听器的自由场灵敏度 M_X 为

$$M_X = M_P \cdot \frac{|Z_{FX}|}{|Z_{FP}|} \cdot \frac{d_{FX}}{d_{FP}} \tag{4.1.39}$$

式中：M_P 是标准水听器的自由场灵敏度，V/Pa；d_{FP} 是发射器到标准水听器的声中心间的距离，m；d_{FX} 是发射器到待校水听器的声中心间的距离，m。

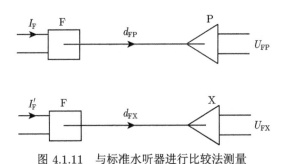

图 4.1.11 与标准水听器进行比较法测量

校准测量时，如果使 $d_{\mathrm{FP}} = d_{\mathrm{FX}}$，发射器上的电流保持相同，于是只需测量两种水听器的开路电压，则式 (4.1.39) 成为

$$M_{\mathrm{X}} = M_{\mathrm{P}} \cdot \frac{U_{\mathrm{FX}}}{U_{\mathrm{FP}}} \tag{4.1.40}$$

2. 与标准声源比较

按照图 4.1.12 所示排列，测量由标准声源 (P) 和待校水听器 (X) 组成的换能器对 (P-X) 的电转移阻抗模 $|Z_{\mathrm{PX}}|$，则可得到待校水听器的自由场灵敏度 M_{X}

$$M_{\mathrm{X}} = \frac{U_{\mathrm{PX}} d}{I_{\mathrm{P}} S_{IP}} = Z_{\mathrm{PX}} d / S_{IP} \tag{4.1.41}$$

式中：U_{PX} 是待校水听器的开路电压，V；S_{IP} 是标准声源的发送电流响应，Pa·m/A；d 是标准声源与待校水听器的声中心间的距离，m；I_{P} 是输入标准声源的电流，A。

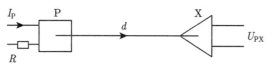

图 4.1.12   与标准声源进行比较法测量

4.2 超声场声压测量

对于不同的用途和应用对象，超声换能器在不同的介质中辐射声波产生不同特性的超声场。对于空气声场的超声声压的测量，使用传声器或专门的气介接收换能器进行测量，一般与空气声的测量方法一致，这里不再叙述。

对于水中辐射的超声声压可以用专门的仪器直接测量，也可以用间接的方法测量。用专门的声压测量仪器测量，可以直接读出被测声场的声压值。而间接测量则是借助于灵敏度值已知的标准水听器进行测量，由它的开路电压值和灵敏度计算声场中的声压，即

$$p = \frac{U_{\mathrm{oc}}}{M} \tag{4.2.1}$$

式中：U_{oc} 是标准水听器的开路电压，V；M 是标准水听器的灵敏度值，V/Pa。

需要注意的是，测量中应根据测量对象的声场条件和测量要求，选择相应灵敏度类型的水听器，其做法与音频声学测量中对不同传声器灵敏度类型的选择类似。

上述测量方法的特点是测量迅速、设备简单、操作比较容易、计算方便，所以得到了广泛应用。

4.2.1　连续正弦声压测量

连续正弦声压测量，只适用于消声水池，而不适合形成驻波的场合。测量时应排除电磁干扰，使同频率的电串漏的影响降低到可以忽略的程度。测量装置如图 4.2.1 所示。

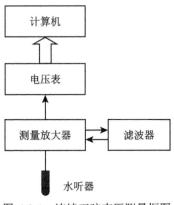

图 4.2.1　连续正弦声压测量框图

标准水听器在声场中的声压作用下产生的开路电压经过放大、滤波后，由电压表测量其电压值。根据测得的电压值计算超声场的声压值。

用电压表测得标准水听器的输出电压值 U 后，则用式 (4.2.2) 可求得声压级

$$L_p = 20 \lg U - L_M \tag{4.2.2}$$

式中：L_M 是标准水听器的灵敏度级，dB(基准值：1V/μPa)；U 是标准水听器的开路电压，V。

测量中所用放大器的输入阻抗必须大于标准水听器阻抗的 100 倍以上，滤波器的最大允许误差应不超过 ±0.2dB，电压表读数的最大允许误差应不超过 ±1‰。

4.2.2　脉冲正弦声压测量

脉冲正弦信号是水声校准与测量中的常用信号，脉冲声可用于消除边界反射、驻波和电串漏等干扰的影响。为了测量的准确，对被测脉冲声信号有如下要求。

1. 脉冲宽度的选择

为了避免来自边界或障碍物的反射声对直达声产生的干扰，应保证脉冲宽度小于最近边界的反射声程与直达声程之差，即

$$\tau \leqslant \frac{R - d}{c} \tag{4.2.3}$$

式中：R 是来回反射声程，m；d 是直达声程，m；c 是水中传播的声速，m/s。

如果水槽 (池) 是长方形，根据式 (4.2.3)，则脉冲的宽度应满足以下两个条件

$$\tau \leqslant \frac{L-d}{c} \tag{4.2.4}$$

$$\tau \leqslant \frac{\sqrt{W^2+d^2}-d}{c} \tag{4.2.5}$$

式中：L 是水池的长度，m；W 是水池的宽度，m。

此外，测量脉冲的宽度不能小于暂态过程。为了使脉冲法测试相当于连续信号法测试，脉冲宽度应足够长，以便使换能器达到稳态条件。但是，对这种稳态信号持续时间一般只要能采集到几个周期就能代表声信号的特征。对于大型换能器或换能器阵列的测量，选择脉冲稳态部分的准则是：接收换能器各部分或阵列中各阵元接收的信号都达到稳态，足以使换能器各部分之间完成相互作用，或者说使换能器所有部分辐射到水听器的声信号都必须达到稳态。

2. 关于脉冲重复周期的选择

一方面，为了使脉冲采样、读数和记录保持稳定，希望脉冲重复频率高一些；另一方面，为了消除前一个脉冲产生的混响与后一个直达脉冲信号重叠对脉冲声数据采集的准确性带来的影响，因此，希望重复频率低一些。对于这两个相互矛盾的要求，需要根据仪器设备状况、水池的大小和换能器的布置等具体情况通过综合平衡来决定。

通常要求脉冲重复周期 T 应满足以下条件

$$T > \frac{2}{3}T_{60} \tag{4.2.6}$$

式中：T_{60} 是水池的混响时间，即自脉冲结束至声级衰减 60dB 的时间。对于非消声水池，在应用式 (4.2.6) 时，为了避免混响时间过长，应将壁面作必要的吸声处理。

测量脉冲正弦信号的装置如图 4.2.2 所示。用标准水听器接收脉冲声信号，声信号经放大、滤波后送数字示波器，数字示波器根据同步触发信号和延时对接收脉冲声信号进行采集，采集的数据送入计算机处理，得到声场中的声压值。

由于用一般的电压表无法对脉冲信号进行读数，因此要先用数字示波器对标准水听器的开路电压信号进行采集，并对采集数据进行 FFT 分析处理，从而得到脉冲正弦信号的电压值 U，其声压级 L_p 的计算见式 (4.2.2)。

为了使被测脉冲信号不发生畸变，要求由放大器和滤波器组成的接收系统的带宽 $\Delta f > 2/\tau$。

需要注意的是，为了降低散射声压的影响，测量时水听器的几何尺寸应远小于测试频率所对应的波长。

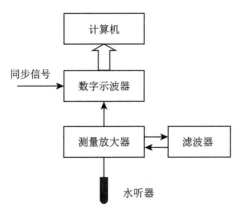

图 4.2.2 脉冲正弦信号声压测量框图

4.2.3 声场中的噪声测量

除了上述已知信号特征波形的测量之外，对于以某种实验和测量所需而发射的噪声信号或声场噪声的测量，使用水听器接收声场中的噪声信号，经放大后馈送到频谱分析仪分析，噪声的频带声压级由式 (4.2.7) 计算

$$L_{np} = 20 \lg \frac{p}{p_0} \tag{4.2.7}$$

式中：p 是一定带宽的滤波器或计权网络测得的噪声声压，Pa；p_0 是基准声压，Pa(基准值 10^{-6}Pa)。

由于滤波器带宽不同，所得结果不能直接比较。测量时，要求水听器的频率响应比较平坦，并且为无指向性。接收放大器的输入阻抗应大于水听器阻抗 100 倍以上。为了减小背景噪声对测量结果的影响，需对测量结果进行修正。

4.3 超声功率测量

测量超声换能器总辐射声功率的研究开始于 20 世纪 50 年代初，根据测量原理以及直接测量的量，可将超声功率的测量方法分成辐射压力法、量热法、电测法和声光法。各种方法都是根据已知的声学关系，由直接测得的量确定声功率数值，因而称之为绝对测量。本节对超声功率测量的几种方法作介绍。

4.3.1 辐射压力法

在小振幅平面超声场中，两种介质的交界面上会出现时间平均的单向压力即辐射压力，其压力值取决于界面两边声能密度的差值。在界面上产生的辐射压力，可用置于超声场中的反射靶来测量。超声换能器所辐射的总声功率 P(单位为 W)

与作用在全反射靶上的力 F 之间的关系为

$$P = \frac{cF}{2\cos^2\theta} \tag{4.3.1}$$

式中：F 是超声波沿换能器轴线方向作用于靶上的力，N；c 是超声波在液体中的传播速度，m/s；θ 是靶面法线与入射声束之间的夹角，(°)。

在声吸收不可忽略的液体中，还应当计及超声波从换能器辐射面至靶面距离 x 上的吸收衰减，因此式 (4.3.1) 还应乘上因子 $e^{-2\alpha x}$，其中 α 为液体中平面声波的声压衰减系数，对于 23℃ 的蒸馏水有

$$\alpha = 2.3 \times 10^{-2} f^2 \tag{4.3.2}$$

式中：α 是液体中平面声波的声压衰减系数，m^{-1}；f 是超声辐射频率，MHz。

由于辐射压力法没有近场和远场的限制，便能直接测得总的辐射声功率值，而且易于操作和校准，因此是最广泛使用和易于接受的超声功率测量方法，被国际电工委员会的超声技术委员会 (IEC/TC87) 推荐为在兆赫频率范围内液体中超声功率测量的方法。

我国的国家标准 GB 7966-1987 中推荐的瓦级超声功率辐射压力法测量装置有标杆式浮子声辐射计和悬链浮子声辐射计，其瓦级超声功率标准装置的不确定度不大于 5‰。

根据上述原理发展的声功率测量装置有标杆式浮子、悬链式浮子和应变式声功率计，它们的区别主要在于测力机构的不同。

1. 标杆式浮子声辐射功率计

该装置由带标杆的锥形反射器 (称为浮子) 组成，如图 4.3.1 所示。标杆浸没在相对密度大于 1，与水不相溶混的液体 (如 CCl_4 溶液) 中。当换能器辐射声波时，由声辐射压力引起的浮子下沉的位移来测定超声功率，其辐射压力计算公式为

$$F = \pi R^2 h(\rho - \rho_0)g \tag{4.3.3}$$

式中：R 是浮子标杆的半径，m；h 是在声辐射力作用下，标杆向 CCl_4 溶液中下沉深度，m；ρ 是 CCl_4 的密度，kg/m^3；ρ_0 是蒸馏水的密度，kg/m^3；g 是重力加速度，m/s^2。

根据获得的辐射力，应用式 (4.3.1) 求出换能器的辐射声功率。

2. 悬链式浮子声辐射功率计

悬链式浮子声辐射功率计如图 4.4.2 所示。该装置在原理上与标杆式浮子声辐射计一样，但避免了水与 CCl_4 的交界面对标杆产生的黏滞力所带来的误差。

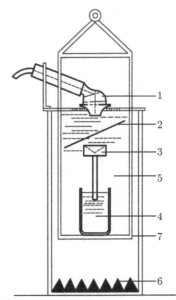

图 4.3.1　标杆式浮子声辐射功率计

1. 超声换能器；2. 透声薄膜；3. 浮子；4. 四氯化碳；5. 除气蒸馏水；6. 吸声尖劈；7. 移动支架

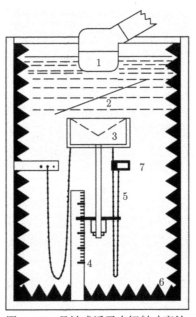

图 4.3.2　悬链式浮子声辐射功率计

1. 超声换能器；2. 透声薄膜；3. 浮子；4. 标尺；5. 链条；6. 吸声尖劈；7. 除气蒸馏水

悬链式浮子声功率计的浮子系统由挂有三根悬链并带有标杆的锥形反射器组成，其辐射力计算公式为

$$F = x\rho_1 g \tag{4.3.4}$$

式中：ρ_1 是三根链条在水中的线密度，kg/m；x 是靶的位移，m；g 是重力加速度，m/s^2。

反射靶一般采用不锈钢或铜 (电镀后抛光) 制作，直径应大于超声换能器辐射面直径的 1.5 倍，保证能截取声束的全部能量。测量水槽的壁面上铺设吸声材料，以保证测量声场是近似平面自由声场。透声薄膜主要起隔离超声辐射时的热流作用，是厚度小于 20μm、声压透射系数大于 0.995 的塑料薄膜，并尽量靠近反射靶放置。为了防止薄膜反射对测量的影响，薄膜应与换能器保持略大于 5° 的倾斜角。

辐射力法只适用于连续波和长脉冲超声平面波的时间平均功率测量，不能测量聚焦声场的声功率。

4.3.2 量热法

量热法测量声功率的基本原理是能量守恒原理。当超声波在介质中传播时，利用高的声吸收物质或介质受超声波作用后产生的热量引起温度升高，通过测量介质中的温度的改变，从而测定超声功率或声强。

量热法的测量原理为：设质量为 M 的液体受声辐射 Δt 时间后，其温度升高 ΔT，则液体所获得的热量 Q 为

$$Q = (c_g m + c_1 M)\Delta T \tag{4.3.5}$$

式中：Q 是液体因受声辐射获得的热量，J；c_1 是液体的比热容，J/(kg·K)；M 是液体的质量，kg；c_g 是量热筒的比热容，J/(kg·K)；m 是量热筒的质量，kg；ΔT 是液体的温度增量，K。

在 Δt 时间内超声所做的功与热量的关系为 $W = JQ$，则平均功率为

$$P = JQ/\Delta t \tag{4.3.6}$$

式中：P 是超声功率，W；J 是热功当量，J；Δt 是超声辐射时间，s。

图 4.3.3 给出了一个稳流式量热测量声功率装置。恒定流速的液体 (水) 通过声热瓶和电热瓶时，由于超声波的加热作用，流经声热瓶的液体在进出口处产生温度差 ΔT，在电热瓶进出口产生温度差 $\Delta T'$；调节加到电热瓶上电热丝的功率，使 $\Delta T' = \Delta T$，用交流 (或直流) 电功率表测得所加电功率，则超声功率等于加在加热丝上的电功率。而温差 ΔT 和 $\Delta T'$ 可由两对测温传感器监测，并由检流计作平衡指示。

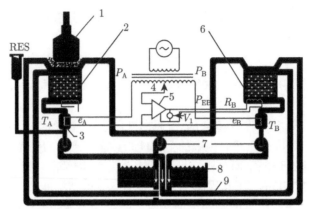

图 4.3.3   稳流式量热测量声功率装置

1. 超声换能器；2. 声热瓶；3. 传感器；4. 零点；5. 放大器；6. 电热瓶；7. 泵；8. 水槽；9. 热交换器

稳流式量热装置的测量范围为 1mW~10W，频率为 1~15MHz，测量不确定度为 8‰。

4.3.3   电测法

电测法适用于超声压电换能器在共振频率下，通过测量超声换能器在空气和水中的辐射电导并经过计算求得换能器的输出声功率。由于要求仪器精度高，通常用于标准辐射器的测量。

压电换能器的等效电路如图 4.3.4(a) 所示。图中 L_d 为换能器动生电感；C_d 为换能器动生电容；R_d 为动生电阻；R_r 为等效辐射阻；C_0 为静态电容；R_0 为静态电阻。

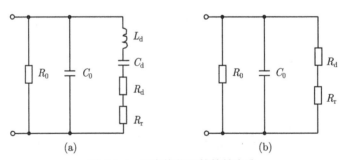

图 4.3.4   压电换能器的等效电路

换能器共振时，串联共振频率为 $f_s = 1/(\pi\sqrt{L_d C_d})$，其等效电路可简化为图 4.3.4(b) 的形式。对换能器施加电压 U 时，其辐射的超声功率为

$$P = \left(\frac{U}{R_d + R_r}\right)^2 R_r = G_r U^2 \tag{4.3.7}$$

其中

$$G_r = \frac{R_r}{(R_d + R_r)^2}$$

为辐射电导,单位为 S。

为了求得 G_r,首先必须测量下面三种情况下共振时的输入导纳:

(1) 在没有负载的情况下,测量换能器在空气中的电导 G' 为

$$G' = \frac{1}{R_0} + \frac{1}{R_d} = \frac{R_0 + R_d}{R_0 R_d} \tag{4.3.8}$$

(2) 在有负载的情况下,测量换能器在水中的电导 G 为

$$G = \frac{R_0 + R_r + R_d}{(R_d + R_r)R_0} \tag{4.3.9}$$

(3) 在钳定情况,即换能器表面保持不动时,测量换能器的电导 G'' 为

$$G'' = \frac{1}{R_0} \tag{4.3.10}$$

解式 (4.3.8) ~ 式 (4.3.10) 可得

$$G_r = \frac{(G' - G) \cdot (G - G'')}{G' - G''} \tag{4.3.11}$$

对上述各种电导 G、G' 和 G'',通常是由在共振频率附近的电导与频率响应曲线求得的,也可以从导纳圆图求得。

在共振频率附近,以一定的频率间距,分别在空气中和水中测量换能器的电导 G 和电纳 B,得到电导 G 随频率变化的曲线。当测试频率由低向高变化时,G 值随频率增大,直到频率到动态共振点时,即 $f = f_s$ 时,G 达到最大值。当频率进一步增加时,G 随频率的增加而减小。将每个频率点测得的电导 G 和电纳 B 画成曲线,就得到图 4.3.5 所示的导纳圆图,其中大圆是无负载情况下的圆图,小圆是有负载情况下的圆图。显然,大圆的直径 $D' = G' - G''$,小圆的直径 $D = G - G''$,则式 (4.3.11) 可变换成

$$G_r = \frac{D' - D}{D'/D} = D\left(1 - \frac{D}{D'}\right) \tag{4.3.12}$$

由式 (4.3.12) 算出 G_r 后,就可由式 (4.3.7) 求得辐射声功率 P。

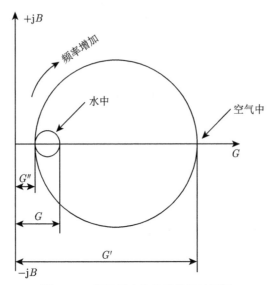

图 4.3.5　标准超声换能器的导纳圆图

4.3.4　声光法

　　光波通过透明材料时，光速随介质的密度而改变。超声场中的声压能使介质的密度发生疏密变化。如果让光束与超声束垂直相交，超声平面波波阵面对介质密度的改变效应就如同一个光学衍射光栅。因此通过观测这种超声衍射光栅对光束产生的光辐射图案，就能检测到超声束的存在。

　　小振幅超声平面行波在透明液体中形成相位光栅，这种光栅对与之正交的单色狭窄平行光束进行调制而产生的 m 级衍射光强，与拉曼-纳斯 (Raman-Nath) 参量 v 的 m 阶贝塞尔函数 $J_m(v)$ 的平方成正比，即 $I_1/I_0 = J_m^2(v)$，I_0 为无超声时的直射光强，即无声光调制时的零级光强。因此，只要测定各级衍射光强的相对变化值，再由贝塞尔函数表查得相应的 v 值，就可利用下式计算相应圆形横截面的平面波声束的声功率，即

$$P = \frac{\rho c^3 \lambda_1^2 v^2}{32\pi(n-1)^2} e^{-2\alpha x} \qquad (4.3.13)$$

式中：ρ 是透明液体的密度，kg/m^3；c 是透明液体中的声速，m/s；λ_1 是真空中的光波波长，m；n 是透明液体的光折射率；α 是液体中的声衰减系数，m^{-1}；x 是超声换能器表面到光束的距离，m；v 是拉曼-纳斯参量。

　　声光法测量装置由单色光束准直光路或者激光器、透明消声水槽与衍射光检测系统等组成，如图 4.3.6 所示。被测量的声束横截面应在换能器的近场长度之

内，并满足平面波的近似条件，用此方法可在超声频率 0.5 ～5MHz 范围，测量功率的量程为 0.5 ～15W。

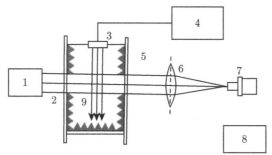

图 4.3.6 声光法测量装置示意图

1. 单色光束准直光路或激光器；2. 准直光束；3. 超声换能器；4. 超声发生器；5. 透明消声水槽；6. 长焦距透镜；

7. 读数显微镜；8. 光电检测器；9. 除气蒸馏水

由于光学检测无需在声场中布放任何检测器，所以测量时声场不产生畸变。测量装置中的换能器夹具应具有三个转动自由度与两个平移自由度的调节能力，以保证声束轴线与光束轴垂直相交。换能器与光束之间的距离应可调，测量装置中的光学元件必须满足位移调整的准确度应优于 ± 0.02 mm，角度调整的准确度应优于 ±1′，光束的发散角应小于 0.01 rad 的测量要求。

4.4 超声换能器电声参数测量

超声换能器是实现声能与电能相互转换的器件。当它处于发射状态时称发射换能器，将电能转换成声能，以一定的转换特性向介质中发射所要求形状和大小的声波；当它处于接收状态时称接收换能器，将声能转换成电能，以一定的转换特性接收介质中的声信号。因此，超声换能器无论处于哪一种工作状况，从本质上讲，是产生或接收超声信号的工具。它们的电声转换特性需用一系列电声参数来描述。主要使用的电声参数有谐振频率、带宽、阻抗特性、发送响应、辐射声功率、电声效率和指向性等。

4.4.1 阻抗特性测量

换能器电阻抗或电导纳通常是指在换能器电端测得的等效电阻抗或电导纳，它是一个等效电量，并且是复数。换能器的电阻抗是换能器的一个重要参数，测量阻抗有四个目的：①为换能器与发射机或接收设备连接提供阻抗匹配数据；②用于计算换能器的电声效率和根据电流计算它的驱动电压；③用测得的阻抗 (或导纳) 曲线分析换能器的机械振动特性和声辐射特性，如由它可求出换能器谐振频率、通频带宽度和机械品质因数；④通过换能器阻抗测量研究换能器阵列中各换能器单元间的互辐射影响。

1. 小信号激励下的阻抗测量

小信号激励下的换能器的等效电阻抗 (或电导纳) 主要用阻抗分析仪直接测量，测量时把小激励信号加到换能器上去的同时，由阻抗分析仪测量激励电压与激励电流的复数比从而直接给出测量结果。实际测量时把发射换能器放入自由声场中，在发射换能器两端加激励电压 U_F，相应地流过换能器的电流是 I_F，它们之间的相位差为 φ_F，这时只要测出 U_F 与 I_F 的比值和 φ_F，就可以用下式求出换能器的阻抗和导纳，即阻抗为

$$Z_T = \left| \frac{U_F}{I_F} \right| e^{-j\varphi_F} = R_T - jX_T \tag{4.4.1}$$

其中

$$R_T = \left| \frac{U_F}{I_F} \right| \cos\varphi_F, \quad X_T = \left| \frac{U_F}{I_F} \right| \sin\varphi_F \tag{4.4.2}$$

或导纳为

$$Y_T = \left| \frac{I_F}{U_F} \right| e^{j\varphi_F} = G_T + jB_T \tag{4.4.3}$$

其中

$$G_T = \left| \frac{I_F}{U_F} \right| \cos\varphi_F, \quad B_T = \left| \frac{I_F}{U_F} \right| \sin\varphi_F \tag{4.4.4}$$

根据上述测量方法原理制成的阻抗测量仪可直接测量小信号下换能器的电导纳或电阻抗。目前，典型的测量仪器是 HP4192A 或 HP4194 阻抗分析仪，既可以通过面板进行手控操作，也可与计算机联用，构成自动测量装置。测量时，由阻抗分析仪指示器直接读取各测量频率点处阻抗模和相位角或电阻和电抗的值，也可读取导纳模和相位角或电导和电纳的值。读取的数值可以列表给出，也可以画成图 4.4.1 所示的随频率变化的导纳曲线。根据需要还可画成如图 4.4.2 所示的是用圆图的形式表示出上述测量结果，称为导纳圆图。

2. 大信号激励下的阻抗测量

在实际工作状态下，特别是在大功率超声应用中激励换能器的信号都比较大。换能器受大信号激励时，由于电场强度高、振动幅度大、温升高和介质空化等原因，其阻抗与小信号时相比，会发生大的变化，因此，通常不能用小激励信号下的阻抗代替大激励信号下的阻抗。当激励信号较大时，脉冲波状态下的阻抗也可能不同于连续波状态下的阻抗。因此，只有在实际工作状态下测得的阻抗才有真实性。在实际工作状态下，由于换能器电输入端的激励电压和电流要比小信号激励

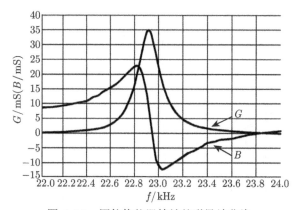

图 4.4.1 圆柱换能器等效并联导纳曲线

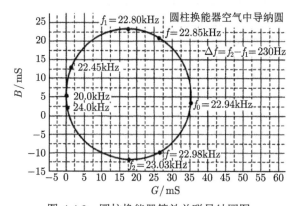

图 4.4.2 圆柱换能器等效并联导纳圆图

下的电压和电流大得多,而产生非线性效应,此时的换能器的电阻抗 (或电导纳) 与其他按线性条件定义的参数已失去了它的标准含义。但是,为了实际使用方便,一般仍沿用原来线性条件下的定义,只是所定义的阻抗仅对应于基波信号频率及指定的电激励的信号级大小。

在不具备大功率电桥的情况下,三电压法是在大功率状态下测量换能器等效总阻抗的简便方法。

利用精密无感电阻与待测换能器串联,如图 4.4.3 所示。使用同一个电压表测量电阻两端、换能器两端及整个串联电路的电压值,由下式计算换能器阻抗的模和辐角

$$Z_{\mathrm{T}} = \frac{U_{\mathrm{T}}}{U_R} \times R \qquad (4.4.5)$$

$$\phi = \arccos \frac{U_{\mathrm{G}}^2 - U_R^2 - U_{\mathrm{T}}^2}{2U_R \times U_{\mathrm{T}}} \qquad (4.4.6)$$

式中：U_T 是被测换能器两端的电压，V；U_R 是串联电阻器两端的电压，V；U_G 是串联电路上的总电压，V；R 是串联电阻器的电阻，Ω；ϕ 是换能器阻抗的辐角，(°)。

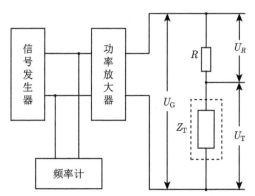

图 4.4.3　用三电压法测量换能器阻抗的原理框图

为了提高测量准确度，串联电阻器的电阻值应尽可能地接近换能器的阻抗。电阻 R 的功率容量应参考待测换能器的消耗功率来选取；对于信号波形畸变，用滤波器滤波后再进行测量。

如果测量系统的接地状态影响电压测量，则在测量过程中需通过一个转换开关，使换能器与串联电阻器交替处于接地状态。但是，当换能器和功率放大器都接地时，应在功率放大器输出端用一个隔离变压器。

4.4.2　输入电功率测量

换能器的输入电功率表示的是在给定频率下，换能器从功率发生器中吸收的有效交流功率。由于换能器的形式不同，阻抗的特性也不相同。压电换能器的阻抗呈电容性，而磁致伸缩式的阻抗呈电感性，所以换能器的激励电压和激励电流之间存在相位差，因此，输入电功率 P_e 可以表示为

$$P_e = U_T \cdot I_T \cos\varphi \tag{4.4.7}$$

式中：U_T 是换能器输入电压的均方根值，V；I_T 是通过换能器的电流的均方根值，A；$\cos\varphi$ 是换能器输入功率的功率因子；φ 是 U_T 和 I_T 之间的相位差，(°)。

换能器的输入电功率直接用连接在输入端的电功率计来测量，还可以选择下面其中一种方法进行测量。

1. 阻抗法

先测量换能器的等效并联电导 G_T 或等效串联电阻 R_T，这时只要再用精密电压表，测量换能器的激励信号端电压 U_T 的有效值，或输入信号电流 I_T 的有效

值，换能器的输入电功率，便可按下式算出

$$P_e = U_T^2/R_{TS} = I_T^2 R_{TS} = U_T^2 G_{TP} \tag{4.4.8}$$

式中：R_{TS} 是换能器的等效串联电阻，Ω；G_{TP} 是换能器的等效并联电导，S。

关于输入电流 I_T 的精确测量：可以在换能器的低电位端插入标准取样电阻或电流变压器，用同一电压表测量其电压降获得。

需要注意的是，这里测量电压或电流时，换能器的负载情况、接地条件及测量端状态应与测量换能器阻抗或导纳时相同。如果换能器的输入电阻 (或电导) 是在小信号或小功率状态下测得的，那么，本方法测量结果也只对小功率状态是正确的，而不能任意外推到大功率状态，除非式 (4.4.8) 中所用的 R_{TS} 和 G_{TP} 也是在大功率状态下测得的。

2. 电压表相位计法

一般情况，常用电压表和相位计组成一个电功率测量装置，其原理方框图如图 4.4.4 所示。在换能器的低电位端串接一个无感标准电阻器 R，用电压表测量换能器与电阻器上的电压幅度的有效值，用相位计测量它们的相位差，通过测量电阻 R 上的电压降 U_R 得出流过的换能器的信号电流 I_T。于是，利用下式即可计算换能器的输入电功率：

$$P_e = \frac{U_T \cdot U_R}{R} \cdot \cos\varphi \tag{4.4.9}$$

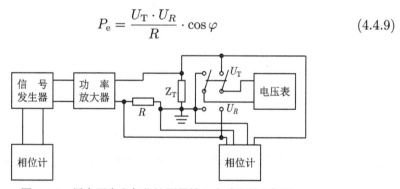

图 4.4.4　用电压表和相位计测量输入电功率的方框图

为了保证通过串接电阻器得到的取样电流就是流入换能器的工作电流，必须要求取样电阻器 R 的阻值至少小于换能器阻抗模 $|Z_T|$ 的 1/100，这样才能实现测出的取样电流与未接电阻器时的换能器工作电流近似相同。

测量时，如果保证 U_T 和 U_R 的波形不畸变且相角 φ 不大于 45° 的情况下，可以取得较准确的结果。

3. 三电压法

该方法无论是对大功率、还是小功率状态均适用。在 4.4.1 节中已介绍用三电压法测量换能器等效电阻抗 (或导纳) 的方法，这里仍然用图 4.4.3，只要用同一个电压表测量图中标出的三个复数电压的幅度有效值：U_T、U_R 和 U_G，利用下式便求出此时换能器的输入电功率

$$P_e = \frac{U_G^2 - U_R^2 - U_T^2}{2R} \qquad (4.4.10)$$

式中：R 是与换能器串联的取样电阻器的阻值，对取样电阻器的要求在 4.4.1 节的大信号激励下的阻抗测量中已作了描述。

三电压法不仅适用于谐振频率上换能器输入电功率的测量，也适用于换能器非谐振状态下的输入电功率测量。所以，可以利用本方法测量换能器输入电功率的频率响应 $(P_e \sim f)$ 曲线。不过，在测量压电换能器功率响应曲线时，须保证加于换能器上的端电压的幅值 U_T 在整个频段上保持不变；对于单一频率的换能器，共振时的输入电功率 $P_{e\,res}$ 等于 $P_e(f)$ 的最大值，此时的激励频率等于换能器的共振频率 f_{res}。而当测量磁性换能器的功率响应曲线时，应保证在测量频段上 U_T/f 比值保持为一常数。

在上面所述的三种测量方法中，在保证电压表的准确度和取样电阻准确度的情况下，以电压表相位计法所得的换能器的输入电功率的测量不确定度最小，约为 $\pm 5\%$。

4.4.3 辐射声功率的测量

超声换能器的辐射声功率是衡量换能器性能的一个重要指标，根据用途除了 4.3 节介绍的超声功率测量方法外，若使用电功率计测量获得换能器的辐射声功率，对 100kHz 以下的单一共振频率的压电陶瓷纵向振动换能器，可通过测量换能器的输入电功率的频率响应曲线来确定换能器辐射到介质中的声功率。

对于单频换能器而言，换能器的共振频率和共振时的输入电功率，由输入电功率的频率响应曲线来决定。换能器的带宽 Δf 等于输入电功率的频率响应曲线上共振频率 f_{res} 两侧 P_e 为 $0.5P_{e\,res}$ 时的两个频率之差，并由此求出换能器的品质因数

$$Q = f_{res}/\Delta f \qquad (4.4.11)$$

首先，测量有负载的和无负载情况下的输入电功率，如图 4.4.5 所示。在测量有负载的换能器的频率响应曲线时，保持输入电压为额定值；当没有声负载时，降低输入电压，使振动位移幅度等于通常有负载条件下的额定值。图中的 MCN 和 $M_1C_1N_1$ 分别是有负载和无负载条件下电损耗功率的频率特性。

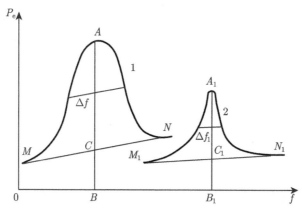

图 4.4.5 换能器有负载 (1) 和无负载 (2) 条件下输入电功率的频率特性

换能器的输出声功率由下式计算:

$$P_a = P_{e\,res} - P'_{e\,res} - P_{el} + P'_{el} \qquad (4.4.12)$$

式中: $P_{e\,res}$ 是在共振频率 f_{res} 时, 有负载换能器的输入电功率 (图 4.4.5 中线段 AB); P_{el} 是在共振频率 f_{res} 时, 换能器的损耗电功率 (图 4.4.5 中线段 BC); $P'_{e\,res}$ 是在共振频率 f'_{res} 处无负载换能器的输入电功率 (图 4.4.5 中线段 A_1B_1); P'_{el} 是在共振频率 f'_{res} 处无负载换能器的损耗电功率 (图 4.4.5 中线段 B_1C_1)。

换能器在共振频率下, 分别从有负载的和无负载的损耗电功率的频率响应曲线 (MAN、$M_1A_1N_1$) 中求出对应共振频率 f_{res} 和 f'_{res} 下的损耗电功率 P_{el} 和 P'_{el} 的值, 可由以下两式计算

$$P_{el} = a f_{res} \qquad (4.4.13)$$

$$P'_{el} = a' f'_{res} \qquad (4.4.14)$$

其中: 系数 a 可由在 $f_{res}(1-2/Q) < f < f_{res}(1+2/Q)$ 的范围内 5 个比值 $P_e(f_1)/f_1$ 的平均值求出; 而 Q 是有负载换能器的品质因数。系数 a' 可由在 $f'_{res}(1-2/Q') < f < f'_{res}(1+2/Q')$ 的范围内 5 个比值 $P'_e(f_1)/f_1$ 的平均值求出; 而 Q' 是无负载换能器的品质因数。

上述方法也可以用于测量磁致伸缩换能器, 但是, 需要注意在测量输入电功率相应曲线时, 保持输入电压与频率之比恒定。

4.4.4 电声效率的测量

1. 直接法

换能器的电声效率是指其辐射声功率 P_a 与输入电功率 P_e 的比值, 即

$$\eta_{ea} = \frac{P_a}{P_e} \times 100\% \qquad (4.4.15)$$

直接测量方法就是根据前面 4.4.2 节和 4.4.3 节获得的换能器输入电功率和辐射声功率, 通过式 (4.4.15) 直接计算电声效率。这种方法对不同频率和任意大小信号都是适用的, 测量的精度取决于测量声功率和电功率的方法与仪器。

2. 电导 (电阻) 法

对于单一振动模式的谐振换能器, 可以将共振频率附近等效为集中参数形式的单振荡回路, 共振频率处的导纳 (或阻抗) 的虚部为零, 因此, 可以通过实测换能器在空气中和水中的电导曲线 (或电阻曲线) 来计算电声效率。

测量换能器在空气中和水中的导纳 (或阻抗) 的频率响应曲线, 在测量中保持压电换能器所加电压 U_T 恒定, 获得 $G_T \sim f$ 关系曲线, 对于磁性换能器则要求保证在测量频段上 U_T/f 值保持为一常数, 获得 $R_T \sim f$ 关系曲线。

对于压电换能器, 图 4.4.6 曲线 MAN 和 $M_1A_1N_1$ 分别是换能器在水中和空气中时测得的电导曲线; MN 和 M_1N_1 是介电损耗线, 通过电导曲线最高点 A 和 A_1 作垂线 AB 和 A_1B_1, 分别与线段 MN 和 M_1N_1 相交于 C 和 C_1 点, 于是, 压电换能器在共振频率处的机电效率为

$$\eta_{me} = \frac{AC}{AB} \times 100\% \tag{4.4.16}$$

式中: AC 是换能器在水中谐振频率处的动生电导, S; AB 是换能器在水中谐振频率处的电导, S。

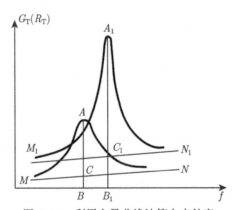

图 4.4.6 利用电导曲线计算电声效率

换能器的机声效率为

$$\eta_{ma} = \frac{A_1C_1 - AC}{A_1C_1} \times 100\% \tag{4.4.17}$$

式中: A_1C_1 是换能器在空气中谐振频率处的动生电导, S。

换能器的电声效率为

$$\eta_{ea} = \frac{AC}{AB} \cdot \frac{A_1 C_1 - AC}{A_1 C_1} \times 100\% \tag{4.4.18}$$

对于磁性换能器, 图 4.4.6 中的两条曲线分别代表空气中和水中测得的换能器等效串联电阻的 $R_T \sim f$ 曲线, 此时图的纵坐标应为 R_T, 同样使用上述公式计算它的电声效率。所不同的是, AC 代表换能器在水中谐振频率处的动生电阻; AB 代表换能器在水中谐振频率处的电阻; $A_1 C_1$ 代表换能器在空气中谐振频率处的动生电阻。

应用电导 (电阻) 获得电声效率的方法简单, 其使用条件仅适用单频谐振换能器, 且当换能器工作在线性范围内, 测量其谐振时的电声效率才是正确的。

4.5 介质中的超声声速和衰减测量

4.5.1 声速的测量

声速是描述超声在介质中传播特性的一个重要声学参数, 知道了介质的声速, 就能得到介质的特性阻抗 $(Z_s = \rho c)$。超声在介质中传播所发生的声学现象, 如反射、透射等, 都与介质的特性阻抗有关。一些超声设备正是以超声波在两种不同特性阻抗的介质界面上产生的声反射为工作原理进行检测。医学超声的基础研究中, 人们也在试图以生物组织的声速、声衰减等参数的分布图像进行诊断, 因此介质声速的测量占据了重要的地位。

声速的测量方法很多, 相对于其他参量而言, 声速的测量比较成熟。在测量方法上大体可以分为直接法和间接法两大类。

直接法是通过测量声波在介质中传播一段距离 s 所需要的时间 t 得到介质的声速 $(c = s/t)$, 其测量不确定度由距离 s 和时间间隔 t 的测量不确定度决定。

间接法是通过测量在给定频率 f 下声波在介质中的波长 λ 确定介质的声速 $(c = f\lambda)$, 其测量不确定度取决于频率 f 和波长 λ 的测量。

这里主要介绍直接法的测量原理和方法。

1. 脉冲测量法

脉冲测量法是直接法的一种, 此法是向被测介质中发射短促声脉冲, 测定脉冲通过长度已被准确测定的一段介质所花的时间, 再由公式计算介质的声速。脉冲法测量有两种实施方案: 一种方案是只允许声脉冲在介质中通过一次, 测定脉冲通过一段介质所需要的时间, 称为透射法; 另一种方案是使声脉冲两次通过介质, 即发射的声脉冲由介质一端返回到发射器, 测量声波在介质中来回传播所需要的时间, 称为脉冲反射法。图 4.5.1 给出了这两种方案的示意图。

图 4.5.1　测量声速的垂直入射脉冲法

(a) 透射法；(b) 反射法

对于透射法，其声速为

$$c = l/t \qquad (4.5.1)$$

对于反射法，求得声速为

$$c = 2l/t \qquad (4.5.2)$$

为了提高时间测量的准确度，一般采用多次反射法，即测量声脉冲在介质中多次来回传播所用的时间。图 4.5.2 给出了反射法声速测量装置的原理框图。

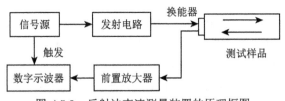

图 4.5.2　反射法声速测量装置的原理框图

当测量的介质为固体时，测试体加工成规则的圆柱形，并精确测量圆柱体的长度。采用透射法测量时，发射和接收换能器应分别贴附在圆柱的两端；采用脉冲反射法测量时，换能器为收发两用型，将换能器固定在测试样品的一端。通过发射电路给发射换能器施加激励电信号，通过接收电路获取接收声信号。声脉冲在介质中传播时间的测量，最简单的方法是通过数字示波器读取发射电信号与接收声信号之间的时间延迟。

2. 脉冲插入取代法

当使用透射法测量液体介质时，通常采用脉冲插入取代法，该方法具有简单、方便、应用范围较宽和所需样品数量少等优点，在研究物质的超声特性方面得到广泛应用，不仅可以测量固体介质的声速，而且可以十分方便地测量液体介质的声速。

脉冲插入取代法测量装置的原理框图如图 4.5.3 所示。容器中为恒温除气蒸馏水，脉冲信号发生器的输出信号通过功率放大器放大后，激励发射换能器 T_1 向水介质中辐射超声脉冲。由换能器 T_2 接收，经前置放大器放大后在数字示波器上显示。在换能器 T_1 和 T_2 之间的声路上插入厚度为 D 的样品 S，于是，超声

在 T_1 和 T_2 之间的传播时间附加增量为 Δt，如以 c_w 和 c_s 分别表示水和样品中的声速，则有

$$c_s = \frac{Dc_w}{D + \Delta t c_w} \tag{4.5.3}$$

式中：水的声速 c_w 可以从文献中查到公认的准确值，也可根据以下经验公式计算

$$c_w = 1557 - 0.0245 \times (74 - T)^2$$

式中：T 是水介质的温度，℃。

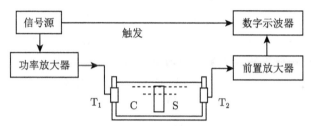

图 4.5.3 脉冲插入取代法测量装置的原理框图

用脉冲取代法测定声速的误差为

$$\frac{\mathrm{d}c_s}{c_s} = \frac{c_s - c_w}{c_w}\left[\frac{\partial(\Delta t)}{\Delta t} - \frac{\partial D}{D}\right]$$

由此可见，如果样品中的声速 c_s 与水中的声速 c_w 接近，取代法的测量误差较小。对于同一样品，厚度较大时，测量误差也较小。

4.5.2 超声衰减测量

超声波在介质中传播时，由于存在扩散、吸收和散射等现象，声能将随着距离的增加而减小，这种效应称为超声衰减。超声衰减主要由介质的声吸收造成，即衰减由介质本身的特性决定。描述超声衰减的量称为声衰减系数 α。

测量液体中声衰减的方法很多，这里着重介绍两种常用的测量方法。

1. 声压法

图 4.5.4 给出了声压法测量声衰减的示意图。如 p_1 和 p_2 为平面行波在离超声发射换能器 x_1 和 x_2 距离上的声压，则介质的超声衰减系数可表示为

$$\alpha = \frac{1}{x_1 - x_2}\ln\frac{p_1}{p_2} \tag{4.5.4}$$

式中：声压 p_1 和 p_2 可用超声微型水听器测定。

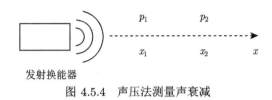

图 4.5.4　声压法测量声衰减

2. 脉冲透射插入取代法

如前面图 4.5.3 所示，在发射换能器 T_1 和接收换能器 T_2 之间的声路上插入厚度为 D 的样品，取代原有水槽中的部分水中的声程，T_2 接收到的声压幅值将发生变化，从而测定材料的声衰减系数，因此称为插入取代法。发射换能器与接收换能器均为平面活塞型换能器，并处于声学共轴状态，接收换能器接收到的脉冲超声波后输出电脉冲输送到数字示波器。首先测量无样品插入情况的直达波的输出电压，然后测量厚度为 D 的样品插入声路中，相对于直达声波下降的幅度，被测样品的声衰减系数 α 可由下式计算

$$\alpha = \frac{20}{D} \lg \frac{U_1}{U_0} + \alpha_{\mathrm{w}} \tag{4.5.5}$$

式中：D 是被测样品的厚度，cm；U_0 是未插入样品时的脉冲电压幅值，V；U_1 是插入样品后的脉冲电压幅值，V。α_{w} 是已知水温和使用超声频率下的超声衰减系数，dB/cm。

测量时要保持发射超声脉冲稳定，被测样品的两个受声面应为平行平面，对于生物组织材料则应置于两面平行的透声膜制成的样品匣内。

4.6　非线性参数测量

近年来，随着科学技术的发展，小振幅信号的线性声学越来越表现出局限性，而大振幅 (或称有限振幅)、大功率信号的非线性声学无论在学术上还是在实际应用上都受到人们的重视，并在各个领域获得迅速发展。

研究声传播离不开运动方程、连续性方程和物态方程。理想介质波动方程描述的是线性声学，是在运动方程和连续性方程的所有非线性项都被忽略的情况下得到的；而运动非线性或介质非线性不能忽略的声学问题即属于非线性声学问题。

在线性声学中，一列单频声波在线性介质中传播时，只有振幅衰减和相位变化，而波形不发生变化。但是，如果发生运动非线性 (如振幅足够大) 或者介质非线性，原来的单频正弦波就会产生谐波、分频波、和频波以及差频波，这些波的出现，使波的叠加原理不再成立，线性声学规律不再遵守，这些现象便成为非线性声学研究的对象。

4.6.1 非线性物态方程与非线性参量

物态方程指的是声波在介质中传播时介质的状态变量之间的关系，它能描述介质状态变化的规律。声波传播过程可近似看成绝热过程或等熵过程，于是状态变量就减少成两个，即 p 和 ρ，介质中的压力可表示为

$$p = p(\rho) \tag{4.6.1}$$

在绝热或等熵情况下将压力进行泰勒级数展开，有

$$p = p + \rho_0 \left(\frac{\partial p}{\partial \rho}\right)_{S,0} \left(\frac{\rho - \rho_0}{\rho_0}\right) + \frac{1}{2}\rho_0 \left(\frac{\partial^2 p}{\partial \rho^2}\right)_{S,0} \left(\frac{\rho - \rho_0}{\rho_0}\right)^2 + \cdots$$

$$= p_0 + A\left(\frac{\rho - \rho_0}{\rho_0}\right) + \frac{1}{2}B\left(\frac{\rho - \rho_0}{\rho_0}\right)^2 + \cdots \tag{4.6.2}$$

其中

$$A = \rho_0 \left(\frac{\partial p}{\partial \rho}\right)_{S,0} = c_0^2, \quad B = \frac{1}{2}\rho_0^2 \left(\frac{\partial^2 p}{\partial \rho^2}\right)_{S,0} = \rho_0 \left(\frac{\partial c^2}{\partial \rho}\right)_{S,0} \tag{4.6.3}$$

定义展开式中的二阶项系数与一阶项系数之比为

$$\frac{B}{A} = \rho_0 c_0^{-2} \left(\frac{\partial c^2}{\partial \rho}\right)_{S,0} = 2\rho_0 c_0 \left(\frac{\partial c}{\partial \rho}\right)_{S,0} \tag{4.6.4}$$

这个量称为非线性参数。虽然它是一个无量纲量，但决定了流体介质的非线性性质，是非线性声学中最重要的一个物理量。

非线性参数能衡量声波在介质中传播时产生的非线性效应的大小，在超声医学的诊断及生物声学的应用中，能反映出生物组织的结构、组分及其病理状态的变化，比线性参量 (如声速和声阻抗等) 具有明显的优越性，近年来在超声医学诊断及生物声学领域展现了可喜的应用前景。目前的研究认为，非线性参量将成为超声医学诊断技术中的一个新参量。

由于 B/A 值与介质所处的温度和压力有关系，一般用实验方法测得，最常用的方法是热力学方法和有限振幅声波法。

4.6.2 非线性参数的热力学测量方法

根据式 (4.6.4)，非线性参数 B/A 的热力学测量方法的表达式为

$$\frac{B}{A} = 2\rho_0 c_0 \left(\frac{\partial c}{\partial p}\right)_{S,0} \tag{4.6.5}$$

式中：ρ_0 是介质密度，kg/m³；c_0 是介质中的小振幅声速，m/s；$\left(\dfrac{\partial c}{\partial p}\right)_{S,0}$ 是声速 c 在等熵过程中随压力的变化率，(m/s)/Pa。

由于声速对压力不大敏感，要使声速产生可观察到的变化，必须使压力改变很大；同时，上式要求的是等熵过程，但是借助仪表来监视过程是否等熵是非常困难的。因此，在实际测量中，根据式 (4.6.5) 来测量 B/A 的值很不方便。

非线性参数 B/A 的热力学测量方法的另一个表达式为

$$\frac{B}{A} = 2\rho_0 c_0 \left(\frac{\partial c}{\partial p}\right)_T + \frac{2\sigma c_0}{C_p}\left(\frac{\partial c}{\partial T}\right)_p \tag{4.6.6}$$

式中：σ 是热膨胀系数，1/℃；C_p 是比定压热容，J/(kg·℃)；$\left(\dfrac{\partial c}{\partial P}\right)_T$ 是在等温过程中声速随压力的变化率，(m/s)/Pa；$\left(\dfrac{\partial c}{\partial T}\right)_p$ 是在定压过程中声速随温度的变化率，(m/s)/℃。

如果将式 (4.6.6) 中的第一项和第二项分别写为 $(B/A)'$ 和 $(B/A)''$，从测得的 B/A 值来看，$(B/A)'$ 是主要的，而第二项 $(B/A)''$ 则很小，即对 B/A 的贡献比第一项小得多。

根据式 (4.6.6) 测量 B/A，只要求等温过程和定压过程，这些过程容易用仪表监视，但是，存在的缺点是预先要对介质的定压比热和热膨胀系数作专门的测量。由于这两个量不易测得精确，因而也给实际应用带来不便。

4.6.3 非线性参数的有限振幅声波测量法

用热力学方法能够得到较为准确的非线性参数测量值，可给超声医学提供有用的参数，但由于它只能测量样品的数值，还不能用于医院门诊测量。有限振幅声波法是目前对人体活组织进行检查的行之有效的方法。这种方法是向样品或人体组织发射角频率为 ω 的声波，但接收的是它的二阶谐波声场，利用二阶谐波与非线性系数 $\beta=1+B/(2A)$ 成正比的性质来求得 B/A。非线性参数 B/A 的有限振幅测量法的表达式为

$$\frac{B}{A} = \frac{4\rho_0 c_0^3 p_0^{(2)}(s)}{\omega s \left[p_0^{(1)}(0)\right]^2} - 2 \tag{4.6.7}$$

式中：$p_0^{(1)}(0)$ 为发射换能器表面附近的一阶压力振幅，它等于 $\rho_0 c_0 u_0$；$p_0^{(2)}(s)$ 为在距离 s 点处测出的二阶压力振幅。如果已知声源表面振动速度 u_0，在样品中测出 $p_0^{(1)}(0)$、$p_0^{(2)}(s)$ 和 $\rho_0 c_0$，那么即可得到样品的 B/A。

图 4.6.1 所示的是有限振幅测量法的测量装置框图。用此方法测量 B/A 值时，由于受换能器的衍射和声衰减的影响精度较低。为了提高测量精度，必须进

行衍射和衰减修正。加入修正后，式 (4.6.7) 变为

$$\frac{B}{A} = \frac{p_x^{(2)}}{p_0^{(2)}} \frac{\left[p_0^{(1)}\right]^2}{\left[p_x^{(1)}\right]^2} \frac{\rho_x c_x^3}{\rho_0 c_0^3} \left[\left(\frac{B}{A}\right)_0 + 2\right] \frac{(I_1 - I_2)_0}{(I_1 - I_2)_x} - 2 \qquad (4.6.8)$$

式中：下标 x 和 0 分别表示被测介质和参考介质；I_1 与 I_2 分别是由衰减和衍射引起的修正。

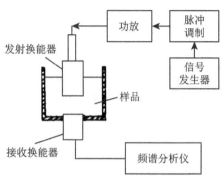

图 4.6.1　有限振幅测量法的测量装置框图

4.6.4　非线性参数的混合规则

以上讨论的介质只包含单一元素成分，在热力学中称为单元均匀系。如果是由两种成分组成的复合介质，且两种成分不能互溶。那么，对于复合介质，线性力学中的量如等效密度 $\bar{\rho}$，等效压缩率 $\bar{k}$，与各成分的对应量ρ_i，k_i 满足线性相加关系，即

$$\begin{aligned} \bar{\rho} &= \rho_1 n_1 + \rho_2 n_2 \\ \bar{k} &= k_1 n_1 + k_2 n_2 \end{aligned} \qquad (4.6.9)$$

式中：$n_i(i=1，2)$ 是第 i 种成分的体积分数，并且有 $n_i = V_i/(V_1 + V_2)$ $(i=1，2)$，其中 V_i 为第 i 种成分所占的体积。

非线性系数β 与非线性参数 $B/(2A)$ 有如下关系

$$\beta = 1 + \frac{B}{2A}$$

非线性系数β 的混合规则为

$$\bar{\beta} = n_1 \left(\frac{k_1}{\bar{k}}\right)^2 \beta_1 + n_2 \left(\frac{k_2}{\bar{k}}\right)^2 \beta_2 \qquad (4.6.10)$$

由此可见，复合介质的非线性系数 $\bar{\beta}$ 等于两种介质成分的非线性系数 β_1 和 β_2 的权重相加，其加权系数为 $n_i(k_i/\bar{k})^2$。显然，这个关系可以推广到任意多种成分组成的介质。

思　考　题

1. 水听器按照特性和用途可以分为哪几类？
2. 水听器自由场灵敏度和声压灵敏度有什么区别？什么情况下两种灵敏度近似相等？
3. 计算自由场灵敏度级为 $-210\mathrm{dB}$ 水听器的灵敏度。
4. 简述连续正弦声压测量的原理。
5. 简述脉冲正弦声压测量的原理。
6. 根据测量原理以及直接测量的量，超声功率的测量有哪些方法？
7. 超声功率的各种测量方法为什么是绝对法测量？
8. 测量超声换能器阻抗的目的是什么？
9. 小信号状态下测量的换能器阻抗为什么不能代替大信号激励信号下的阻抗？
10. 电压表相位计法测量换能器的输入电功率时，怎样才能获得更准确的结果？

第5章 水声计量

5.1 水声计量基础知识

水声是以水为介质,研究声在水中的发射、传播、接收以及水下信息处理技术和方法,是第二次世界大战前后为满足海上军事和海洋开发的需要诞生的新兴声学分支科学。水声不仅应用于军事方面的水中目标探测、定位、识别、跟踪以及水下通讯,还广泛应用于水上航运、水中搜救、海洋资源利用与开发方面。

水声技术在应用中都是通过发射换能器与接收换能器构成的声呐系统实现的,因此,除了对声呐整机测试之外,关键是对测试所需的声场特性和测量水听器等设备装置进行计量,对水声设备装置的材料声参数进行测量。

5.1.1 水声计量常用信号

水声计量与测量用信号与 1.2.5 节中基本相同,虽然目前最常用的信号仍是单频连续信号、正弦脉冲信号和随机噪声信号,但由于水声器件应用环境的特殊性,因而在计量测试中对所用信号又有一些不同的要求和差别。

1. 单频连续信号

在水声计量测试中使用单频连续信号最能反映被测换能器 (水听器) 在测量频率下的稳定性,而且可完全不考虑被测件和整个测量网络的时间特性和空间分布特性。但是,使用这种信号的最大缺点是,在时域上很难把有用声信号与水中边界、障碍物的反射、散射信号和其他同频率干扰 (包括声、电、振动等) 等无用而有害信号区分开。因此,单频连续信号经常用于开阔水域中自由场条件下的测量。在低频测量中也通常用单频连续信号在小容器中产生声压场,在管中产生驻波场或行波场。

2. 正弦脉冲信号

正弦脉冲信号是正弦连续信号经矩形脉冲信号调制而产生的信号。对这种信号进行调控的主要参数是被调制的正弦连续信号幅度和频率 f(即脉冲幅度和基波频率)、脉冲宽度 τ 及脉冲重复周期。

正弦脉冲信号具有短暂性和可重复性,利用这一特点可以在非开阔水域条件下得到短暂而又可重复的自由声场。作为一个典型的例子,图 5.1.1 给出了用正弦脉冲信号激励发射换能器,在有界水域中产生声脉冲时,接收水听器有可能输出的电压信号波形。由图可知:由于脉冲声的短暂性和声程长度的不同,可清晰地区分出有用的直达信号脉冲和有害的电串漏脉冲及水面、水底、石块等反射干扰脉冲。只需对直达脉冲信号的测量和分析即可实现自由场条件下的声学参量或电声参数的准确测量。

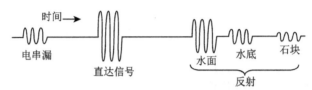

图 5.1.1　水听器在有界水域中接收声脉冲所输出的典型电压信号波形

正弦脉冲信号激励一个谐振系统时,所产生的正弦脉冲波形具有暂态特性,其波形如图 5.1.2 所示。脉冲开始激励系统时,输入的能量并不是马上就变成系统的有功振荡能量,而是在系统中存储起来,其表现形式为脉冲内正弦信号幅度慢慢增大直到达到最大值,该过程称为前部暂态阶段。接下来是以最大值为振幅作稳定的等幅度振荡,直至脉冲激励结束,这一过程称为稳态振荡阶段。激励脉冲结束后,输出脉冲内的正弦振荡并不立即停止,而继续以原频率振荡,但幅度慢慢减小直至为零,这种衰减振荡形式使系统内存储的能量逐渐被释放,因此这一过程称为尾部暂态阶段。

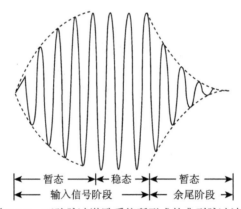

图 5.1.2　正弦脉冲激励系统所形成的典型脉冲波形

正弦脉冲信号包含的并不是被调制正弦的单一频率 f,而是以 f 为对称的频谱,其频谱图如图 5.1.3 所示,图中 $f_0 = f$ 是正弦信号频率,即为脉冲的基频;τ 是脉冲宽度;T 是脉冲重复周期。频谱中 $(f_0 - 1/\tau)$ 与 $(f_0 + 1/\tau)$ 之间的带宽称为主带宽 (EBW),在主带宽中集中了正弦脉冲的大部分能量。由此可见,为了保持正弦脉冲的能量并维持其原有的波形形状,脉冲宽度应尽可能宽。

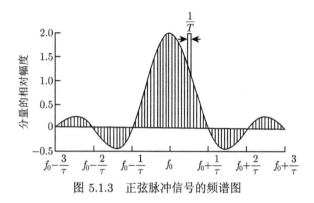

图 5.1.3　正弦脉冲信号的频谱图

在实际测量中, 正弦脉冲的使用受到多种条件的约束, 而且有些约束条件又是相互制约的, 因此, 必须正确选择信号的参数。

1) 脉冲宽度的选择

水声计量测试中正弦脉冲信号的宽度 τ 必须同时满足如下要求。

(1) τ 必须足够大。

应能保证在稳态振动状态下进行测量。根据 IEC 标准的要求, 可测量的稳态波数至少为 2。

应保证脉冲声对换能器有足够长的作用时间, 能使它各部分之间充分相互作用, 要求 $\tau \geqslant \dfrac{Q}{f} + 2D/c$ (Q 为换能器的品质因数, f 为工作频率, D 为换能器沿声波传播方向上的最大尺寸, c 为水中自由场声速)。

应保证脉冲信号通过测量系统 (由放大器、滤波器等组成) 时不产生畸变, 要求 $\tau \geqslant 6/\Delta f$ (Δf 为测量系统的带宽); 如果允许脉冲通过测量系统时有很小的畸变, 仅要求脉冲主带宽内的信号全部通过, 则系统的带宽应满足 $\tau \geqslant 2/\Delta f$。

(2) τ 不能过大。

应保证脉冲宽度所对应的水中行程小于直达声程与最近反射声程之差, 以此避免来自边界或障碍物的反射声对直达声产生干扰, 要求 $\tau \leqslant R - d/c$ (R 为来回反射声程; d 为直达声程)。

应保证当发射和接收换能器尺寸较大以致它们之间的声反射不可忽略时, 为避免反射的影响, 要求 $\tau \leqslant 2d/c$ (d 为两换能器之间的距离)。

(3) 用声脉冲技术在自由场中测量水声无源材料性能时, 声脉冲信号宽度必须足够小, 以保证能区分开直达声脉冲和反射声脉冲, 以及材料边缘的衍射脉冲。

2) 脉冲重复周期的选择

水声测量中对脉冲重复周期 T 有两种相反的要求, 一方面要求 T 小些, 即重复的频率高些，以便易于采集、读数或记录；另一方面要求 T 大些，使边界反射声或混响声在下一脉冲到来之前能完全消失或衰减至允许值。在实际测量中，应根据所用仪器设备、水域大小、消声处理与否及换能器的布置等情况，综合考虑确定 T 值。我国国家标准推荐 T 应满足 $T > 2T_{60}/3$(T_{60} 为测量水池的混响时间)。

3. 随机噪声信号

随机噪声信号是由许多或无限多个不同频率、其幅值围绕某平均值作随机分布的正弦信号组成的信号。描写随机噪声信号的特征量主要是功率谱、功率密度谱和概率密度函数，在水声计量测试中常用的主要是前两个量。功率谱即为各频率分量的功率在频谱上的分布。在实际使用中常与频带联系起来，称为频带功率谱，即一定频带内噪声平均幅度平方值在频域的分布。显然，频带功率谱与频带宽度有直接关系，不同的频带宽度有不同的频带功率谱。水声测量中常用的噪声，从功率谱密度包络的形状来分，主要有"白噪声"和"粉红噪声"。

4. 常用信号频率

在水声校准和测量中，测量频率间隔一般按照恒定增量或百分比增量确定。按照恒定增量将形成等差频率系列，即相邻测量频率之差是相等的；按照百分比增量将形成等比频率系列，即相邻测量频率之比值是相等的。根据有关国际和国家标准的推荐，在水声测量中一般都采用等比频率系列，频率间隔常取倍频程或其分数倍频程，优先推荐使用 1/3 倍频程间隔的频率系列，参见表 2.3.1。当然，在实际使用中也允许根据需要增加、删去或变更频率点。

5. 干扰信号源及其识别

被测信号以外的其他无用信号称为干扰信号。水声测量主要是对电压和电流等电信号以及水声声压信号进行测定。电压和电流等电信号一般都比较大，不易受到外界无用信号的干扰。水声声压信号是通过测量水听器的开路电压信号而求得，水听器的开路电压信号一般都比较弱，甚至有时只有微伏级，所以非常容易受到外界无用信号的干扰。因此识别，进而排除干扰非常重要。按照干扰的识别方法，把干扰源分成以下四类。

(1) 周围环境的机、电无规噪声。

这类噪声包括来自附近一些机电设备的无规噪声、振动和电干扰；来自船舶、车辆等交通运输设备的噪声和振动；来自水生生物的噪声和下雨、浪击发生的噪声。这类噪声不仅在时间上是无规的，而且在频率、幅度和相位上也是无规的。由于此类干扰噪声与被测信号不会发生干涉，所以比较容易识别。在未发射声信号之前，就可在接收系统观察到这类干扰的存在与否。

(2) 有规的电、声信号源。

此类噪声主要是周围电源基波及其谐波，通过静电场和电磁场对被测信号产生干扰。电网运行不平衡、测量仪器太靠近电源设备、电缆和导线屏蔽不良、附近无线电台产生的电磁波、测量系统接地不正确或水听器使用不当等都可能产生这类干扰。水域中其他声学试验发出的声信号和水中固定设备运行产生的周期信号也可能成为有规的干扰信号。这类干扰信号的共同特点是具有较稳定的频率，因此识别也比较容易，有时通过示波器即可分辨。

(3) 与测量信号同频率的电、声干扰。

与测量信号同频率的电干扰信号主要来自发射系统，往往是由接收系统或发射系统接地不正确引起的，也可能是由接收系统 (尤其是前置放大器的输入端) 对功率放大器的电磁场屏蔽不良引起的。这种由发射系统串入接收系统的同频率干扰有时简称为"串漏"，同频率的声信号主要来源于测量水域边界和水中障碍物的反射声，有时也可能是发射和接收换能器之间的反射声。

对这类同频率干扰信号的识别比较困难，识别并消除此类干扰影响的最有效方法是采用脉冲声测量技术。用脉冲信号测量时，可根据接收信号波形的时间序列将有用的直达声信号与电串漏干扰信号和反射声干扰信号区分开来。但是，当需要用单频连续信号或长脉冲信号测量时，就不能从时域上直观地识别干扰信号是否存在，可以根据同频率信号的相干涉原理，通过扫频测量来识别干扰。

(4) 水中气泡对谐振的干扰。

当水中声波的频率与气泡的谐振频率接近时，气泡就会产生强烈的振荡，从而影响声场的分布，其结果是在水听器开路电压频率响应曲线上出现一个小的波动。水中气泡主要是水中自由漂流或黏附在换能器表面的球形气泡，还包括隐藏在换能器或其他结构件洞穴、裂缝、沟槽、螺钉头等处的少量气体。

5.1.2 水声计量常用设备

1. 声场设施

水声计量与测量用的声场设施大体可分为天然水域、人工水池和其他声场三类，在各类声场设施中建立满足一定要求的声场是进行水声测试的必要条件。

1) 天然水域

天然水域主要包括湖泊、池塘、水库、水流平稳的江河等。海洋虽然是最大的天然水域，但因其条件复杂、稳定性差、环境噪声大，一般不适合用于水声计量测试。用于水声计量测试的天然水域通常应具备以下条件。

(1) 有足够大的空间。

水域应该比较开阔，使有可能在远场测量状态下形成满足水声测量要求的自由声场条件。天然水域的边界通常比较大且有斜坡，斜坡形边界与水面形成天然尖劈吸声区。因此，有斜坡的水域即使不是很大，只要足够深，也可认为是开阔水域。水深是判断水域空间大小的重要指标，但目前还没有一种简单判据用来确定适合水声测量的最小深度。对水深的要求与测量内容、换能器形状、测量频率范围、测量精度要求以及测量所用信号 (单频连续或正弦脉冲) 等有关。一般情况下，要求水域空间的尺寸选择能消除或忽略边界反射声对测量的影响。

(2) 有足够低的环境噪声级。

水域内环境噪声主要源于往来船舶、汽车、火车、飞机、下雨、风浪和各种运转机器等。应尽量选择远离噪声源的水域进行测量。在有水力发电机工作的水库中测量时，测量区应远离大坝，以免受机器和水流噪声的干扰。测量区域还应远离船舶航道。

(3) 无任何引起声波反射、折射和散射的因素。

水的流动、温度梯度、水下生物、气泡和污秽物等都可能引起水中声波的反射、折射和散射。若在测量深度上或其附近存在温度梯度，声波会产生折射引起声线弯曲。测量水域中的鱼群和其他水生物往往会引起水声测量不稳定，甚至导致测量失败。因此，在所选择的测量区域内，应无明显的水温梯度，无影响水声测量工作的鱼群，水流平稳，无水草和其他易产生气泡的腐烂有机物等。

2) 人工水池

人工水池包括室外挖掘成的池塘和室内人造的水池。从声学效果分，人造水池分为非消声水池和消声水池两大类。在水池六个界面全部铺设吸声材料构建的称为全消声水池；在水池的全部界面的局部区域铺设吸声构件的称为局部消声水池；不作任何消声处理的水池称为非消声水池。人造测量水池多数是开口式的，池水中的静水压和水温随天然环境变化，不能人为调控，因此这种水池称常温常压水池。有时水池也做成封闭式的，池水可以变温，也可以加静压，因此这种水池称为高压水池，或变温变压水池。

人工水池与天然水域相比有很多长处，最主要的优点是影响测量准确性和稳定性的因素少，不受自然条件的影响。它的主要缺点是尺寸受到很大限制，一般远比天然水域小。水域尺寸小，使用范围自然会受到很大限制，也使自由场条件不易形成。为了得到理想的自由场测量条件，除了对人工水池作一定的消声处理外，还常采用脉冲声测量技术。

在建造人工水池之前，首先必须根据使用范围确定水池的尺寸。所选择的水池尺寸应近似地与测量声信号的波长成正比，即测量声信号的频率越低，波长就越长，要求水池的尺寸越大。但水池的尺寸也不能简单地只根据最低使用频率来确定, 还应考虑到所使用的脉冲信号宽度, 脉冲重复周期和换能器收发间距。而这些参数又取决于测量内容、允许的误差、换能器尺寸和 Q 值、频率、测量方式和边界的回声降低等。因此, 水池尺寸的确定应综合考虑多种因素。

3) 其他声场

无论是天然水域, 还是人工水池, 作为水声计量测试场地, 都必须满足自由场条件。但实际上它们都是有边界的, 不可能无条件地形成自由场。当频率低到一定程度时, 脉冲声测量技术和边界的吸声处理技术都无效了, 很难达到真正的自由场测量条件。在 1kHz 频率以下的低频段, 常用密闭充水管、密闭腔或振动液柱管, 形成高声级低频声场来实现一些参数的测量。

2. 水声标准器

水声标准器是传递与测量水声声压、声强、声功率和质点振速等水声基本量值, 测量声源级、发送响应、接收灵敏度等电声参数的计量器具。它在水声计量测试中起着关键性的作用, 在水声技术研究和水声设备研制、生产、试验、使用中也是不可缺少的器具。

1) 标准水听器

标准水听器是指自由场电压灵敏度已经校准的、具有较平坦的频率响应的、在规定工作条件下具有优良稳定性的水听器, 用于精确地传递和测量水声声压。我国国家标准规定, 按照使用的目的和校准不确定度的不同, 可把标准水听器分成两级: 一级标准水听器 (简称标准水听器), 它是量值传递用的计量标准器或作精确声压测量用的水听器, 其灵敏度由国家基准装置或行业最高标准装置用绝对法进行校准; 二级标准水听器 (简称测量水听器), 主要用作工作计量器具, 可直接用于声学测量, 其灵敏度一般用比较法进行校准。

无论是一级标准水听器还是测量水听器, 通常都由四部分组成 (图 4.1.1), 即灵敏度元件、辅助结构、前置放大器和电缆。其工作原理是: 灵敏度元件在声压作用下产生与作用声压值成正比的开路电压, 此开路电压通过前置放大器后或直接由电缆传输至输出端。由输出端测得的电压值和预先已校得的自由场电压灵敏度值, 就可求得作用于水听器声中心处的自由场声压值。并不是所用水听器都具有内置前置放大器, 只有当水听器灵敏度很低需要放大, 或水听器灵敏度元件阻抗很高需降低电压传输损失时, 才用内置前置放大器。

2) 标准水声发射器

标准水声发射器的发送响应已经校准, 在规定条件下具有良好线性特性和稳定性。标准发射器可在规定条件下产生声压级已知的水中自由声场, 用于校准测量水听器或其他水声测量和试验设备, 也可用于水声设备的试验或校准。

标准水声发射器目前主要有压电型和动圈型两种。压电型发射器有球形、圆柱形、平面圆盘形。平面圆盘形发射器多数是由许多小压电元件排列成的阵列构成，具有单向指向性，适合于水池中使用。圆柱形发射器的主要特点是在水平面内无指向性，而在垂直面内有指向性，因此特别适用于四周边界无反射或反射影响可忽略而上下界面反射声很强的水域环境 (如湖泊、水库、大尺寸水池)。使用长柱形发射器应该注意：它的球面波场中校得的自由场电压灵敏度与柱面波场中校得的自由场电压灵敏度相等，但它的球面波场发送响应与柱面波场发送响应完全不相等。由于压电式发射器的发送响应随频率的降低而快速减小，不适宜在较低频率下使用。在几千赫以下低频范围内适用于作标准发射器使用的是动圈式 (或称电动式) 发射器，可在较低频率产生足够高的声压级。

3) 专用测量换能器

专用测量换能器包括一般水声测量试验用辅助换能器、互易换能器和振速水听器等。

辅助换能器主要包括水听器互易法校准中采用的发射换能器、水听器比较法校准中采用的发射换能器、换能器指向性测量中采用的换能器及其他水声设备测试用换能器。它们的种类和形式基本与标准水声发射器相同，但性能要求没有标准水声发射器严格，也无须精确地校准，只要保证产生测量所需的水声信号不失真即可。

互易换能器是实施水听器互易法绝对校准的必要条件。互易换能器必须同时满足线性、可逆、无源的条件。虽然水声换能器多数是可逆的，既可作发射器，又可作水听器，但它们并不都同时是线性和互易的。为了能有良好的线性和互易性，此类换能器的结构和电连接应尽可能简单，激励级不能很大，并在低于谐振频率下工作。

振速水听器从工作原理上可分为两种：一种是根据作用于灵敏元件的声程差工作，称为压差型振速水听器；另一种是利用装于与质点振动同步的加速度计工作，称为同振型振速水听器。实际前者更确切的是声压梯度水听器，而后者是真正的振速水听器。目前，振速水听器已由一维工作发展到三维工作，而且为了区别于测量标准声压的声压水听器，常习惯称为矢量水听器。

3. 主要测量仪器设备

1) 信号发生器

信号发生器用于产生水声计量测试所需的各类信号。水声测量常用的信号源主要有产生连续单频信号的正弦信号发生器 (包括正弦振荡器和频率合成器)；产生脉冲宽度和周期可在较宽范围内任意控制的正弦信号，或产生脉冲内正弦信号波数在较宽范围内可调的正弦脉冲信号的发生器；产生谱密度均匀的"白噪声"信号，或产生谱密度级以 $-3\mathrm{dB}$ 斜率下降的"粉红噪声"信号的发生器；可利用自身软硬件功能通过面板操作或计算机操作产生任意形状波形信号的发生器；具有两个以上独立输出通道，每个通道信号频率和幅度都独立可调，在同频率下，各通道输出信号的相位连续可调。以上几种信号发生器可根据使用要求进行选择。

2) 功率放大器

功率放大器是水声测量中不可缺少的主要仪器，它用于把信号发生器输出的电压信号放大成具有一定功率的信号来激励水声发射器发射水声信号。根据使用场合的不同可分为：激励电压精确可调，输出功率适中，频率范围宽的一般功率放大器；用于激励低频压电换能器，在水中产生低频声波的低频高阻抗功率放大器；用于激励高频换能器，产生高频声信号的高频功率放大器；与激励振动台、电动式水声换能器等低阻抗负载相匹配的低频低阻抗功率放大器；用于测量和试验大功率换能器 (或基阵) 的高功率放大器等。

3) 测量放大器

水声测量中的测量放大器主要用于放大水听器开路电压或其他微弱电压信号。其种类主要有：具有高输入阻抗和低输出阻抗的前置放大器；具有噪声低，输入阻抗高，用于放大微弱电信号，且放大量准确可知、可调、线性范围大的电压放大器；用于同时放大多个电信号，各通道间有良好的相位、幅度一致的多通道放大器；具有强抗干扰性，可在高噪声背景下检测微伏级弱信号的锁相放大器；可对两个同频率电信号进行矢量相加 (或相减) 和放大的差分放大器。

4) 滤波器

滤波器用于滤去混杂在有用信号中的噪声和其他非同频率的干扰信号，无畸变地通过有用信号，以此来提高测量信噪比。常用滤波器种类有：具有恒定带宽或恒定百分比带宽的带通滤波器；设计成特定截止频率的高通和低通滤波器；带宽恒定且中心频率能自动跟随信号频率的窄带跟随滤波器；高通滤波器、低通滤波器或带通滤波器并联工作的多通道滤波器。

5) 信号测量仪、分析仪、记录仪

用于精确测量电压值或高保真采集电压波形或精确分析电压信号的时域特性的仪器。主要有：用于直接测量交、直流电压值的数字电压表；用于直接测量两个同频率信号间相位差的相位计；用于高保真采集并存储电压信号波形的数字信号波形采集器 (含数字存储示波器、数字波形记录仪等)；用于对多频率合成信号或各种噪声信号进行测量和分析的频谱分析仪；专门用于测量阻抗的阻抗分析仪；以图的形式直接记录测量结果的记录仪，通常使用 $x\text{-}y$ 记录仪和极坐标记录仪。

6) 其他辅助测量设备

水声测量中除用到上述仪器外，有时还要用到其他辅助测量设备。例如，为了在自动测量系统中实现多路信号的切换，需应用程控电子开关；为了测量时把

高电压信号变低电压信号，把电流信号转化为电压信号，且维持各种信号的原相
位信息，需应用专门的电压和电流取样器；在水声测量中为了准确地排列、对准
和挂置换能器，也为了实现换能器指向性的测量，还必须应用专门的测量坐标系
统，它的 x、y、z 三维直角坐标机构能把换能器定位于测量水域一定空间内任何
位置，它的水平回转机构能使换能器参考声轴指向任何方位角 θ。

5.2 水声标准器计量

水声标准器主要是指传递和测量水声声压值的标准水听器，也包括产生已知
自由场声压的标准发射器。标准水听器的计量检定分成绝对法和相对法，根据检
定频段和声场环境的不同，绝对法又分成了自由场互易法、耦合腔互易法和振动
液柱法，相对法又分成自由场比较法和密闭腔比较法。

5.2.1 互易法计量

1. 自由场互易法

自由场互易法是在自由场条件下实施检定的方法，既可以用于检定标准水听
器的自由场灵敏度，又可以用于检定标准发射器的发送电流响应。按照 IEC 标准
的建议本法适用的频率范围是 1kHz~1MHz，根据我国 JJG 2017-2005《水声声
压计量器具检定系统表》的要求，本方法适用的频率范围是 2~200kHz。

1) 原理和方法

A. 球面波场中的互易法

互易法检定测量需要应用三个换能器，一个只作发射声波用的辅助换能器 F，
一个只作接收声波用的水听器 J 和一个既作发射用又作接收用，而且满足线性、
无源、可逆条件的互易换能器 H。测量分三步进行，如图 5.2.1 所示，具体步骤
如下。

(1) 辅助换能器 F 与互易换能器 H 组合测量，两者声中心之间的距离为 d_{FH}，
满足球面波场扩散条件。以电流 I_{F} 激励辅助换能器 F 发射声波，互易换能器 H
接收声波产生开路电压 U_{FH}，由此测得

$$\frac{U_{\mathrm{FH}}}{I_{\mathrm{F}}} = |Z_{\mathrm{FH}}| = \frac{S_{\mathrm{F}} M_{\mathrm{H}}}{d_{\mathrm{FH}}} \tag{5.2.1}$$

式中：$|Z_{\mathrm{FH}}|$ 是辅助换能器 F 与互易换能器 H 组合下的电转移阻抗模，Ω；S_{F} 是
辅助换能器 F 以 1m 为参考距离的发送电流响应，$\mathrm{Pa \cdot m/A}$；M_{H} 是互易换能器
H 的自由场灵敏度，$\mathrm{V/Pa}$；d_{FH} 是辅助换能器 F 与互易换能器 H 声中心之间的
距离，m；I_{F} 是辅助换能器 F 的输入电流，A；U_{FH} 是互易换能器 H 的开路输出
电压，V。

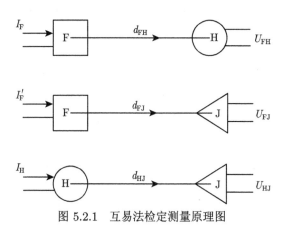

图 5.2.1　互易法检定测量原理图

(2) 辅助换能器 F 与接收水听器 J 组合测量，同样可测得

$$\frac{U_{FJ}}{I'_F} = |Z_{FJ}| = \frac{S_F M_J}{d_{FJ}} \tag{5.2.2}$$

式中：$|Z_{FJ}|$ 是辅助换能器 F 与接收水听器 J 组合下的电转移阻抗模，Ω；M_J 是接收水听器 J 的自由场灵敏度，V/Pa；d_{FJ} 是辅助换能器 F 与接收水听器 J 的声中心之间的距离，m；I'_F 是辅助换能器 F 的输入电流，A；U_{FJ} 是接收水听器 J 的开路输出电压，V。

(3) 互易换能器 H 与接收水听器 J 组合测量，可测得

$$\frac{U_{HJ}}{I_H} = |Z_{HJ}| = \frac{S_H M_J}{d_{HJ}} \tag{5.2.3}$$

式中：$|Z_{HJ}|$ 是互易换能器 H 与接收水听器 J 组合下的电转移阻抗模，Ω；S_H 是互易换能器 H 以 1m 为参考距离的发送电流响应，Pa·m/A；d_{HJ} 是互易换能器 H 与接收水听器 J 的声中心之间的距离，m；I_H 是互易换能器 H 的输入电流，A；U_{HJ} 是接收水听器 J 的开路输出电压，V。

联立式 (5.2.1) 与式 (5.2.2)，可得

$$\frac{|Z_{FJ}|}{|Z_{FH}|} = \frac{M_J d_{FH}}{M_H d_{FJ}} \tag{5.2.4}$$

根据电声互易定理，对于互易换能器 H 而言，在自由球面波声场中系统的互易常数为 $J_S = \dfrac{M_H}{S_H}$，由式 (5.2.4) 和式 (5.2.3) 可求得

$$|Z_{HJ}| = \frac{M_H M_J}{d_{HJ} J_S} \tag{5.2.5}$$

联立式 (5.2.4) 与式 (5.2.5)，求得接收水听器 J 和互易换能器 H 的自由场灵敏度分别为

$$M_{\mathrm{J}} = \left[\frac{|Z_{\mathrm{FJ}}| \cdot |Z_{\mathrm{HJ}}|}{|Z_{\mathrm{FH}}|} \cdot \frac{d_{\mathrm{FJ}} \cdot d_{\mathrm{HJ}}}{d_{\mathrm{FH}}} \cdot J_S \right]^{\frac{1}{2}} \tag{5.2.6}$$

$$M_{\mathrm{H}} = \left[\frac{|Z_{\mathrm{FH}}| \cdot |Z_{\mathrm{HJ}}|}{|Z_{\mathrm{FJ}}|} \cdot \frac{d_{\mathrm{FH}} \cdot d_{\mathrm{HJ}}}{d_{\mathrm{FJ}}} \cdot J_S \right]^{\frac{1}{2}} \tag{5.2.7}$$

类似地，也可求得辅助换能器 F 和互易换能器 H 的发送电流响应分别为

$$S_{\mathrm{F}} = \left[\frac{|Z_{\mathrm{FJ}}| \cdot |Z_{\mathrm{FH}}|}{|Z_{\mathrm{HJ}}|} \frac{d_{\mathrm{FJ}} \cdot d_{\mathrm{FH}}}{d_{\mathrm{HJ}}} \cdot \frac{1}{J_S} \right]^{\frac{1}{2}} \tag{5.2.8}$$

$$S_{\mathrm{H}} = \left[\frac{|Z_{\mathrm{FH}}| \cdot |Z_{\mathrm{HJ}}|}{|Z_{\mathrm{FJ}}|} \cdot \frac{d_{\mathrm{FH}} \cdot d_{\mathrm{HJ}}}{d_{\mathrm{FJ}}} \cdot \frac{1}{J_S} \right]^{\frac{1}{2}} \tag{5.2.9}$$

在实际测量中，如果取 $d_{\mathrm{FJ}} = d_{\mathrm{FH}} = d_{\mathrm{HJ}} = d$，则式 (5.2.6)$\sim$ 式 (5.2.9) 中的距离项都可简化为 d。

B. 柱面波声场中的互易法

线形阵列 (或长柱形) 水声发射器发送声波时，在较近的距离范围内 ($\lambda/2 \sim L^2/\lambda$，$\lambda$ 为声波的波长，L 为换能器的有效长度) 存在一个等效柱面波区域。当一个线形阵列水听器在这个区域接收声波时，在不同距离上作用于其接收面上的平均声压符合柱面波扩展规律，即平均声压与距离的平方根成反比。

线形阵列水听器的自由场灵敏度为

$$M_{\mathrm{C}} = \frac{U_{\mathrm{J}}}{\overline{P}_{\mathrm{C}}} \tag{5.2.10}$$

式中：M_{C} 是水听器自由场灵敏度，V/Pa；U_{J} 是水听器的输出开路电压，V；$\overline{P}_{\mathrm{C}}$ 是作用于水听器的平均声压，Pa。

根据柱面波的扩散规律，线形阵列发射器的柱面波发送电流响应为

$$S_{IC} = \overline{P}_{\mathrm{C}} \frac{\sqrt{d}}{I} \tag{5.2.11}$$

式中：S_{IC} 是柱面波发送电流响应，Pa·m$^{1/2}$/A；$\overline{P}_{\mathrm{C}}$ 是线形阵列水声发射器在距离 d 处产生的平均声压，Pa；d 是在柱面波区域内某指定方向上一点与线形阵列水声发射器声中心的距离，m；I 是输入水声发射器的电流，A。

根据柱面扩散区与球面扩散区声压变化的不同，可求得线形阵列发射器的柱面波发送电流响应 S_{IC} 与球面波发送电流响应 S_I，有如下关系

$$\frac{S_{IC}}{S_I} = \frac{\sqrt{\lambda}}{L} \tag{5.2.12}$$

式中：L 是换能器柱面高度，m。

柱面波场互易法检定测量原理与球面波场互易法检定测量原理相同，如图 5.2.1 所示，同样需要三个换能器进行三次组合测量。但是，这三个换能器必须是柱形换能器，且测量须在等效柱面波区域内进行。最后求得的柱形水听器 J 和互易换能器 H 的自由场灵敏度分别为

$$M_{\mathrm{J}} = \left[\frac{|Z_{\mathrm{FJ}}| \cdot |Z_{\mathrm{HJ}}|}{|Z_{\mathrm{FH}}|} \cdot \frac{\sqrt{d_{\mathrm{FJ}}} \cdot \sqrt{d_{\mathrm{HJ}}}}{\sqrt{d_{\mathrm{FH}}}} \cdot J_{\mathrm{C}} \right]^{\frac{1}{2}} \tag{5.2.13}$$

$$M_{\mathrm{H}} = \left[\frac{|Z_{\mathrm{FH}}| \cdot |Z_{\mathrm{HJ}}|}{|Z_{\mathrm{FJ}}|} \cdot \frac{\sqrt{d_{\mathrm{FH}}} \cdot \sqrt{d_{\mathrm{HJ}}}}{\sqrt{d_{\mathrm{FJ}}}} \cdot J_{\mathrm{C}} \right]^{\frac{1}{2}} \tag{5.2.14}$$

柱形辅助换能器 F 和互易换能器 H 的柱面波发送电流响应分别为

$$S_{\mathrm{CF}} = \left[\frac{|Z_{\mathrm{FJ}}| \cdot |Z_{\mathrm{FH}}|}{|Z_{\mathrm{HJ}}|} \cdot \frac{\sqrt{d_{\mathrm{FJ}}} \cdot \sqrt{d_{\mathrm{FH}}}}{\sqrt{d_{\mathrm{HJ}}}} \cdot \frac{1}{J_{\mathrm{C}}} \right]^{\frac{1}{2}} \tag{5.2.15}$$

$$S_{\mathrm{CH}} = \left[\frac{|Z_{\mathrm{FH}}| \cdot |Z_{\mathrm{HJ}}|}{|Z_{\mathrm{FJ}}|} \cdot \frac{\sqrt{d_{\mathrm{FH}}} \cdot \sqrt{d_{\mathrm{HJ}}}}{\sqrt{d_{\mathrm{FJ}}}} \cdot \frac{1}{J_{\mathrm{C}}} \right]^{\frac{1}{2}} \tag{5.2.16}$$

式 (5.2.13)~ 式 (5.2.16) 中的 J_{C} 是柱面波互易常数，单位是 $\mathrm{W/(m^{1/2} \cdot Pa^2)}$。

根据电声互易定理中的柱面波互易常数 $J_{\mathrm{C}} = \frac{2L}{\rho c}\sqrt{d\lambda}$，因为 S_{CH} 的参考距离是 1m，所以柱面波互易常数简化为

$$J_{\mathrm{C}} = \frac{2L}{\rho c}\sqrt{\lambda} = \frac{2L}{\rho}\frac{1}{\sqrt{cf}} \tag{5.2.17}$$

在测量实施中，如果取 $d_{\mathrm{FJ}} = d_{\mathrm{FH}} = d_{\mathrm{HJ}} = d$，则式 (5.2.13)~ 式 (5.2.16) 中的距离项都可简化为 $\sqrt{d}$。互易测量时，三个换能器的长度最好相等或接近。否则互易常数 J_{C} 中的换能器长度 L 应是互易换能器的有效长度。线形阵列换能器的有效长度可通过测量指向性的主波束宽度求得。

C. 平面波声场中的互易法

平面波互易法是在发射器和水听器之间只有平面行波传播情况下的互易测量。如图 5.2.2 所示，两个靠近的圆形活塞换能器之间传播的声波就属于这种平面行波。两个换能器彼此置于对方的近场中，但必须不存在反射波的影响。虽然在平面活塞发射器的近场中，各点声压有起伏变化，但在与活塞辐射面相平行的任意平面中平均声压却相等。为了消除发射器与水听器之间反射的影响，须使用

脉冲信号驱动发射换能器，这就要求发射换能器与水听器的间距不能小于几个波长，所以自由场平面波互易法通常用于大尺寸超声换能器的检定。用刚性壁管可以产生如图 5.2.2 所示的平面波，若换能器的辐射面填满整个管的横截面，且发声频率低于管子的截止频率时，两换能器之间将传播相对纯净的平面波。

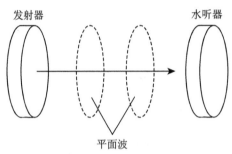

图 5.2.2　平面发射器与水听器间的平面波

平面波互易法检定测量原理与球面波和柱面波互易法检定测量原理相同，也需要三个平面活塞型换能器，其中至少有一个是互易换能器。按照图 5.2.1 进行三次组合测量，并考虑到等效平面波声压与测量间距无关，可求得平面型水听器 J 和互易换能器 H 自由场灵敏度分别为

$$M_{\mathrm{J}} = \left[\frac{|Z_{\mathrm{FJ}}| \cdot |Z_{\mathrm{HJ}}|}{|Z_{\mathrm{FH}}|} \cdot J_{\mathrm{F}} \right]^{\frac{1}{2}} \tag{5.2.18}$$

$$M_{\mathrm{H}} = \left[\frac{|Z_{\mathrm{FH}}| \cdot |Z_{\mathrm{HJ}}|}{|Z_{\mathrm{HJ}}|} \cdot J_{\mathrm{F}} \right]^{\frac{1}{2}} \tag{5.2.19}$$

平面辅助换能器 F 和互易换能器 H 在近场平面波区的发送电流响应分别为

$$S_{\mathrm{PF}} = \left[\frac{|Z_{\mathrm{FJ}}| \cdot |Z_{\mathrm{FH}}|}{|Z_{\mathrm{HJ}}|} \cdot \frac{1}{J_{\mathrm{P}}} \right]^{\frac{1}{2}} \tag{5.2.20}$$

$$S_{\mathrm{PH}} = \left[\frac{|Z_{\mathrm{FH}}| \cdot |Z_{\mathrm{HJ}}|}{|Z_{\mathrm{FJ}}|} \cdot \frac{1}{J_{\mathrm{P}}} \right]^{\frac{1}{2}} \tag{5.2.21}$$

式 (5.2.18)∼ 式 (5.2.21) 中的 J_{P} 是平面波互易常数，单位是 W/ Pa^2，其表达式为 $J_{\mathrm{P}} = \frac{2A}{\rho c}$，$A$ 为产生和接收平面声波的互易换能器工作面面积，m^2。

在平面波互易法检定测量中，作用于平面活塞换能器 (水听器) 上的平均声压在数值上等于远场中的均匀平面波声压，因此测得的灵敏度值等于球面波互易法测得的灵敏度值。但平面波区 (近场区) 的发送电流响应 S_{IP} 不同于球面波区 (远场区) 的发送电流响应 S_I，两者的关系为

$$\frac{S_{IP}}{S_I} = \frac{\lambda}{A} \tag{5.2.22}$$

2) 测量装置

目前自由场互易法检定测量常用的数字程控测量装置典型的组成框图如图 5.2.3 所示。信号源产生校准所需的正弦脉冲信号,经功率放大器放大并驱动发射换能器产生校准所需的声信号。电流变换器对功率放大器的输出信号进行电流取样;水听器在声波的作用下产生开路输出电压信号。在计算机的控制下,电流变换器和水听器的输出电压信号分别通过程控开关进行选通,再经测量放大器放大和滤波器滤波后输入到数字信号采集器进行采集,最后由计算机计算出转移阻抗值。通过三次组合测量,即可计算得到被校水听器和互易换能器的灵敏度以及发射换能器和互易换能器的发送响应。

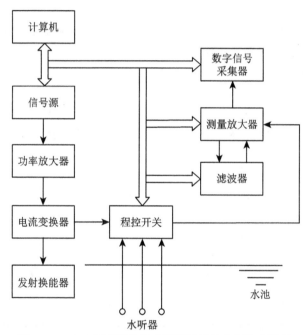

图 5.2.3 自由场互易法检定测量装置的典型组成框图

3) 测量步骤与措施

(1) 换能器准备。

a. 用对橡胶或金属无腐蚀作用的清洁剂将参加测量的全部换能器的所有表面擦洗干净,不留污渍。为了使换能器不附着气泡,并与水有良好的声耦合,必须把换能器放入水中浸泡至少 1h,以使换能器表面与水充分浸润。

b. 在开始测量之前,将换能器放置在测量水域的测量深度上至少 30min,以达到换能器内部压力、温度与测量环境相平衡。

　　c. 选定换能器的测量方向，并在悬挂时相互对准这一方向。换能器的测量方向应选择在灵敏度 (或响应) 随方向变化较小的区域，当方向偏差不超过 ±5° 时，灵敏度 (响应) 值变化应不超过 ±0.2dB。

　　d. 检查并确认换能器的电缆长度，如果不能满足测量需求，则须加接具有低电容量的延伸电缆，并预先测量延伸电缆和换能器的阻抗或电容量，以便最后对测量结果进行修正。

　　(2) 测量前的必要检查。

　　a. 信噪比和干扰的检查。

　　信噪比检查应在实际工作条件下进行，信噪比应不小于 30dB。检查静电和电磁干扰对信号测量的影响，其影响应不大于 0.1dB。使用单频连续信号测量时，应检查并排除电串音信号对声信号的干扰。使用脉冲信号测量时，应检查反射声脉冲和电串音脉冲信号是否影响直达声脉冲信号有效采样。如果发现有影响，则应调节脉冲宽度，使直达声脉冲信号与其他干扰信号分开，一般至少有两个周期的稳态信号被准确采集。

　　b. 换能器线性检验。

　　辅助换能器首次使用时，在测量前应对其线性进行检验。检验线性的方法是：在测量范围内从小到大改变换能器激励电流，测量一对换能器组合下的电转移阻抗模值，检验这一模值的变化量是否在规定值之内。

　　c. 互易换能器互易性检验。

　　互易换能器的互易性检验是检验它在线性范围内是否遵守电声互易原理。检验方法是：被检验的互易换能器 H 和另一个已确认为互易的换能器 F 组成测量对子，让它们先后互为发射器和接收器，测量转移阻抗模值 $|Z_{FH}|$ 和 $|Z_{HF}|$，两模值的差即为非互易性。若此非互易性在规定的允许范围内，则两个换能器均为满足要求的互易换能器。若非互易性超出了允许范围，则应逐个调换能器并重复上述测量，以判断其中哪个不互易，或者两者都不互易。

　　用上述方法检验互易性时，一般应避免使用在结构、性能上完全一样的两个换能器，因为这样两个换能器即使都是非互易的，也有可能测得 $|Z_{FH}| = |Z_{HF}|$ 的结果。

　　(3) 精确测量距离和水的密度值。

　　换能器被安装固定后，应确定换能器声中心的位置，精确测量每对换能器声中心间的距离 d，d 的大小应满足校准条件的要求，其测量不确定度应不大于 1%。

　　对介质水的密度值 ρ，一般不作实际测量，直接查阅有关物理手册即可得到它的标准值。对于 0~25℃ 温度范围内的淡水，ρ 值可取作 1000kg/m^3，其误差不超过 ±0.3%。

4) 测量数据处理

(1) 用 "级" 表示的测量结果。

水听器 J 和互易换能器 H 的自由场电压灵敏度级 (单位为 dB，基准值：1V/μPa) 用下式计算

$$L_{M_J} = \frac{1}{2}(20\lg|Z_{FJ}| + 20\lg|Z_{HJ}| - 20\lg|Z_{FH}| + C_M) - 120 \qquad (5.2.23)$$

$$L_{M_H} = \frac{1}{2}(20\lg|Z_{FH}| + 20\lg|Z_{HJ}| - 20\lg|Z_{FJ}| + C_M) - 120 \qquad (5.2.24)$$

发射换能器 F 和互易换能器 H 的发送电流响应级 (单位为 dB，基准值：球面波互易时为 1μPa·m/A，柱面波互易时为 1μPa·m$^{1/2}$/A，平面波互易时为 1μPa/A)，用下式计算

$$L_{S_F} = \frac{1}{2}(20\lg|Z_{FJ}| + 20\lg|Z_{FH}| - 20\lg|Z_{HJ}| + C_S) + 120 \qquad (5.2.25)$$

$$L_{S_H} = \frac{1}{2}(20\lg|Z_{FH}| + 20\lg|Z_{HJ}| - 20\lg|Z_{FJ}| + C_S) + 120 \qquad (5.2.26)$$

以上各式中 C_M 和 C_S 是包含互易常数和距离的常数，在 $d_{FJ} = d_{FH} = d_{HJ} = d$ 情况下，它们的计算式如下：

当用球面波互易法测量时

$$C_M = 20\lg d - 20\lg\rho - 20\lg f + 6 \qquad (5.2.27)$$

$$C_S = 20\lg d + 20\lg\rho + 20\lg f - 6 \qquad (5.2.28)$$

当用柱面波互易法测量时

$$C_M = 10\lg d + 20\lg L - 20\lg\rho - 10\lg f - 10\lg c + 6 \qquad (5.2.29)$$

$$C_S = 10\lg d - 20\lg L + 20\lg\rho + 10\lg f + 10\lg c - 6 \qquad (5.2.30)$$

当用平面波互易法测量时

$$C_M = 20\lg A - 20\lg\rho - 20\lg c + 6 \qquad (5.2.31)$$

$$C_S = 20\lg\rho + 20\lg c - 20\lg A - 6 \qquad (5.2.32)$$

式中：L 是柱形互易换能器的高度，m；c 是水中声速，m/s；A 是平面活塞换能器工作面面积，m^2。

(2) 水听器加接延伸电缆后灵敏度的修正。

当水听器检定需加接延伸电缆时，必须按式 (5.2.33) 对延伸电缆引起的水听器灵敏度值的降低进行修正

$$L_{M_0} = L_{M_L} + 20\lg\left|\frac{Z_0 + Z_L}{Z_L}\right| \tag{5.2.33}$$

式中：L_{M_0} 是水听器未加接延伸电缆时的灵敏度级，dB；L_{M_L} 是水听器加接延伸电缆时的灵敏度级，dB；Z_0 是水听器电缆末端的复等效电阻抗，Ω；Z_L 是延伸电缆的复电阻抗，Ω。

在远离水听器谐振频率的低频段，式 (5.2.33) 可简化成

$$L_{M_0} = L_{M_L} + 20\lg\left|\frac{C_0 + C_L}{C_L}\right| \tag{5.2.34}$$

式中：C_0 是水听器电缆末端的电容量，pF；C_L 是延伸电缆的电容量，pF。

(3) 测量不确定度。

我国的水声声压基准装置和水声声压校准装置以及有关国家标准规定了用自由场互易法在 $1\sim100\text{kHz}$ 频率范围内，包含因子 $k=2$ 时，标准水听器测量不确定度为 $U=0.7\text{dB}$。

2. 耦合腔互易法

耦合腔互易法是在密闭小空间内测量低频标准水听器的声压灵敏度，适用于在高静水压和变温条件下使用。本法适用的频率范围是 $0.1\text{Hz}\sim5\text{kHz}$。

1) 原理和方法

耦合腔互易法原理与自由场互易法原理相同，如图 5.2.4 所示。不同的只是发射换能器 (F)、互易换能器 (H) 和水听器 (J) 同时置于充满液体的刚性密闭腔内，在低频下利用均匀的声压场进行测量。

根据电声互易原理，在充满液体的刚性腔内的线性、无源、可逆的电声换能器，用作水听器时的接收灵敏度和用作发射器时相应的发送电流响应之比是常数，而与换能器本身的结构无关，即

$$J_{腔} = \frac{M}{S_I} \tag{5.2.35}$$

式中：$J_{腔}$ 是耦合腔声压场互易常数，W/Pa^2；M 是互易换能器的接收灵敏度，V/Pa；S_I 是互易换能器在腔中的发送电流响应，Pa/A。

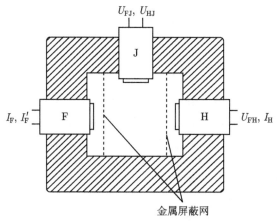

图 5.2.4　耦合腔互易法原理图

若发射换能器 F 在电流 I_F 激励下向腔中发射声波，使水听器 J 产生开路电压 U_{FJ}；发射换能器 F 在电流 I'_F 激励下使互易换能器 H 产生开路电压 U_{FH}；互易换能器 H 在电流 I_H 激励下使水听器 J 产生开路电压 U_{HJ}，则可得到三个转移阻抗模值为

$$|Z_{FJ}| = \frac{U_{FJ}}{I_F} = M_J S_F \tag{5.2.36}$$

$$|Z_{FH}| = \frac{U_{FH}}{I'_F} = M_H S_F \tag{5.2.37}$$

$$|Z_{HJ}| = \frac{U_{HJ}}{I_H} = M_J S_H \tag{5.2.38}$$

式中：M_J 是水听器 J 的声压灵敏度，V/Pa；M_H 是互易换能器 H 的声压灵敏度，V/Pa；S_F 是发射换能器 F 在耦合腔中的发送电流响应，Pa/A；S_H 是互易换能器 H 在耦合腔中的发送电流响应，Pa/A。

联立式 (5.2.35) ~ 式 (5.2.38)，可求得水听器灵敏度 M_J 和互易换能器用作接收时的灵敏度 M_H

$$M_J = \left(\frac{|Z_{FJ}| \cdot |Z_{HJ}|}{|Z_{FH}|} \cdot J_{腔} \right)^{\frac{1}{2}} \tag{5.2.39}$$

$$M_H = \left(\frac{|Z_{FH}| \cdot |Z_{HJ}|}{|Z_{FJ}|} \cdot J_{腔} \right)^{\frac{1}{2}} \tag{5.2.40}$$

通常实际测量时，当激励电流都取作 $I_F = I'_F$，也可表示为

$$M_J = \left(\frac{U_{FJ} \cdot U_{HJ}}{U_{FH} \cdot I_H} \cdot J_{腔} \right)^{\frac{1}{2}} \tag{5.2.41}$$

$$M_{\mathrm{H}} = \left(\frac{U_{\mathrm{FH}} \cdot U_{\mathrm{HJ}}}{U_{\mathrm{FJ}} \cdot I_{\mathrm{H}}} \cdot J_{腔} \right)^{\frac{1}{2}} \tag{5.2.42}$$

2) 检定测量装置

(1) 检定装置组成。

典型的耦合腔互易法检定装置的组成如图 5.2.5 所示。其中频率合成器输出的单频正弦信号经功率放大器放大后通过开关 K 先后分别激励发射换能器 F 和互易换能器 H，在计算机控制下，由电子开关先后把前置放大器放大后的待检水听器 J 和互易换能器 H 的开路电压，以及电流取样器的取样电压馈入同一测量放大器后由数字电压表分别读取。

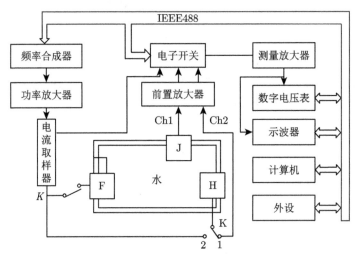

图 5.2.5　耦合腔互易法检定装置的组成框图

(2) 耦合腔和液体要求。

为了满足耦合腔内声压幅值均匀与相位近似相同，腔内声阻抗应近似呈容性，因此耦合腔尺寸 L 应远小于波长 λ，一般要求 $L \leqslant \lambda/10$，这时腔中声场的不均匀性不超过 $\pm 3\%$。而且要求耦合腔壁或边界及水听器都应具有高的声阻抗，这样才能使介质的声顺与无穷大的声阻抗并联后不会引起变化。

耦合腔中常用的液体是蒸馏水，因为蒸馏水的密度、声速随静压力和温度的变化可查阅相关资料确定。对耦合腔中的液体必须作除气处理。如果液体中有气泡，则首先会改变液体的压缩性能，其次是在液体与空气的界面上会形成很大的声压梯度，引起腔内声压的不均匀。

3) 测量步骤与措施

(1) 确定耦合腔互易常数。

由耦合腔互易常数公式可知，互易常数可通过工作频率 f、腔内液体 V、液体密度 ρ 和腔内液体中声速 c 求得。ρ 和 c 是压力和温度的函数，都可通过查物理表得到，要求密度的极限误差不大于 0.5%，声速的极限误差不大于 2%。实际工作状态下耦合腔内液体体积 V 可使用黏附力小的液体 (如无水乙醇) 精确地量出，测量时要避免气泡进入液体。

(2) 测量前准备和检查。

a. 测量前必须对腔内液体进行真空排气处理，也可以在不大于 0.5MPa 的压力下进行测量，以清除腔内残余空气对测量的影响。

b. 将功率放大器的激励级调到适当值，应保证信噪比大于 30dB，同时使发射换能器和互易换能器的激励功率尽可能小，以免其发热引起腔内液体温度和压力变化而导致测量误差。

c. 对发射换能器、互易换能器和水听器进行线性检查，其偏差应不大于 0.5%；对互易换能器进行互易性检查，其偏差应不大于 0.5%。

d. 发射换能器、互易换能器和水听器之间采取电屏蔽，以免它们之间发生电串漏。

(3) 开路电压和电流取样电压测量。

在发射换能器 F 激励时，用数字电压表先后测量水听器 J 的开路电压 U_{FJ} 和互易换能器 H 的开路电压 U_{FH}；在互易换能器 H 激励时，用数字电压表先后测量电流取样电压 $U_R = I_{\mathrm{H}}R$，其中标准电阻 R 的阻值必须小于换能器电阻抗实部分量的 1%，允许极限误差应不大于 0.3%。

(4) 测量数据处理。

水听器 J 和互易换能器 H 的声压灵敏度级 (单位 dB) 分别为

$$L_{M\mathrm{J}} = 10\lg U_{\mathrm{FJ}} + 10\lg U_{\mathrm{HJ}} - 10\lg U_{\mathrm{FH}} - 10\lg U_R + 10\lg R + 10\lg J_{腔} - 120 \quad (5.2.43)$$

$$L_{M\mathrm{H}} = 10\lg U_{\mathrm{FH}} + 10\lg U_{\mathrm{HJ}} - 10\lg U_{\mathrm{FJ}} - 10\lg U_R + 10\lg R + 10\lg J_{腔} - 120 \quad (5.2.44)$$

在 20Hz~2kHz 频率范围内，包含因子 $k = 2$ 时，用耦合互易法测量标准水听器的灵敏度，其测量不确定度为 $U = 0.5\mathrm{dB}$。

5.2.2 振动液柱法

振动液柱法是另一类用绝对法检定标准水听器的方法，通过对振动加速度这一物理参数值的测量来求标准水听器的声压灵敏度。此类计量方法适合于低频、常压下使用。

1) 原理和方法

(1) 振动液柱中的声压。

假设有一刚性圆管如图 5.2.6 所示，管中充入除气的液体，它的直径 $2a$ 远小于液体中声波波长，液面离管底距离为 L。现让管底振动并带动管中液柱一做垂直简谐振动，振动频率应低于管的特征率。在 $L > 2a$ 的情况下，液柱可视为短声传输线，管中仅有平面波传播。

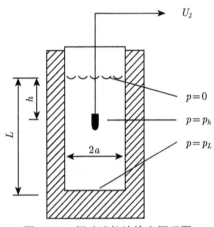

图 5.2.6 振动液柱法检定原理图

当 $h = 0$ 时，即在液体和空气界面是纯软边界条件，因此声压为零。略去时间因子，任意深度 h 处的声压为

$$p_h = \frac{\ddot{x}\rho c}{\omega} \cdot \frac{\sin kh}{\cos kL} \tag{5.2.45}$$

式中：$\ddot{x}$ 是管底振动加速度，$\mathrm{m/s^2}$；k 是波数。

(2) 被检水听器灵敏度测量。

如图 5.2.6 所示，被检水听器固定在与容器不相连的支架上，并与振动液柱的中心轴线相重合，其声中心离液面的距离为 h。当液柱做垂直简谐振动时，液柱中水听器受到与声压等效的交变压力 p_h 的作用，产生开路电压 U_J。因此水听器的声压灵敏度为

$$M = \frac{U_\mathrm{J}}{p_h} \tag{5.2.46}$$

将式 (5.2.45) 代入式 (5.2.46) 得

$$M = \frac{U_\mathrm{J}\omega \cos kL}{\ddot{x}\rho c \sin kh} \tag{5.2.47}$$

若用已精确校准的加速度计测量容器底部加速度 $\ddot{x}$，则式 (5.2.47) 变换为

$$M = \frac{U_J}{U_a} \cdot \frac{M_a}{\rho h} \cdot \frac{kh \cos kL}{\sin kh} \tag{5.2.48}$$

式中：M 是被检水听器灵敏度，V/Pa；M_a 是加速度计电压灵敏度，V·s^2/m；U_a 是加速度计输出端的开路电压，V；L 是液柱高度，m；h 是水听器声中心离液面距离，m；U_J 是水听器输出端的开路电压，V；ρ 是液体的密度，kg/m^3；k 是液柱中波数 $(= 2\pi f/c)$，m^{-1}，f 是液柱振动额率，Hz，c 是液柱中声速，m/s。

式中的三角函数项 $kh \dfrac{\cos kL}{\sin kh}$ 为波动修正因子。当频率降低至能满足 $kL \ll 1$，$kh \ll 1$，$\sin kh \approx kh$，$\cos kL \approx 1$ 时，此波动修正因子近似为 1，于是式 (5.2.48) 可化简为

$$M = \frac{U_J}{U_a} \cdot \frac{M_a}{\rho h} \tag{5.2.49}$$

当水听器的声中心不能确定时，可在两个不同深度位置上测量两次，若两次深度差为 Δh，测得水听器开路电压差为 ΔU_J，则水听器的灵敏度值为

$$M = \frac{\Delta U_J}{U_a} \cdot \frac{M_a}{\rho \Delta h} \tag{5.2.50}$$

(3) 频率极限。

用振动液柱法检定水听器时，由于方法本身的限制，存在低频极限和高频极限。低频极限是由忽略静态落差产生的，高频极限则是由液柱谐振产生的。

液柱相对于它的平衡位置做整体垂直振动时，在液面下深度 h 处将受到两个方向的力：一是由压强变化产生的静态落差压力 $\rho g x$，g 为重力加速度，x 为液柱振动幅度；二是 h 深处液柱的加速度力 $\rho h \ddot{x} = \rho h x \omega^2$。因此，在液面下深度 h 处，由于压强变化产生的等效声压为

$$p = \rho x \left| g - hw^2 \right| \tag{5.2.51}$$

由此可以看出，当 $\omega^2 = g/h$ 时，静态落差压力和运动力相等，也就是说这个频率是两种压力的分界频率。低于此频率时，静态落差压力为主；高于此频率时，运动力为主。在振动液柱法测量中为了确保导出声压值的准确，一般要求落差压力比运动力小 30dB 以上。这就引出了振动液柱法的低频极限要求。例如，若 $h=10$cm，$g = 9.8$m/s^2，则 $f = 10$Hz 才能满足此要求。

当频率增加到使液柱高度等于 $\lambda/4$ 时，$\cos kL = 0$，根据式 (5.2.45) 可知其声压趋于无穷大，表明此时液柱产生共振，水听器无法进行测量。为了避免出现这种情况，一般规定液柱高度不能超过 $\lambda/4$，即 $f < \dfrac{c}{4L}$，这就产生了测量的高频极限。

(4) 振动液柱中声速的计算。

振动液柱中声速的理论表达式为

$$c = c_0 \left(1 + \frac{2E_0}{E}\frac{a}{t}\right)^{-\frac{1}{2}} \tag{5.2.52}$$

式中：a 是管的内径，m；t 是管壁厚度，m；E_0 是液体的体积弹性模量 (对于水，$E=2.25 \times 10^9 \mathrm{N/m^2}$)；$E$ 是管壁材料的弹性模量 (对于钢，$E=2 \times 10^{12} \mathrm{N/m^2}$)；$c$ 是液体中的自由场声速，m/s。

2) 检定测量装置

(1) 装置的组成。

振动液柱法测量装置组成框图如图 5.2.7 所示，在计算机控制下，频率合成器产生具有合适幅值、所需频率的正弦信号，经功率放大器放大后激励电磁振动台，振动台推动校准管使管中液柱做垂直正弦振荡。置于液柱中心轴上的水听器在等效交变压力作用下产生开路电压 U_J，该电压通过前置放大器、测量放大器和滤波器后由数字电压表读出。在液柱的振动作用下，固定于管底的加速度计与相应的电荷放大器组合产生输出电压 U_a，该电压同样通过前置放大器、测量放大器和滤波器后由数字电压表读出，通过一个程控电子开关对电压 U_J 和 U_a 作选择读数。

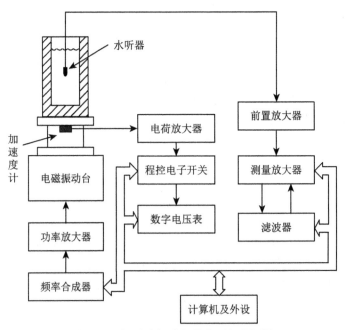

图 5.2.7　振动液柱法测量装置组成框图

(2) 液柱容器的设计。

液柱容器通常为刚性圆管, 它的底和壁应足够刚性。管底受振动台的激励而产生振动, 外来激励加上本身振动方式会使管底出现高次非平面波振动模式。此外, 还应避免管底对声场产生弯曲振动影响, 管底应有足够厚度, 通常应不小于 4cm。由于校准频率较低, 在低频下把校准管设计成硬壁管是不可能的, 因为管壁不可能设计得很厚, 管壁有适当厚度即可。

为了保证管中液柱内径向声压均匀, 要求管的半径不大于最高工作频率对应液柱中声波波长的 0.61 倍。在具体设计时, 一般在不影响被校水听器尺寸的情况下, 使管的半径尽可能小一些。根据 IEC 标准规定, 管的直径小于液柱高度, 因此使用上限频率既限制了管子的直径, 又限制了液柱的高度。

管的高度应高于由上限频率所决定的液柱高度, 即 $L_{\max} > \lambda_{\text{上}}/4$, 式中 $\lambda_{\text{上}}$ 为上限频率对应的液柱中声波波长。

3) 测量步骤与措施

(1) 测量前准备。

a. 把圆管形测量容器垂直刚性固定于振动台台面中心, 用水平尺将台面调至水平, 以确保液柱做垂直振动;

b. 把经过除气处理的清洁液体慢慢注入容器内, 并彻底清除液体中和容器壁上的气泡;

c. 用无腐蚀作用的洗涤剂擦洗待检水听器表面, 并在液体中至少浸泡 1h, 然后将其悬挂在液柱容器的中心轴上, 悬挂时应避免振动源与待检水听器产生直接振动耦合;

d. 调节水听器在液体中的深度和液柱高度, 使液柱高度 L 和水听器声中心深度 h 达到适当值 (通常取 L=20cm, h=10cm), 并用直尺精确测量, 测量不确定度应不大于 1%。

(2) 振动液柱中声速的测量。

当频率低至可应用式 (5.2.49) 计算水听器灵敏度时, 声速无须测量。但当需应用式 (5.2.48) 计算时, 必须预先测定声速。实际上, 根据式 (5.2.52) 可确定液柱中声速, 但由于公式中参数有误差, 且液柱中的水听器在一定程度上也影响声速, 最终导致声速产生较大误差。因此实际使用中常通过测量 "等效声速" 代替理论声速。测量方法是: 首先通过扫频求出液柱的谐振频率 f_0, 然后由关系式 $L_0 = \lambda_0/4$ 求出此时的波长 λ_0, 最后求得 $c = \lambda_0 f_0$。

(3) 振动加速度的调节和测量。

把加速度计可靠地固定在容器底部中心; 使加速度计与电荷放大器相连接; 根据加速度计的电荷灵敏度, 调节电荷放大器的放大量, 使其灵敏度 M_a 有合适的输出。为了方便测量, 通常调节 1 个重力加速度相应有 0.1V 的输出电压, 即

$M_a=1/9.8\text{V}\cdot\text{s}^2/\text{m}$。把振动加速度调到适当值，用数字电压表测量电荷放大器的输出电压 U_a。

(4) 水听器开路电压的测量。

用数字电压表测量被检水听器位于深度 h 处时的开路电压 U_J。对 U_J 和 U_a 实际测量的是经滤波和放大后的值，但由于 U_a 和 U_J 经同一滤波器和放大器，因此它们的传递系数可不计。

4) 测量数据处理

振动液柱法检定时声压灵敏度级 L_M(单位 dB，基准值：1V/μPa) 为

$$L_M = 20\lg U_J - 20\lg U_a - 20\lg\rho - 20\lg h + 20\lg M_a + 20\lg K - 120 \quad (5.2.53)$$

式中：K 是波动修正因子，$K = \dfrac{kh\cos kL}{\sin kh}$。

我国的国家标准和国家军用标准都规定了用振动液柱法在 20Hz~1kHz 频率范围内，包含因子 $k=2$ 时，标准水听器测量不确定度为 $U=0.6$dB。

5.2.3　比较法计量

1. 自由场比较法

自由场比较法是以已经校准的标准水听器或标准发射器为参考，在自由场条件下进行测量水听器自由场电压灵敏度级检定的方法。在 4.1.6 节中已经介绍，自由场比较法与互易校准法以及其他绝对校准测量方法相比，比较法简单易行，并且可以得到较高的校准精度。我国 JJG2017-2005《水声声压计量器具检定系统表》规定，用本方法检定中频测量水听器的频率范围为 2~200kHz，检定高频测量水听器的频率范围为 0.1~5MHz，不确定度 $U=1.5$dB。

1) 原理和方法

(1) 以标准水听器为参考。

发射换能器 F、标准水听器 P 和待检水听器 X 在自由场条件下先后组合，如图 4.1.11 所示，分别测量 F-P 和 F-X 换能器对的转移阻抗模值 $|Z_{FP}|$ 和 $|Z_{FX}|$。

则在自由场条件下，测量距离 d_{FX} 和 d_{FP} 满足远场要求时，可求得待检水听器的自由场灵敏度 M_X 为

$$M_X = M_P \frac{|Z_{FX}|}{|Z_{FP}|} \cdot \frac{d_{FX}}{d_{FP}} \cdot \frac{I_F'}{I_F} \quad (5.2.54)$$

测量时保持发射换能器激励电流相同，式 (5.2.54) 变为

$$M_X = M_P \frac{U_{FX}}{U_{FP}} \cdot \frac{d_{FX}}{d_{FP}} \quad (5.2.55)$$

据式 (5.2.55) 待检水听器的自由场灵敏度级 (单位 dB) 为

$$L_{M_{\mathrm{X}}} = L_{M_{\mathrm{P}}} + 20\lg U_{\mathrm{FX}} - 20\lg U_{\mathrm{FP}} + 20\lg d_{\mathrm{FX}} - 20\lg d_{\mathrm{FP}} \tag{5.2.56}$$

若测量时确保 $d_{\mathrm{FX}} = d_{\mathrm{FP}}$, 则式 (5.2.56) 可变为

$$L_{M_{\mathrm{X}}} = L_{M_{\mathrm{P}}} + 20\lg U_{\mathrm{FX}} - 20\lg U_{\mathrm{FP}} \tag{5.2.57}$$

在自由场比较法测量中常采用同时比较法和置换比较法这两种技术。同时比较法检定时被测水听器和标准水听器同时置于声场中, d_{FX} 和 d_{FP} 可以相等, 也可以不等, 但通常保持 $I_{\mathrm{F}} = I_{\mathrm{F}}'$。置换比较法又称替代比较法, 标准水听器在测定开路电压后即被取出, 然后把待测水听器置于标准水听器的位置再测量。

(2) 以标准发射换能器为参考。

发送电流响应已知的标准发射换能器 F 与待检水听器 X 按照图 4.1.12 所示的检定原理图组成测量对, 在自由场条件下测量它们的电转移阻抗模 $|Z_{\mathrm{FX}}|$, 依据式 (4.1.41) 则可求得待检水听器的自由场灵敏度级 (单位 dB) 为

$$L_{M_{\mathrm{X}}} = 20\lg|Z_{\mathrm{FX}}| + 20\lg d_{\mathrm{FX}} - 20\lg S_{IF} \tag{5.2.58}$$

两种方法对比可知, 用标准发射器法时标准器只是用一个发射换能器, 测量设备和实施过程都比标准水听器法简单, 但测量结果易受发射器非线性和稳定性的影响, 因此使用时必须按照要求条件严格选择发射器。

2) 检定测量装置

(1) 检定装置组成。

由以上测量原理可知, 无论采用哪一种技术, 主要测量的是发射器与水听器组合对的电转移阻抗模。目前这种测量装置常用的比较典型的组成框图如图 5.2.8 所示。

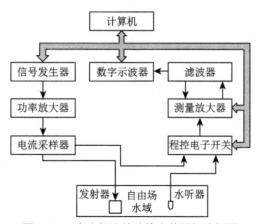

图 5.2.8 自由场比较法检定装置组成框图

整个装置在计算机的控制下产生信号、自动测量和数据处理。信号发生器产生所需频率的信号，通过功率放大器放大后激励发射器发射声波。来自电流采样器的激励电流 I 和水听器开路电压值 U 通过程控电子开关的选择，先后经同样的测量放大器和滤波器后由同一数字示波器测量处理。

(2) 自由声场。

测量所用声场应满足自由场条件，自由场可以采用消声水池、开阔水域 (如海洋、水库等) 或在有限水域中采用正弦脉冲信号等方法获得。在消声水池或开阔水域中采用单频连续信号检定时，需预先检验测量区域内的声场特性与理想自由场的偏差，其偏差应不超过 ±0.5dB。当使用脉冲正弦信号时，在满足边界反射声与直达声不发生干涉的前提下，脉冲宽度应足够宽，要求测量时脉冲声信号至少达到 96% 的稳态值，此时，测量值比实际值最多低 0.4dB。

发射器与水听器声中心之间的距离 d 应足够大，使水听器处于发射器的远场中并能等效接收平面声波。对于比较法检定，d 应满足下列要求：

$$d \geqslant \frac{a_1 + a_2}{2\lambda}, \quad d \geqslant a_1, \quad d \geqslant a_2$$

式中：a_1 是发射器灵敏元件最大尺寸，m；a_2 是水听器灵敏元件最大尺寸，m；λ 是测量频率对应的水中声波波长，m。

d 除满足上述要求外还应满足下列要求，即两者中取较大者。

$$d \geqslant \frac{2L^2}{\lambda}, \quad d \geqslant 2L$$

式中：L 是换能器在垂直于声波传播方向上的最大尺寸，m。

3) 测量步骤与措施

(1) 测量前，发射器和水听器的安装及其表面处理方法与 5.2.1 节自由场互易法校准的步骤和要求相同。

(2) 发射器和水听器用刚性坐标支架固定时，应避免支架引起的声反射和耦合振动的干扰。

(3) 注意检定装置应在同一点接地，避免因多点接地而引入电干扰，如发现有电干扰应设法排除。

(4) 电子仪器提前预热 20min。在开始测量前，首先检查其信噪比，信噪比应不低于 20dB，由此引入的测量误差不超过 ±0.1dB。

(5) 按照图 5.2.8 所示装置测量相应转移阻抗模值或开路电压比值。

4) 测量数据处理

根据所采用的比对技术，把测量值和已知值代入相应的公式，计算被检水听器自由场电压灵敏度级 L_{M_x}。

我国的水声声压检定系统表和相关检定规程都规定了采用自由场比较法在 500Hz~100kHz 频率范围内，包含因子 $k=2$ 时，水听器测量不确定度 $U=1.5$dB。

2. 声压场比较法检定

声压场比较法是在密闭水腔内的声压场中与标准水听器相比较来检定低频测量水听器。我国检定规程 JJG 340-2017 规定了标准水听器密闭腔比较法可应用频率范围为 1Hz~2kHz，但更为实用的是 1Hz~1kHz。我国现已制定了相应的规程。

1) 原理和方法

基本的方法原理与自由场比较法相同。被检水听器和标准水听器置于同一声压场，通过比较在相同声压作用下各自产生的开路电压和标准水听器的灵敏度，从而求定被检水听器的灵敏度。声压场比较法适合于低频水听器的检定，低频段水听器的声压灵敏度与自由场灵敏度相等。如果标准水听器的已知灵敏度为自由场灵敏度，则被检水听器求得的灵敏度也是自由场灵敏度，若已知的是声压灵敏度，则求得的也是声压灵敏度。

(1) 同时比较技术。

在一个尺寸远小于波长、充满液体的刚性密闭腔内，位于密闭腔底部的源换能器 F 在电压 U 的激励下，在腔中形成均匀的声压场，同时位于腔中适当位置的待检水听器 X 和标准水听器 P 在相同声压作用下各自产生开路电压 U_{FX} 和 U_{FP}，则待检水听器的灵敏度级 (单位 dB，基准值：1V/μPa) 可由下式求得

$$L_{M_{\mathrm{X}}} = 20\lg\frac{U_{\mathrm{FX}}}{U_{\mathrm{FP}}} + L_{M_{\mathrm{P}}} \tag{5.2.59}$$

式中：$L_{M_{\mathrm{P}}}$ 是标准水听器的灵敏度级，dB。

(2) 置换比较技术。

当水听器的尺寸较大，或在较高频率处密闭腔的容积太小，不适合用同时比较技术时，可以采用置换比较技术。置换比较技术的原理如图 5.2.9 所示。声源 F 位于密闭腔底部，密闭腔内壁由压电圆管构成，作监测用水听器 H。标准水听器 P 与待检水听器 X 先后放置于腔中同一位置。标准水听器 P 置于腔中时，声源 F 在电压 U 激励下在腔中产生均匀的低频声压，在此声压作用下，H 和 P 分别产生开路电压 U_{FH} 和 U_{FP}；用待检水听器 X 置换标准水听器 P，位于底部的发射器 F 在电压 U 激励下使检测水听器 H 和待检水听器 X 分别产生开路电压 U'_{FH} 和 U_{FX}。于是，待检水听器 X 的灵敏度级可由下式求得

$$L_{M_{\mathrm{X}}} = 20\lg\frac{U_{\mathrm{FH}}}{U_{\mathrm{FP}}} + 20\lg\frac{U_{\mathrm{FX}}}{U'_{\mathrm{FH}}} + L_{M_{\mathrm{P}}} \tag{5.2.60}$$

若在两次测量中保持 $U_{\mathrm{FH}} = U'_{\mathrm{FH}}$，则式 (5.2.60) 可简化成与式 (5.2.59) 相同的形式。

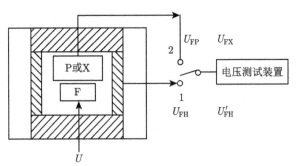

图 5.2.9　密闭腔置换比较技术原理

2) 检定测量装置

(1) 检定测量装置组成。

密闭腔比较法检定装置组成框图如图 5.2.10 所示。整个装置由密闭腔和电子测量仪器两部分组成。电子测量仪器包括程控电子开关、前置放大器、测量放大器和滤波器、数字电压表、频率合成器和功率放大器。若待测水听器和标准水听器都内置前置放大器，则装置中的前置放大器可以省略。测量是在计算机控制下自动进行的。采用同时比较技术时，图中密闭腔内的水听器 A 和 B 分别表示待检水听器和标准水听器；采用置换比较技术时，水听器 A 既表示待检水听器，又表示标准水听器，而水听器 B 表示监测水听器。

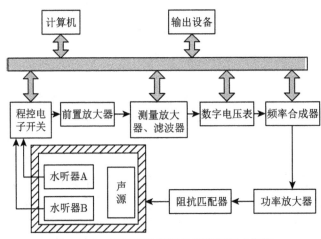

图 5.2.10　密闭腔比较法检定装置组成框图

(2) 密闭腔。

密闭水腔的腔体通常是圆柱形，其上顶、下底和内壁均由硬质材料构成。声源位于腔体底部中心位置，腔体顶盖上部附加一个储水槽。为了避免产生弯曲振动和激发高次谐波，上顶和下底选用具有一定厚度的不锈钢材料。同时比较法的腔体内壁宜采用不锈钢材料，其壁厚与腔体半径之比应不小于 0.2，由于要同时放置标准水听器和待检水听器，因此腔体的内径要略大一些。置换比较法的腔体周壁应为压电陶瓷圆管，其管壁厚度应不小于腔体半径的 0.12 倍。为保证腔内声压不均匀性在 ±0.3dB 以内，内腔最大线性尺寸不大于腔内水中声波波长的十分之一。

3) 测量步骤与措施

(1) 测量前提前 2h 用清洁的蒸馏水充满密闭腔，并在安装水听器前排除水腔内的气泡。

(2) 用无腐蚀作用的洗涤剂清洗标准水听器和待检水听器的工作面，并在水中浸泡至少 1h，然后通过密封连接将其密封固定于水腔内。使用同时比较法时，待检水听器和标准水听器的声中心应尽可能处于同一水平面中。使用置换比较法时，待检水听器与标准水听器的声中心应先后置于圆管形监测水听器中心轴上，两次安装位置尽可能一致。在安装和密封水听器时，须避免带入气泡。

(3) 检查并排除干扰或电串漏，在实际工作状态下检查测量信噪比，其值应不小于 30dB。通过增大声源激励功率、对测量信号进行多次采样平均或应用窄带滤波器等均可提高测量信噪比。

5.3　水声量值的测量

由于水声测量是在满足一定要求的水下声场中实施的，因此有必要进行对水下声场特性的计量。声压和声强是表征水下声场特性的基本量，水下噪声场也是水下声场的重要表现形式。水声换能器是实现水中声能与电能相互转换的器件。当它处于发射状态时称发射换能器，以一定的转换特性向水中发射所要求形状和大小的声波；当它处于接收状态时称接收换能器 (或水听器)，以一定的转换特性接收水中声信号。水声换能器无论用于何处，从本质上讲是产生或接收水声信号的工具，它们的电声转换特性需用一系列电声参数来描述。水声材料构件的声参数测量是掌握其声学性能的重要途径，为控制产品的声学性能和质量提供了保障。

5.3.1　基本水声参量测量

基本水声测量参量有声压、质点振速、声强，虽然水声与超声是两个不同的声学分支学科，但是声波在水中发射和接收的方法相同，不同之处在于频率，水声的应用频率在低频段。为了避免赘述，有关水中声压测量内容参加本书 4.2 节。

1. 水声质点振速测量

质点振速测量有几种方法。在平面波条件下，可以利用单个水听器的声压信号推算水声质点振速，这种测量方法称为单水听器直接测量法；可以利用双水听器的声压信号，通过积分运算得到水声质点振速，这种方法称为双水听器直接测量法；可以利用振速水听器直接实现水声质点振速的测量，这种测量方法称为振速水听器测量法；还可以使用激光测振技术测量水介质的质点振速，这种测量方法称为激光测量法。

1) 单水听器直接测量法

对于在 r 方向传播的平面波，声场中某一点的质点振速与声压有如下关系

$$u_r = \frac{p(t)}{\rho c} \tag{5.3.1}$$

式中：ρ 是介质密度，$\mathrm{kg/m^3}$；c 是声速，$\mathrm{m/s}$；u_r 是质点在 r 方向的瞬时振动速度，$\mathrm{m/s}$；$p(t)$ 是质点处的瞬时声压，Pa。

2) 双水听器直接测量法

在自由声场中，在 r 方向上声场中某一点的质点振速为

$$u_r = -\frac{1}{\rho} \int \frac{\partial p}{\partial r} \mathrm{d}t \tag{5.3.2}$$

在实际的测量中，声场中某一点 C 在 r 方向的声压梯度通常是用在 r 方向上与点 C 非常接近的前后两点 A、B 的声压差除以两点间的距离 Δr 来代替的，这就是所谓的有限差分近似，如图 5.3.1 所示。所以式 (5.3.2) 又可表示为

$$u_r = -\frac{1}{\rho \Delta r} \int (p_B - p_A) \, \mathrm{d}t \tag{5.3.3}$$

式中：p_A 是 A 点的声压，Pa；p_B 是 B 点的声压，Pa；Δr 是 A、B 两点间的距离，m。

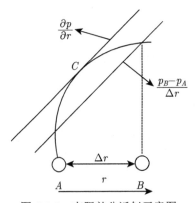

图 5.3.1　有限差分近似示意图

式 (5.3.3) 即为双水听器直接法测量质点振速的基本关系式。

3) 振速水听器测量法

质点振速可以借助于灵敏度值已知的振速水听器进行测量，由它的开路电压值和灵敏度计算声场中的质点振速，即

$$u = \frac{U_G}{M_u} \tag{5.3.4}$$

式中：u 是水听器的介质质点振速，m/s；U_G 是振速水听器的输出开路电压，V；M_u 是振速水听器的振速灵敏度，V·s/m。

振速水听器测量法的特点是测量迅速，设备简单，计算方便，测量信号一般为连续正弦信号或脉冲正弦信号。

4) 激光测量法

采用激光方法进行测量时，首先使激光入射到放置在声场中某点的一透声反光的膜片上。如果膜片厚度远小于声波波长，膜片将跟随周围的水介质作相同的运动。因此，通过激光测量膜片的振速即可直接得到膜片上激光入射点处的水声质点振速 u。

使用激光测振技术测量水声质点振速，可获得较高的测量精度，因此该方法是一种较为先进的方法。由于目前激光测振类仪表已较为成熟，因此利用常规的激光测振仪表便可构成测试系统。由于激光测振仪表对环境振动较为敏感，所以需要对整个测量系统进行隔振处理。

2. 水声声强测量

声强测量有几种方法。在自由场条件下，可以利用单个水听器的声压信号推算水声声强，这种测量方法称为单水听器声压测量法；可以利用双水听器的声压信号，通过积分、平均等运算得到水声声强，这种方法称为双水听器直接测量法；还可以通过双水听器信号互功率谱的计算，实现水声声强的测量，这种测量方法称为双水听器互谱法。

1) 双水听器直接测量法基本原理

在实际的声强测量中，通常也用有限差分近似来得到声场中某点 C 在 r 方向的声压梯度，如图 5.3.1 所示，而声场中某点 C 的声压可近似为 $p = \dfrac{p_A + p_B}{2}$所以，在 r 方向上的平均声强为

$$I_r = \overline{p \cdot u_r} = -\frac{1}{2\rho\Delta r}\overline{(p_A + p_B)\int (p_B - p_A) \cdot \mathrm{d}t} \tag{5.3.5}$$

式 (5.3.5) 即为双水听器直接法测量声强的基本关系式。

2) 双水听器互谱法的基本原理

声强通常指的是其平均值，定义为声场中任意 r 距离点的声压和介质质点振动速度乘积的时间平均，即

$$I_r = \overline{p(t) \cdot u_r(t)} \tag{5.3.6}$$

式中：$p(t)$ 是 r 点的声压，Pa；$u_r(t)$ 是 r 点的介质质点振速，m/s。

声强实际上就是 r 点的声压与质点振速在同一时刻的互相关函数，即

$$I_r = R_{pu_r}(0) = \int_{-\infty}^{+\infty} S_{pu_r}(f) \cdot \mathrm{d}f \tag{5.3.7}$$

式中：R_{pu_r} 是 r 点的声压 p 和质点振速 u_r 的互相关函数；S_{pu_r} 是 r 点的声压 p 和质点振速 u_r 的互功率谱密度。

由此可以得到 r 点的声强谱密度的计算式为

$$I_r = -\frac{1}{\rho\omega\Delta r} \int_{-\infty}^{+\infty} \mathrm{Im}\,[S_{p_A p_B}]\,\mathrm{d}f = -\frac{2}{\rho\omega\Delta r} \int_{0}^{+\infty} \mathrm{Im}\,[S_{p_A p_B}]\,\mathrm{d}f \tag{5.3.8}$$

式中：Δr 是声强探头两水听器之间的距离，m；ω 是信号角频率，rad/s；$\mathrm{Im}[\cdot]$ 是取复函数的虚部；$S_{p_A p_B}$ 是两水听器在声场中 A 和 B 两点测得的声压的互谱密度，其中 A 点的距离为 $r_A = (r - \Delta r/2)$，B 点的距离为 $r_B = (r + \Delta r/2)$。

当 I_r 的代数值为正时，表示声强向量沿 AB 方向；当 I_r 的代数值为负时，表示沿反方向 (BA 方向)，如图 5.3.2 所示。

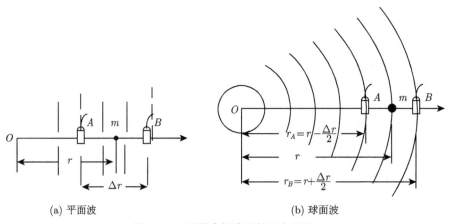

(a) 平面波　　　　　　　　　　　　(b) 球面波

图 5.3.2　测量声场声强的双水听器

5.3.2 水声发射器电声参数测量

1. 等效电阻抗 (电导纳) 测量

换能器电阻抗或电导纳通常是指在换能器电端测得的等效电阻抗或电导纳，它是一个等效电量，并且是复数。对于任何一个电声换能器，在其电路输入端呈现的总等效阻抗 Z 一定含有电阻分量和电抗分量两部分，这两部分既可用串联形式表示，也可用并联形式表示，且可以互换。串联形式的等效阻抗表示式为

$$Z = R_\text{s} + \mathrm{j}X_\text{s} \tag{5.3.9}$$

并联形式的等效导纳表示式为

$$Y = G + \mathrm{j}B = \frac{1}{R_\text{p}} + \frac{1}{\mathrm{j}X_\text{p}} \tag{5.3.10}$$

式中：R_s 是总串联电阻，Ω；X_s 是总串联电抗，Ω；R_p 是总并联电阻，Ω；X_p 是总并联电抗，Ω；G 是换能器的总电导，S；B 是换能器的总电纳，S。

换能器串联形式的分量与并联形式的分量可以相互转换，转换的关系式为

$$\begin{cases} R_\text{s} = \dfrac{1}{1 + R_\text{p}/X_\text{p}} = \dfrac{G}{G^2 + B^2} \\ X_\text{s} = \dfrac{X_\text{p}}{1 + X_\text{p}/R_\text{p}} = -\dfrac{B}{G^2 + B^2} \end{cases} \tag{5.3.11}$$

$$\begin{cases} R_\text{p} = \dfrac{1}{G} = \dfrac{R_\text{s}^2 + X_\text{s}^2}{R_\text{s}} \\ -X_\text{p} = \dfrac{1}{B} = \dfrac{R_\text{s}^2 + X_\text{s}^2}{X_\text{s}} \end{cases} \tag{5.3.12}$$

关于换能器的阻抗测量，分为小信号激励和大信号激励两种情况，测量方法在本书 4.4.1 节中已有详尽的介绍。

2. 换能器发送响应测量

1) 发送电压响应和发送电流响应测量

待测发射换能器 (F) 和标准水听器 (P) 置于自由声场中，用大信号阻抗测量中使用的电压、电流取样办法测量换能器的激励电压幅值 U_F 和激励电流幅值 I_F。测得标准水听器的开路电压 U_FP，由下式计算发送电压响应和发送电流响应为

$$S_V = \frac{\left(\dfrac{U_\text{FP}}{M_0}d\right)}{U_\text{F}} = \frac{U_\text{FP}d}{M_0 U_\text{F}} \tag{5.3.13}$$

$$S_I = \frac{\left(\dfrac{U_{\text{FP}}}{M_0}d\right)}{I_{\text{F}}} = \frac{U_{\text{FP}}d}{M_0 I_{\text{F}}} \tag{5.3.14}$$

式中：M_0 是标准水听器的接收灵敏度，V/Pa；d 是待测发射器和标准水听器声中心之间的距离，m。

为了使用方便,发射换能器的发送响应测量值常用"级"表示。根据式 (5.3.13)，发送电压响应级 (dB, 基准值为 $1\mu\text{Pa·m/V}$) 的计算式为

$$L_{S_V} = 20\lg U_{\text{FP}} - 20\lg M_0 + 20\lg d - 20\lg U_{\text{F}} \tag{5.3.15}$$

根据式 (5.3.14)，发送电流响应级 (dB, 基准值为 $1\mu\text{Pa·m/A}$) 的计算式为

$$L_{S_I} = 20\lg U_{\text{FP}} - 20\lg M_0 + 20\lg d - 20\lg I_{\text{F}} \tag{5.3.16}$$

式中：U_{F} 是换能器激励电压的有效值，V；U_{FP} 是标准水听器接收开路电压，V；M_0 是标准水听器自由场电压灵敏度，V/Pa；I_{F} 是激励电流的有效值，A；d 是测试距离，m。

2) 发送功率响应测量

测量待测发声换能器的激励电压、激励电流及它们之间的相位差，由此求出电功率 W_e；测量标准水听器开路电压 U_{FP}，求出发射声压。由下式计算发送功率响应

$$S_W = \frac{U_{\text{FP}}^2 d^2}{M_0^2 W_e} \tag{5.3.17}$$

根据式 (5.3.17)，发送功率响应级 (dB, $1\mu\text{Pa}^2\cdot\text{m}^2/\text{W}$) 的计算式为

$$L_{S_W} = 20\lg U_{\text{FP}} - 20\lg M_0 + 20\lg d - 10\lg W_e \tag{5.3.18}$$

3. 声源级测量

待测发射换能器 F 和标准水听器 P 置于自由声场中，激励发射换能器发射，测得标准水听器的开路电压 U_{FP}，由下式计算声源级 (dB, 基准值为 $1\mu\text{Pa·m}$) 为

$$L_{S_p} = 20\lg U_{\text{FP}} - 20\lg M_0 + 20\lg d + 120 \tag{5.3.19}$$

4. 非线性测量

发射换能器的非线性只有在大信号激励下才会出现，在大信号激励下，发射换能器的介电性、机电转换与机械性能都将超出常规变化范围。在大信号工作状态下，发射换能器与其辐射面所接触的水介质的声学性能也要发生变化，将破坏发射换能器输出信号幅度与输入信号幅度成正比的关系，即输出量与输入量之比不再是常数。

发射换能器的输入量是电压 (电流) 级或电功率级, 它的输出量是声压级。因此, 只要测量出激励电压 (电流) 级与输出声压级之间的关系曲线或输入电功率级与声压级的关系曲线, 就可以知道发射换能器的线性变化范围或非线性的程度。由于发射换能器的阻抗随电激励级而变化, 因此用激励电压级和输入电功率级测出的非线性程度往往不一致。通常是在直角坐标中把输入电压 (或电流) 级作横坐标, 把输出声源声压级作纵坐标画出关系曲线, 将其直线部分作为线性区, 将其他部分看作非线性区。

5. 输入电功率、输出声功率和电声效率测量

1) 输入电功率测量

换能器的输入电功率就是换能器输入阻抗 (或导纳) 的有功分量所消耗的电功率。所以, 只要测出换能器的输入电阻抗 (包括等效并联电阻 R_{TP} 和等效串联电阻 R_{TS}) 和加在换能器上的激励电压 U_F 或激励电流 I_F 就可以求出输入电功率。发射换能器通常都工作在机械谐振频率上, 此时动生阻抗为纯电阻。但换能器总存在阻挡阻抗, 压电换能器的阻挡阻抗呈电容性, 电动换能器的呈感性, 所以换能器的激励电压和激励电流存在相位差, 因此输入电功率为

$$W_e = U_F I_F \cos\varphi = \frac{U_F^2}{R_{TP}} = I_F^2 R_{TS} \tag{5.3.20}$$

式中: U_F 是换能器激励电压的有效值, V; I_F 是激励电流的有效值, A; $\cos\varphi$ 是换能器输入电功率的功率因子; φ 是激励电压和激励电流间的相位差, (°); R_{TP} 是换能器输入总阻抗的并联电阻, Ω; R_{TS} 是换能器输入总阻抗的串联电阻分量, Ω。

对材料构建进行声参数测量, 在于掌握所用材料或构件的声学特性, 从而达到设计和控制声学器件的声学功能目标。

2) 输出声功率测量

换能器辐射声功率不是直接测量的量, 而是一个导出量。按定义, 输出声功率可通过测量发射换能器在远场某距离 d 处声轴方向上的声压及它的指向性因数而求得。声功率 W_a 的计算公式为

$$W_a = \frac{4\pi d^2}{R_\theta} \frac{p_d^2}{\rho c} \tag{5.3.21}$$

式中: p_d 是离发射换能器有效声中心 d 米处 (远场) 的辐射声压, Pa; R_θ 是发射换能器的指向性因数; d 是测试距离, m; ρ 是水的密度, kg/m³; c 是水中自由场声速, m/s。

当 $\rho = 988\text{kg/m}^3$, $c = 1482\text{m/s}$ 时, 声功率级为

$$L_{W_a} = L_p - D_I + 20\lg d - 50.7 \tag{5.3.22}$$

式中：L_p 是离发射换能器有效声中心 d 米处 (远场) 的辐射声压级，dB；D_I 是发射换能器的指向性指数。

3) 电声效率的测量

测得换能器的输入电功率和导出输出声功率后，就可根据定义得到发射换能器的电声效率：

$$\eta_{ea} = \frac{W_a}{W_e} \times 100\% \tag{5.3.23}$$

式中：W_a 是输出声功率，W；W_e 是输入电功率，W。

6. 发射指向性测量

一个声发射器，当它的线度与它所在介质中的声波波长可以相比时，它发射的声能将集中在某些方向上，也就是说发射器具有了指向性。所谓发射指向性就是发射换能器的发送响应随发送声波方向变化的特性。

1) 指向性图

指向性图是用于描述换能器指向性的图形，可以非常直观地表示换能器的指向特性，指向性图通常要作归一化处理，将声轴上的发送响应值设定为 1dB 或 0dB，再将任意方向上的发送响应 (或灵敏度) 值与声轴方向的发送响应 (或灵敏度) 值相比。所以，在归一化指向性图上，除轴向值为 1 外，其他方向均为小于 1 的值或负分贝值。

指向性图实际是一个三维空间图。由于实际使用的指向性图大多是特定平面上的指向性图，所以换能器的指向性常用二维极坐标图表示，如包括声轴在内的水平指向性图、包括声轴在内的垂直指向性图或包括声轴在内的其他指定平面中的指向性图。

在水声换能器测量中，换能器的取向采用左旋极坐标系，坐标系原点放在换能器的等效声中心上，以该点为测量距离的起点。指向性图测量时，使换能器通过该点绕某一轴旋转。

人们习惯用极坐标形式表示指向性图，如图 5.3.3 所示。但对于大尺寸的基阵或高指向旁瓣的指向性图，也常用分辨力比较高的直角坐标表示，一般 x 轴为角度量，y 轴为归一化的幅度量，幅度量可以用线性刻度，也可以用分贝刻度，如图 5.3.4 所示。

2) 波束宽度与旁瓣级

在工程应用中换能器的指向特性通常用波束宽度和最大旁瓣级表示。波束宽度是指换能器在给定频率下在含有主轴的平面内的波束，其角偏向损失为某一指定值时所对应的两个方向的夹角 (2θ)。角偏向损失的指定值通常取 3dB、6dB 或 10dB，相应地波束宽度常用 $2\theta_{-3dB}$、$2\theta_{-6dB}$ 或 $2\theta_{-10dB}$ 表示。波束宽度的一半称为半波束宽度，如 $\theta_{-3\mathrm{dB}}$，最大旁瓣级是换能器指向性图中最大旁瓣 (通常是第一旁瓣) 的声压级。

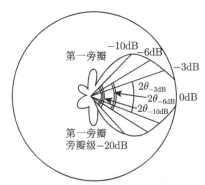

图 5.3.3　极坐标形式的指向性图案

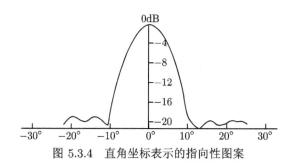

图 5.3.4　直角坐标表示的指向性图案

3) 指向性图测量

发送指向性图是换能器的远场特性，是换能器辐射面各部分振动的相位和幅度在远场相互干涉的结果 (这种干涉称为夫琅禾费衍射)。因此，用常规方法测量指向性时一定要在自由场远场条件下进行。测试距离不仅要满足远场条件，而且还要满足纵向声压均匀的要求，因此指向性图测量时对距离要求更苛刻。指向性图测量中，为了准确测出高信号级 (在声轴方向) 和低信号级 (在旁瓣方向) 的差，还要求测量系统有足够的信噪比和大的动态范围。

换能器发射指向性测量原理如图 5.3.5 所示。图中 F 是发射换能器，P 是接收水听器，它们处于水面下同一深度上；d 是测试距离；U_{F} 是 F 的激励电压，U_{FP} 是水听器的开路电压。在垂直角 $\theta = 0$ 的情况下，旋转改变水平角 φ，得到不同 φ 角所对应的 U_{FP}，即发射器的水平指向性图案。在水平角 $\varphi = 0$ 的情况下，旋转改变垂直角 θ，得到不同 θ 角所对应的 U_{FP}，即发射器的垂直指向性图案。

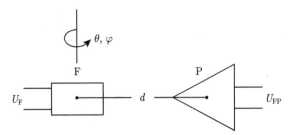

图 5.3.5   换能器发射指向性测量原理图

5.3.3   水声接收器电声参数测量

1. 加速度灵敏度测量

在现代声呐中为了提高声呐总体性能,除通过增大水下声系统孔径提高它的空间增益以外,一般还通过改善信号处理和水听器接收特性以降低本舰噪声干扰。因此,新型声呐一般都要求水听器具有抗震、抗加速度、抗自身干扰的能力,以便提高信噪比,提高探测能力。舰船在运动中使水听器产生加速度,这种加速度对水听器接收有用的声信号起干扰作用。所谓抗加速度就是使水听器只对声信号灵敏,而对加速度信号不灵敏,这是随着近代低频声呐的发展而提出的一个新的重要的电声指标。为了检查水听器对加速度信号的灵敏度,必须对水听器的加速度灵敏度进行测量。

水听器加速度灵敏度定义为在某一方向做加速度运动的水听器的开路电压 U_a 与该方向上的加速度 a 之比,单位为 $\mathrm{V \cdot s^2/m}$。它的数学表达式为

$$M_a = \frac{U_a}{a} \tag{5.3.24}$$

或用分贝表示为加速度灵敏度级,则为

$$L_{M_a} = 20 \lg \frac{M_a}{M_{ar}} \tag{5.3.25}$$

式中: M_{ar} 是加速度灵敏度参考值,通常 $M_{ar} = 1\mathrm{V \cdot s^2/m}$。

在所要求频率下校准水听器加速度灵敏度时,需要独立测量两个量,一个是被校水听器承受的振动加速度 a,另一个是它受到振动加速度激励而产生的开路输出电压 U_a。测量振动加速度的方法有两种,一种是用标准加速度计测量,另一种是用激光测振仪测量。

1) 标准加速度计测量法

用标准加速度计测量加速度时是把标准加速度计和被校水听器一同固定在振动台台面上,被校水听器承受的振动加速度由台面上的标准加速度计给出。被校

水听器的加速度灵敏度可以根据测得的开路电压算出，计算公式为

$$M_a = \frac{U_a}{U_0} M_{a0} \qquad (5.3.26)$$

或用级表示

$$L_{M_a} = 20 \lg \frac{U_a}{U_0} + 20 \lg M_{a0} \qquad (5.3.27)$$

式中：U_a 是被校水听器的开路电压，V；U_0 是标准加速度计放大器的输出电压，V；M_{a0} 是标准加速度计 (包含加速度计放大器) 的电压灵敏度，V·s^2/m。

2) 激光测振仪测量法

用激光测振仪直接测量水听器所承受的振动加速度。测量时把激光束聚焦于振动着的水听器上，由激光测振仪直接读出水听器的振动加速度，同时读取水听器的开路电压，则水听器的加速度灵敏度级的计算公式为

$$L_{M_a} = 20 \lg U_a - 20 \lg a \qquad (5.3.28)$$

式中：U_a 是被校水听器的开路电压，V；a 是激光测振仪测出的振动加速度值，m/s^2。

2. 相位一致性测量

水听器相位一致性测量是将水听器放在同一声场中，通过测量水听器输出电压的相位差而实现的。对于尺寸比较小的水听器，低频的相位一致性测量可以在小容器中进行；对于尺寸较大、频率较高的水听器，相位一致性测量需要在消声水池中或水库等开阔水域中的自由声场条件下进行。

1) 低频水听器相位一致性测量

把待测水听器同时或先后放在相同声场条件的容器中，容器的尺寸远小于声波的波长。以激励电信号作为参考信号，分别测出第 i 个和第 j 个水听器输出开路电压与激励电信号的相位差 φ_i、φ_j，则两个水听器之间的相位差为

$$\varphi_{ij} = \varphi_i - \varphi_j \qquad (5.3.29)$$

式中：φ_{ij} 是两个水听器的相位差，(°)；φ_i 是第 i 个水听器的输出电压与参考电信号的相位差，(°)；φ_j 是第 j 个水听器的输出电压与参考电信号的相位差，(°)。

此方法适用 1kHz 以下的频率范围。

2) 较高频水听器相位一致性测量

测量时需要两个辅助换能器，一个是性能稳定的发射器 F，另一个是性能稳定的标准水听器 J_0。在有条件形成自由场的室内水池或湖上试验场测量。把待测水听器 J_i 或 J_j 与标准水听器 J_0 同时放在发射器 F 激励的声场中接收声压，测

量它们与标准水听器输出开路电压的相位差。相位差由两部分组成：一是声场中不同位置的传播相位差，二是水听器自身的起始位差。测量时严格保持发射器、标准水听器与待测水听器的位置不变，每次测出一个待测水听器与标准水听器的相位差 φ_i 或 φ_j。两个被测水听器的相位一致性同样由式 (5.3.29) 求得，注意两相位差相减后已消去传播相位差。此方法适合几十千赫以下的同类型水听器的相位一致性测量。

3. 等效噪声压测量

水听器的动态范围为过载声压级与等效噪声压级之差。过载声压级是水听器线性工作区的上限声压级，等效噪声压级是水听器线性工作区的下限声压级。因此水听器的等效噪声压级决定了水听器的最小可检测声压级。仅有灵敏元件的水听器其等效噪声压是很小的，一般都可以忽略，但对于还带前置放大器的水听器，等效噪声压的影响就比较显著了。

水听器的等效噪声压定义为沿水听器主轴方向传播的平面正弦行波入射到水听器使其产生的开路电压等于水听器 1Hz 带宽固有噪声电压时的入射平面波声压，用公式表示为

$$p = \frac{U_s}{M} \tag{5.3.30}$$

式中：p 是水听器的等效噪声压 (带宽 1Hz)，Pa；U_s 是水听器电缆末端的 1Hz 带宽的开路噪声电压，V；M 是水听器自由场灵敏度，V/Pa。

等效噪声压的分贝值即为水听器的等效噪声压谱级

$$L_{ps} = 20 \lg U_s - 20 \lg M - 20 \lg p_0 \tag{5.3.31}$$

式中：p_0 是噪声声压的基准值，等于 1μPa。

因为 1Hz 带宽的噪声电压不能直接测出，实际测量的是带宽为 Δf 的水听器固有噪声的均方电压 U。假设水听器或水听器系统的自噪声主要是热噪声，在 Δf 带宽内可认为频谱均匀，因此 1Hz 带宽内的固有噪声电压的均方值为

$$U_s^2 = \frac{U^2}{\Delta f}$$

于是，等效噪声压谱级为

$$L_{ps} = 20 \lg U - 20 \lg M - 20 \lg p_0 - 10 \lg \Delta f \tag{5.3.32}$$

式中：U 是实测带宽 Δf 中的有效值电压，V；M 是水听器自由场灵敏度，V/Pa；Δf 是有效值电压的测量带宽，Hz。

4. 接收指向性测量

一般换能器都是互易的，根据互易原理可以证明换能器的接收指向性图与发射指向性图是相同的。但它们的物理意义不同，发射指向性图是表示发射换能器向各个方向发射的声能随发射方向变化的曲线图，接收指向性图是表示接收换能器自由场灵敏度随入射声波方向变化的曲线图。

接收指向性测量原理如图 5.3.6 所示。图中 F 是发射器，P 是接收水听器，它们处于水面下同一深度上；d 是测试距离；U_F 是 F 的激励电压，U_{FP} 是水听器的开路电压。在垂直角 $\theta = 0$ 的情况下，旋转改变水平角 φ，得到不同 φ 角所对应的 U_{FP}，即接收水听器的水平指向性图案。在水平角 $\varphi = 0$ 的情况下，旋转改变垂直角 θ，得到不同 θ 角所对应的 U_{FP}，即接收水听器的垂直指向性图案。

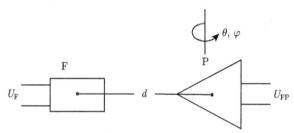

图 5.3.6　换能器接收指向性测量原理图

5.3.4　水声材料构件声参数测量

用不同材料制成部件或零件后，并在系统中加以使用时，这种制成的器件称为材料构件。材料是指未经加工的各种物质 (如橡胶、塑料、木材、泥土、油等) 的本体，其形状和尺寸为任意的自然形态，构件则是根据需要经加工而成的器件，具有一定的形状和尺寸。

水声材料构件是指在水声系统或其他水声技术中使用的合乎各种声学功能要求的器件，如吸声器、反射器、透声窗 (包括声呐罩和声透镜) 以及 (声) 去耦器 (包括声障板) 等。这些器件可与其他声学器件构成一体完成某种功能，但也可以作为一个独立的声学器件工作。对材料构建进行声参数测量，在于掌握所用材料或构件的声学特性，从而达到设计和控制声学器件的声学功能目标。

1. 纵波声速和衰减系数测量

国内外对水声材料纵波参数的测量大多用管测法。通常可以建立两种管测设施，一种是脉冲管，另一种是驻波管。由于这两种管子都是通过测量管中材料表面复反射系数来确定材料的输入阻抗，所以有时也称它们为阻抗管。

1) 脉冲管测量法

脉冲管实际就是一根能传输声波的管子，通常由钢制成，管内充满水，一端装有一个发收两用的换能器，换能器向管中发送声波，声波沿着管子长度方向传播。为使管中形成行波场，换能器工作在脉冲状态，故称其为脉冲管，如图 5.3.7 所示。

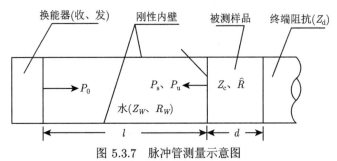

图 5.3.7   脉冲管测量示意图

当管中传播平面波时，有关系式

$$\mathrm{j}\frac{\coth\left(\alpha d+\mathrm{j}\omega d/c\right)}{\alpha d+\mathrm{j}\omega d/c}=\frac{\rho_\omega c_\omega}{\omega\rho d}\frac{1+R\cdot\exp\left(\mathrm{j}\varphi\right)}{1-R\cdot\exp\left(\mathrm{j}\varphi\right)} \tag{5.3.33}$$

若终端具有声软阻抗，即空气背衬，有关系式

$$\mathrm{j}\frac{\tanh\left(\alpha d+\mathrm{j}\omega d/c\right)}{\alpha d+\mathrm{j}\omega d/c}=\frac{\rho_\omega c_\omega}{\omega\rho d}\frac{1+R\cdot\exp\left(\mathrm{j}\varphi\right)}{1-R\cdot\exp\left(\mathrm{j}\varphi\right)} \tag{5.3.34}$$

式中：c 是材料的声速，m/s；α 是材料的衰减系数，dB/m；d 是材料样品的厚度，m；ρ_ω 是管中水的密度，kg/m³；c_ω 是管中水的声速，m/s；ω 是圆频率，$\omega=2\pi f$，其中 f 为工作频率，Hz；ρ 是材料的密度，kg/m³；R 是材料样品的反射系数的模，无量纲；φ 是材料样品反射系数的相角，(°)。

以上参数除 c 和 α 以外都是可测的量和已知量。所以只要测定了上式右端各量的值，就可以算出纵波声速和衰减系数。具体而言，式 (5.3.33) 和式 (5.3.34) 右端的反射系数 R 和相角 φ 可以测量，而其他各量为已知，只要从方程中解出 α 和 c 值，即得到了纵波衰减系数 α_l 和声速 c_l 的量值。

2) 驻波管测量法

驻波管测量法与脉冲管测量法的原理基本相同，也是通过测量管中试样的复反射系数来确定试样的输入阻抗，进而计算样品材料的纵波声学参数。

显然，前面对脉冲管导出计算公式 (5.3.33) 和式 (5.3.34) 的所有理论全部适用于驻波管。它们之间的差别仅在于驻波管的发射换能器工作在连续发射状态，在管中形成驻波，而不是行波。因此，试样反射系数的测量与脉冲管不同。

2. 插入损失和回声降低测量

对于水声无源材料的构件 (或部件)，人们主要关心的不是材料本身的特征参数，而是构件的功能特性参数，即入射到构件上的声能有多少被反射，有多少被吸收，又有多少透过了构件。无论哪种类型的构件，都可以用声压透射系数 τ_p 和声压反射系数 r_p 来评定其功能的优劣，通常以分贝表示的插入损失 I_L 和回声降低 E_r 两个参数来评定构件的功能。

I_L 是对在声源和接收器间插入一种无源材料或构件后的接收信号级相对插入前信号级降低 (或损失) 程度的一种度量，主要用于描述透声窗、声呐罩和声障板等构件或材料的性能。E_r 是对声波被材料或构件反射的声压级相对入射声压级降低程度的一种度量，主要用来描述声反射器和声吸收器 (或消声覆盖层) 的性能。

I_L 和 E_r 可在脉冲管中测量，也可在开阔的自由空间测量。用脉冲管可以测量小样品，测量方便，能确定静水压对 I_L 和 E_r 的影响，并且不存在边缘绕射的干扰，但只能测定垂直入射下的值。在开阔水域中测量，可以使用大尺寸样品，既能测量垂直入射下的值，又能测量它们同入射角的关系。

各种水声材料构件在完成各自功能时必须满足一定的声学技术要求。对不同的材料构件有不同的要求，以下是对几种主要构件的理想要求：

(1) 声波全部都能透射过透声窗 (声透镜)；

(2) 声波全部不能透过声去耦器 (声障板)；

(3) 声波全部被声反射器反射；

(4) 声波全部被水声吸声器吸收。

通常是将构件或材料的样品浸在水中测量它们的透过和反射声波的百分比来评价是否满足上述要求。评价的参量主要有两个，分别称之为插入损失和回声降低。根据定义，它们可用下式表示

$$I_L = 20 \lg \left| \frac{p_{\mathrm{i}}}{p_{\mathrm{t}}} \right| = 20 \lg |1/\tau_p| \tag{5.3.35}$$

$$E_{\mathrm{r}} = 20 \lg \left| \frac{p_{\mathrm{i}}}{p_{\mathrm{r}}} \right| = 20 \lg |1/r_p| \tag{5.3.36}$$

式中：p_{i} 是入射声压，Pa；p_{t} 是透射声压，Pa；p_{r} 是反射声压，Pa；τ_p 是声压透射系数幅值 (无量纲)；r_p 是声压反射系数幅值 (无量纲)。

这两个参量习惯用正分贝值表示。它们分别与声压的透射系数和反射系数等效。插入损失为零分贝值时，置于声源与接收器之间的无源声学构件形同虚设，相应的透射系数为 100%，回声降低为无穷大，反射系数为 0。

显然，水声构件的性能主要由材料决定，实际上构件的功能特性与材料的物理参数存在内在联系。从声学角度看，密度、声速和衰减系数 α 是与材料声学特性有关的三个基本物理参数。

1) 构件小样品脉冲管测量法

由 I_L 和 E_r 的定义可知，只要测得声压透射系数 τ_p 和声压反射系数 r_p 就能求得它们的值。被测系统 (试样) 在脉冲管中的布置如图 5.3.8 所示。在这种布置下，各界面上的声压可以区分开，图中 $p_t = \tau_p p_i$ 为试样的透射声压，$p_r = r_p p_i$ 为试样的反射声压，而 $p'_t = \tau_p^2 p_i$ 为正反两次透过样品的声压，因此有

$$20 \lg(1/\tau_p^2) = 20 \lg(p_i/p'_t) = \alpha_i - \alpha'_t$$

亦即

$$I_L = (\alpha_i - \alpha'_t)/2 \tag{5.3.37}$$

式中：α_i 是与入射脉冲幅值相对应的衰减器的读数，dB；α'_t 是与两次透过样品的脉冲幅值相对应的衰减器的读数，dB。

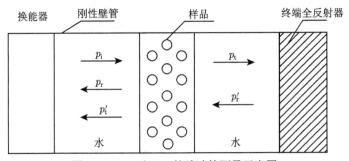

图 5.3.8 I_L 和 E_r 的脉冲管测量示意图

同样，可得

$$E_r = 20 \lg(1/r_p) = 20 \lg(p_i/p_r) = \alpha_i - \alpha_r \tag{5.3.38}$$

式中：α_i 是与入射脉冲幅值相对应的衰减器的读数，dB；α_r 是与反射脉冲幅值相对应的衰减器的读数，dB；

应当注意，式 (5.3.37) 和式 (5.3.38) 的导出假定了脉冲管中各界面反射脉冲的声程差对脉冲幅值的影响可以忽略不计，这个假设对平面波脉冲声管来说是正确的。

2) 构件大样品的开阔水域测量法

在开阔的自由场水域中测量 I_L 和 E_r，有垂直入射和非垂直入射两种情况。在这里仅论述垂直入射的情形。

在垂直入射情况下测量 I_L 和 E_r 的布置如图 5.3.9 所示。这时与脉冲管情况的差别在于收发换能器是分开的,即 E_r 在 A 点测量,I_L 在 B 点测量。为了方便测量,在开阔的自由场水域通常使用的发射换能器类同于球面声源。因而在自由场的远场区,可将小范围的球面波视为平面波。因此,当接收水听器的尺寸足够小,并使其置于声场的远场区时,前面在平面波条件下定义的 I_L 和 E_r 在此仍然适用。

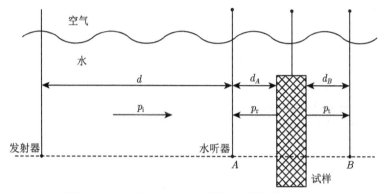

图 5.3.9 I_L 和 E_r 垂直入射情况下的测量示意图

根据球面波声压与传播距离成反比,可得

$$20\lg(p_1/p_2) = 20\lg(p_i d_1/\tau_p p_i d_2) \tag{5.3.39}$$

式中:p_1 是无样品时在 B 点测得的直达声压,Pa;p_2 是有样品时在 B 点测得的直达声压,Pa;d_1 是测量 p_1 时,发射器与测点 B 的距离,m;d_2 是测量 p_2 时,发射器与测点 B 的距离,m。

当 $d_1 = d_2$ 时,上式可改写成

$$20\lg(p_1/p_2) = 20\lg(1/\tau_p) \tag{5.3.40}$$

即

$$I_L = \alpha_d - \alpha_t \tag{5.3.41}$$

式中:α_d 是无样品时在 B 点测量直达声脉冲所得到的衰减器读数,dB;α_t 是有样品时在 B 点测量直达声脉冲所得到的衰减器读数,dB。

关于 E_r 需要在 A 点测量。在 A 点应当有

$$20\lg(p_1/p_2) = 20\lg(p_i d_1/r_p p_i d_2) \tag{5.3.42}$$

式中:p_1 是在测点 A 测得的发射器直达声脉冲幅度,Pa;p_2 是入射声经过 A 点传至样品并由样品表面反射至 A 点的反射脉冲幅度,Pa;d_1 是发射器至 A 点的距离,m;d_2 是与声脉冲 p_2 对应的传播路程,m。

对应图 5.3.8 中的符号, 有 $d_1 = d$, $d_2 = d + 2d_A$, 所以有

$$20\lg(p_1/p_2) = 20\lg(1/r_p) + 20\lg[d/(d + 2d_A)] \tag{5.3.43}$$

亦即

$$E_r = \alpha_d - \alpha_r + 20\lg[d/(d + 2d_A)] \tag{5.3.44}$$

因此, 只要测得与直达脉冲、反射脉冲和透射脉冲对应的衰减值 α_d, α_r 和 α_t 以及距离 d 和 d_A 就能用式 (5.3.41) 和式 (5.3.44) 计算出被测样品的 I_L 和 E_r 值。

3. 吸声系数测量

一般说来, 材料吸声性能的测量技术比较成熟。吸声材料的吸声系数是材料的固有特性, 而吸声构件的吸声系数除与材料固有特性有关外, 还与构件尺寸和形状有关。通常只要知道材料的吸声系数, 就可根据构件的厚度大致估算出吸声构件的吸声系数。

在水声中, 很少直接使用均匀吸声材料, 而是以各种不同结构形式构成器件加以使用。实际中常用的结构形式有共振结构、尖劈、尖锥结构以及平行板结构等。对于吸声构件而言, 其回声降低的值越大, 吸声性能越好。由于器件结构一般是非均匀和不对称的, 插入损失和回声降低应予以重新定义, 所以比较可靠的测量办法是直接测量吸声构件的吸声系数。其测量原理如下:

当声波以能量 W_0 入射到吸声构件时, 一部分声能 W_r 被构件表面反射, 另一部分声能 W_α 被构件本身吸收, 其余的声能 W_t 则透过构件。按照能量守恒原理有

$$W_r + W_\alpha + W_t = W_0 \tag{5.3.45}$$

由式 (5.3.45) 可以得出

$$r + \alpha + \tau = 1 \tag{5.3.46}$$

式中: $r = W_r/W_0$ 是构件的声能反射系数; $\alpha = W_\alpha/W_0$ 是构件的吸声系数; $\tau = W_t/W_0$ 是构件的声能透射系数。

式 (5.3.46) 可改写成

$$\alpha = 1 - r - \tau \tag{5.3.47}$$

如果构件没有声能透射, 即 $\tau = 0$, 即有

$$\alpha = 1 - r = 1 - r_{pA}^2 \tag{5.3.48}$$

由式 (5.3.48) 可知, 只要测得吸声结构和负载组件的声压反射系数 r_{pA}, 就可求出构件的吸声系数 (注: 这里对构件使用 r_{pA}, 以区别于材料层的 r_p)。

测量吸声构件的声压反射系数通常使用两种方法：一种是从大面积吸声构件上切割出一块小试样，用前面所述的脉冲管测量；另一种是在开阔水域的自由场中对大面积构件直接测量。前一种方法与硬声末端和软声末端的两种复反射系数幅值的测量方法完全相同，亦即将吸声结构置于脉冲管的管端，在构件后面建立硬声或软声负载条件，然后测量该组件反射系数的幅值 (不需要测量反射系数的相位)，再用式 (5.3.48) 计算构件的吸声系数。

直接测量大面积吸声构件吸声系数的方法与构件回声降低的自由场开阔水域测量方法相类似，所用仪器也完全相同。通常被测构件的横向线度应至少等于下限工作频率对应波长的 5 倍。其他方面的要求在此完全适用。

大面积吸声构件自由场测量布置图如图 5.3.10 所示。测量时吸声构件和全反射器的组件固定在可转动和升降的支架上，发射器应当用定向声源。

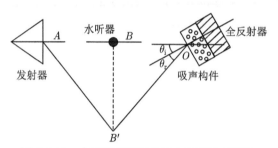

图 5.3.10   大面积吸声构件自由场测量布置图

测量垂直入射下 ($\theta_i = \theta_r = 0$) 的吸声系数时，水听器置于轴线 AO 的 B 点，使吸声构件面对发射器，先测出该组件的反射声压相对幅值 (p_{rs}) 对应的衰减器读数 α_{rs}，然后将组件转动 $180°$，使全反射器对准发射器，再测出反射声压相对幅值 ($p_{r()}$) 对应的衰减器读数 $\alpha_{r()}$，最后用下式计算吸声构件的回声降低：

$$E_{rs} = \alpha_{r()} - \alpha_{rs} \tag{5.3.49}$$

吸声构件的性能通常直接用回声降低 E_{rs} 来评价，而不是用测得的 E_{rs} 计算 r_{pA}，再按公式算出吸声系数。这是因为式 (5.3.49) 与式 (5.3.48) 之间存在一一对应关系，$E_{rs} = 20\mathrm{dB}$ 相当于 $\alpha = 99\%$，而 $10\mathrm{dB}$ 的回声降低相当于构件吸声系数为 90%。通常 r_{pA} 又称为消声系数，并用 A 表示。

评价构件吸声系数对声波入射角的响应时，可按图 5.3.9 进行布置，将样品转动一个角度 θ_i，然后将水听器移至 B' 处，使 $\theta_i = \theta_r$，然后在等间隔 φ 的入射角下测量 E_{rs}。水听器的移动距离用下式决定：

$$BB' = \frac{AO}{2}\tan 2\theta_i \tag{5.3.50}$$

式中：AO 是发射器表面与样品表面间的距离，m。

　　要想获得尽可能宽的入射角响应，应将测量组件放在开阔水域的中心。但入射角不可能任意增大，因为入射角 θ_i 很大时，组件的反射脉冲同声源到水听器的直达脉冲的程差较小，它们将不再分开，而互相重叠，直至完全叠加，使测量无法进行。因此，为使示波器上有较好的脉冲图案，水听器最好放置在发射器和组件中心连线的中点。

　　组件中的全反射器可以是空气垫子，也可以是厚钢板。但不管哪种类型，都必须使它们的反射信号的幅值接近单位值，接近的程度由吸声系数的测量不确定度要求来确定。

　　对于谐振式吸声构件的测量，应特别注意旁频的影响。谐振式吸声结构类似于谐波滤波器，在谐振频率上，脉冲基频或载频分量的衰减大，而旁频分量衰减小，因而基频的高回声降低将被旁频的低回声降低淹没。这会给测量结果带来误差。要想降低这种误差，可以使水听器的输出通过一个窄带波形分析器，消除旁频的影响。

思　考　题

1. 使用水听器测量水声场时，为什么测量前要将水听器在液体中浸泡一段时间？
2. 水声计量常用的声场设施有哪些？
3. 为什么说水声标准器是水声计量中不可缺少的器具？
4. 水声质点振速测量有哪些方法？
5. 水声声强测量有哪些方法？简述用双水听器测量声强的原理。
6. 如何测量换能器的发送响应？
7. 简述发射换能器的非线性。
8. 如何测量换能器的发射指向性？
9. 水听器的等效噪声压是什么？
10. 如何测量换能器的接收指向性？
11. 水声材料构件是什么？
12. 水声材料纵波声速和衰减系数如何测量？
13. 根据插入损失和回声降低的定义，简述它们的物理意义。
14. 吸声构件和吸声材料的吸声系数的区别是什么？
15. 声呐罩是什么？评价其性能参数主要有哪些？

第 6 章　测量不确定度与评定

6.1　测量不确定度的意义

　　任何事物都是由一定的"量"组成的，并通过它来体现。要认识量并确切地获知量的大小，只有通过测量。人类在生产、研究、贸易和生活等各项实践中，需要不断进行测量，通过测量认识观测对象。想要正确地认识和使用观测对象，关键的前提条件是测量获得的结果必须可靠。

　　随着测量不确定度的定义、评定方法的改进与完善，测量不确定度已成为当前国际上评价测量结果的约定指标。测量不确定度的使用使不同国家和地区的生产、研究、贸易和生活等各领域在评价测量结果时有了一致的方法，从而方便了理解、交流和比对，对促进国际交流、多边合作及推动科技进步具有重要意义。

6.1.1　测量不确定度的概念

　　测量不确定度简称不确定度，测量不仅包括实际测量得到的测量值还包括在相同的测量方法下其他测量的可能测得值。由于测量存在不完善，因此"许多"这样的测得值以一定的概率分布在某个区间内。这种分散性既有由随机效应引起的，也有由系统效应引起的。"被测量量值"分散性范围一般比实际通过测量获得测量结果的分散性范围大。

　　要得到这种分散性，必须有依据来源、使用相关数据和信息。所用到的信息往往并不是全部的信息，信息与信息之间可能存在相互影响关系。获取并使用信息的过程除了受到测量设备、测量环境、测量程序和被测对象等客观因素影响之外，由于需要判断特定测量的相关影响因素及其相互作用情况、判断被测量的分布情况、确定数据边界以及进行数据处理等，难以避免受到测量人员的知识、经验和技能等因素的影响。因此，在评估测量结果分散性时，应针对具体的测量情况，合理地寻找、分析和使用相关信息，这是定义中"根据所用到的信息"的内涵。

　　在概率论与数理统计学中，标准差是描述随机变量分散性的非负参数，因而表征测量结果分散性的测量不确定度可用标准差表示，也可用标准差的特定倍数表示。无论标准差或特定倍数，都对应概率的数据分布区间半宽度，所以测量不确定度也可用说明了概率的数据分布区间半宽度来表示。

测量不确定度并不表示被测量量值的大小,但与赋予的被测量量值相关联。通常情况下对于一组给定的信息,测量不确定度是对应所赋予的被测量量值的,该值的改变将导致相应的测量不确定度的改变。

测量不确定度定量表征了测量结果的可信程度。测量不确定度小,说明对应的特定测量获得的可能量值分布范围小,即测量结果 (包括作为表达结果的最佳估计值) 在一定概率的可能量值分布范围小,因而可信程度就高,使用价值高,给测量结果的使用者带来的风险小; 若测量不确定度大,则结果相反。

6.1.2　测量不确定度的应用

在人们的检测、试验、分析和校准等活动中,只要存在涉及量值的测量,就存在测量不确定度的问题,存在可能进行测量不确定度评定与表示及应用测量不确定度结果的必要。

在计量检测机构中,校准实验室应对其开展的所有校准项目 (参数) 进行测量不确定度评定,并在校准证书中加以报告声明,检测实验室应有能力对每一项有数值要求的测量结果进行测量不确定度评定。当不确定度与检测结果的有效性或应用有关、客户有要求或不确定度影响检测结果与规范限值的符合性时,报告结果时必须提供测量不确定度。

测量不确定度在表征测量结果可靠性、科学性等方面具有得天独厚的优势,在生产、研究、贸易、生活和国防等领域,必将得到越来越普遍、越来越深入的应用,并推动人类科学技术的进步与发展。

6.2　测量不确定度的定义与表示

6.2.1　测量不确定度的定义

测量不确定度是指 "根据所用到的信息,表征赋予被测量量值分散性的非负参数",是说明被测量的测得值分散性的参数,它不说明测得值是否接近真值。这种分散性有两种情况:

(1) 由于各种随机性因素的影响,每次测量得到的值不是同一个值,而是以一定概率分布分散在某个区间内的许多值;

(2) 虽然有时实际上存在着一个恒定不变的系统性影响,但由于不知道其值,也只能根据现有的认识,认为它以某种概率分布存在于某个区间内,可能存在于区间内的任意位置,这种概率分布也具有分散性。

所以,测量不确定度包括由系统影响引起的分量,如与修正值和测量标准所赋量值有关的分量及定义的不确定度。有时对估计的系统影响未作修正,而是当作不确定度分量处理。

为了表征测得值的分散性，测量不确定度用标准偏差或其特定倍数表示，或者用说明了包含概率的区间半宽度表示。用标准偏差表示的测量不确定度称为标准不确定度，测量不确定度表示为区间半宽度时称扩展不确定度。它们都是非负的参数，单独表示时不加正负号。

测量不确定度一般由若干分量组成。其中一些分量是可根据一系列测得值的统计分布，按测量不确定度的 A 类评定方法进行评定，并用实验标准差表征。而另一些分量则可根据经验或其他信息假设的概率分布，按测量不确定度的 B 类评定方法进行评定，也用标准偏差表征。即在进行测量结果的不确定度评定时，标准不确定度的 A 类评定一般是由测量重复性来引入的。标准不确定度的 B 类评定则是包含了测量仪器的特性、量值传递的信息、测量环境等因素。

通常，对于一组给定的信息，测量不确定度是与赋予被测量的量值相联系的。该量值的改变会导致相应的不确定度的变化。

测量不确定度不按系统和随机的性质分类，所以不能称随机不确定度和系统不确定度。在需要表述不确定度分量的性质时，可表述为："由随机效应导致的测量不确定度"或"由系统效应导致的测量不确定度"。

不同场合下不确定度术语表述不同：不带形容词的测量不确定度用于一般概念和定性描述；带形容词的测量不确定度，如标准不确定度、合成标准不确定度和扩展不确定度，用于不同场合下对测量结果的定量描述。

6.2.2 测量不确定度的表示

1. 标准不确定度

标准不确定度 (standard uncertainty) 是指"以标准偏差表示的测量不确定度"。它不是由测量标准引起的不确定度，而是指不确定度由标准偏差的估计值表示，表征测得值的分散性。标准不确定度用符号 u 表示。

通过有限次测量的数据得到的标准偏差的估计值称为实验标准偏差，用符号 s 表示。最常用的估计方法是贝塞尔公式法，即在相同条件下，对被测量 X 作 n 次重复测量，则 n 次测量中某单个测得值 x_k 的实验标准偏差 $s(x_k)$ 可按式 (6.2.1) 计算

$$s(x_k) = \sqrt{\frac{\sum\limits_{i=1}^{n}(x_i - \overline{x})^2}{n-1}} \tag{6.2.1}$$

式中：x_i 是第 i 次测量的测得值；n 是测量次数；$\overline{x}$ 是 n 次测量所得一组测得值的算术平均值；

n 次测量的算术平均值 $\overline{x}$ 的实验标准偏差 $s(\overline{x})$ 为

$$s(\overline{x}) = s(x_k)/\sqrt{n}$$

测量结果的不确定度往往由许多来源引起，对每个不确定度来源评定的标准偏差，称为标准不确定度分量，用 u_i 表示。

2. 合成标准不确定度

合成标准不确定度 (combined standard uncertainty) 是指"由在一个测量模型中各输入量的标准测量不确定度获得的输出量的标准测量不确定度"。通俗地说，合成标准不确定度是由各标准不确定度分量合成得到的标准不确定度。合成的方法称为测量不确定度传播律。合成标准不确定度用符号 u_c 表示。

合成标准不确定度仍然是标准偏差，它是测量结果标准偏差的估计值，它表征了测量结果的分散性。合成标准不确定度的自由度称为有效自由度，用 v_{eff} 表示，它表明所评定的 u_c 的可靠程度。合成标准不确定度也可用 $u_c(y)/y$ 相对形式表示，必要时可以用符号 u_r 或 u_{rel} 表示。

3. 扩展不确定度

扩展不确定度 (expanded uncertainty) 是指"合成标准不确定度与一个大于 1 的数字因子的乘积"。

扩展不确定度是由合成标准不确定度的倍数得到，即将合成标准不确定度 u_c 扩展了 k 倍得到，用符号 U 表示，$U=ku_c$。扩展不确定度确定了测量结果可能值所在的区间。测量结果可以表示为: $Y = y \pm U$。式中，y 是被测量的最佳估计值。被测量的值 Y 以一定的概率落在 $(y - U,\ y + U)$ 区间内，该区间称为包含区间。所以扩展不确定度是测量结果的包含区间的半宽度。

测量结果的取值区间在被测量值概率分布总面积中所包含的百分数称为该区间的包含概率 p。概率分布通常用概率密度函数随随机变量变化的曲线来表示，如图 6.2.1 所示。

测得值 X 落在区间 $[a,\ b]$ 内的概率 p 可用式 (6.2.2) 计算

$$p(a \leqslant X \leqslant b) = \int_a^b p(x)\mathrm{d}x \tag{6.2.2}$$

式中：$p(x)$ 为概率密度函数，数学上积分代表面积。由此可见，包含概率 p 是概率分布曲线下在区间 $[a,\ b]$ 内包含的面积。当 $p = 0.9$ 时，表明测得值有 90% 的可能性落在该区间内，该区间包含了概率分布下总面积的 90%。当 $p=1$ (即概率为 1) 时，表明测得值以 100% 的可能性落在该区间内，也就是可以相信测得值必定在此区间内。

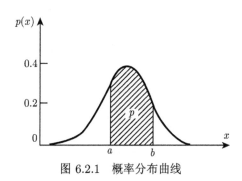

图 6.2.1　概率分布曲线

扩展不确定度也可以用相对形式表示，一般可以用 U_r 或 U_{rel} 表示。

说明具有规定的包含概率为 p 的扩展不确定度时，可以用 U_p 表示。例如，U_{95} 表明由扩展不确定度决定的测量结果取值区间具有包含概率为 0.95，或 U_{95} 是包含概率为 95% 的统计包含区间的半宽度。

由于 U 是表示包含区间的半宽度，而 u_c 是用标准偏差表示的，所以它们均是非负参数，即 U 和 u_c 单独定量表示时，数值前都不必加正负号，如 $U=0.05\mathrm{V}$，不应写成 $U=\pm0.05\mathrm{V}$。

"为求得扩展不确定度，对合成标准不确定度所乘的数字因子"称包含因子，它在数值上等于扩展不确定度与合成标准不确定之比。包含因子用符号 k 表示时，$U=ku_c$。当接近正态分布时，包含概率 p 和 k 值的关系见表 6.2.1。

表 6.2.1　正态分布时概率 p 与 k 值

p	0.50	0.6287	0.90	0.95	0.9545	0.99	0.9973
k	0.675	1	1.64	1.96	2	2.576	3

若 $k=2$，则由 $U=2u_c$ 所确定的区间具有的包含概率约为 95%，若 $k=3$，则由 $U=3u_c$ 所确定的区间具有的包含概率约为 99% 以上。

6.3　测量不确定度的评定

6.3.1　测量不确定度的来源

不确定度来源的分析取决于对测量方法、测量设备、测量条件及对被测量的详细了解和认识，必须具体问题具体分析。根据实际测量情况分析对测量结果有明显影响的不确定度来源。

通常测量不确定度来源从以下方面考虑。

(1) 被测量的定义不完整。

例如，定义被测量是一根标称值为 1m 长的钢棒的长度，要求测准到微米量级。

此时被测钢棒受温度和压力的影响已经比较明显，而这些条件没有在定义中说明，使不同温度、不同压力下可以得出不同的测量结果，由于定义细节的不完整对测量结果会引入不确定度。

(2) 复现被测量的测量方法不理想。

例如，在微波测量中"衰减"量是在匹配条件下定义的，但实际测量系统不可能理想匹配，因此要考虑失配引入的测量不确定度。

(3) 取样的代表性不够，即被测样本不能代表所定义的被测量。

(4) 对测量过程受环境影响的认识不恰如其分或对环境的测量与控制不完善。

例如，以测量木棒长度为例，如果实际上湿度对木棒的测量有明显影响，但测量时由于认识不足而没有采取措施，在评定测量结果的不确定度时，应把湿度的影响引起的不确定度考虑进去。

(5) 对模拟式仪器的读数存在人为偏移。

模拟式仪器在读取其示值时一般要在最小分度内估读，由于观测者的位置或个人习惯的不同等原因可能对同一状态的指示会有不同的读数，这种差异引入不确定度。

(6) 测量仪器的计量性能的局限性。

通常情况下，测量仪器的不准 (最大允许误差) 是影响测量结果的最主要的不确定度来源，例如，用天平测量物体的重量时，测量结果的不确定度必须包括所用天平和砝码引入的不确定度。

测量仪器的其他计量特性如仪器的分辨力、灵敏度、鉴别阈、死区及稳定性等的影响也应根据情况加以考虑。

例如，对于较小差别的两个输入信号，由于测量仪器的分辨力不够，使仪器的示值差为零，这个零值就存在着分辨力不够引入的测量不确定度。

(7) 测量标准或标准物质提供的量值的不准确。

被校仪器与测量标准器进行比较，实现对被校准仪器的计量校准。对于给出的校准值来说，测量标准 (包括标准物质) 的不确定度是其主要的不确定度来源。

(8) 引用的数据或其他参量值的不准确。

例如，测量超声功率计的声功率时，需要考虑声速随温度的变化，该值的不确定度是测量结果不确定度的一个来源。

(9) 测量方法和测量程序的近似和假设。

例如，被测量表达式的近似程度; 自动测试程序的迭代程度; 电测量中由于测量系统不完善引起的绝缘漏电、热电势、引线电阻等，均会引起不确定度。

(10) 在相同条件下被测量在重复观测中的变化。

在实际工作中，通常多次测量可以得到一系列不完全相同的数据。测得值具有一定的分散性，这是由诸多随机因素的影响造成的，这种随机变化常用测量重复性表征，也就是重复性是测量结果的不确定度来源之一。

除此之外，如果已经对测量结果进行了修正，给出的是已修正测量结果，则还要考虑修正值不完善引入的测量不确定度。

通常，在分析测量结果的不确定度来源时，可以从测量仪器、测量环境、测量方法、被测量等方面全面考虑，应尽可能做到不遗漏、不重复。特别应考虑对测量结果影响较大的不确定度来源。

测量中的失误或突发因素不属于测量不确定度的来源。在测量不确定度评定中，应剔除测得值中的离群值 (异常值)。

6.3.2 建立测量模型

测量模型是指测量结果与直接测量的量、引用的量以及影响量等有关量之间的数学关系，当被测量 Y 由 N 个其他量 X_1, X_2, $\cdots$, X_N 的函数关系确定时，式 (6.3.1) 为被测量的测量模型。

$$Y = f(X_1, X_2, \cdots, X_N) \tag{6.3.1}$$

被测量的测量结果称输出量，输出量 Y 的估计值 y 是由各输入量 X_i 的估计值 x_i 按测量模型确定的函数关系式 (6.3.1) 计算得到，式中符号 f 称为测量函数。

$$y = f(x_1, x_2, \cdots, x_N) \tag{6.3.2}$$

如用测量电压 V 和电流 I 得到电路中的电阻 R，则被测量 R 的测量模型可根据欧姆定律写出

$$R = V/I$$

式中：R 为输出量，V 和 I 是输入量。测量模型中输入量可以是：

(1) 当前直接测量的量；

(2) 由以前测量获得的量；

(3) 由手册或其他资料得来的量；

(4) 对被测量有明显影响的量。

测量模型 $R = R_0[1 + \alpha(t - t_0)]$ 中，温度 t 是当前直接测量的影响量；t_0 是规定的常量 (如规定 $t_0 = 20^{\circ}\text{C}$)；R_0 是在 t_0 时的电阻值，它可以是以前测得的，也可以是由测量标准校准给出的校准值 (校准证书上给出)；温度系数 α 是从手册查到的。

当被测量 Y 由直接测量得到，且写不出各影响量与测量结果的函数关系时，被测量的测量模型可简化为

$$Y = X_1 - X_2 \quad 或 \quad Y = X$$

如用声级计测量某位置的背景噪声，测量结果 y 就是声级计的示值 x。又如用卡尺测量工件的尺寸时，则工件的尺寸就等于卡尺的示值。通常用多次重复测量的算术平均值作为被测量的测量结果。

6.3.3   标准不确定度的评定

1. 标准不确定度的 A 类评定方法

对被测量 X，在同一条件下进行 n 次独立重复测量，测量值为 $x_i(i=1, 2, \cdots, n)$，得到算术平均值 $\overline{X}$ 及实验标准偏差 $s(x)$。当用算术平均值 $\overline{X}$ 作为被测量的最佳估计值时，被测量估计值的 A 类标准不确定度 $u_A(x)$ 按式 (6.3.3) 计算

$$u_A(x) = s(\overline{X}) = \frac{s(x)}{\sqrt{n}} \tag{6.3.3}$$

注意：公式中的 n 为获得平均值时的测量次数。

1) 基本的标准不确定度 A 类评定流程 (见图 6.3.1)

例 6.3.1   进行 1 级声校准器 (活塞发声器) 检定过程中，进行重复检定测得 7 次活塞发声器的声压级 L_{pi} 为：124.16，124.15，124.17，124.13，124.16，124.13，124.14，求 L_{pi} 的测量结果。如果以 $\overline{L}_{pi}$ 为被测量的最佳估计值时，求 $\overline{L}_{pi}$ 的 A 类标准不确定度。

解析   由于 $n=7$，L_{pi} 的测量结果的平均值 $\overline{L}_{pi}$ 为

$$\overline{L}_{pi} = \left(\sum_{i=1}^{n} L_{pi} \right) \bigg/ n \approx 124.15$$

由贝塞尔公式求测得值的实验标准差

$$s = \sqrt{\frac{\sum_{i=1}^{n} \left(L_{pi} - \overline{L}_{pi} \right)^2}{n-1}} \approx 0.016$$

由测量重复性导致的最佳估计值 $\overline{L}_{pi}$ 的 A 类标准不确定度为

$$u_A(\overline{L}_{pi}) = \frac{s(L_{pi})}{\sqrt{n}} \approx 0.006$$

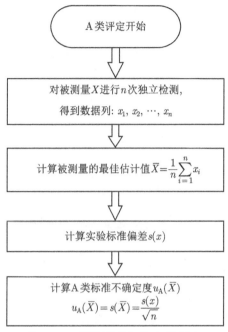

图 6.3.1 标准不确定度 A 类评定

注：贝塞尔公式法是一种基本的方法，n 很小时其估算的不确定度较大，因此它适合于测量次数较多的情况。

2) 测量过程的 A 类标准不确定度评定

对一个测量过程，如果采用核查标准偏差的方法使测量过程处于统计控制状态，则该测量过程的实验标准偏差为合并样本标准偏差 s_p。

若每次核查时测量次数 n 相同 (即自由度相同)，第 j 次核查时的实验标准偏差为 s_j，共核查 m 次，则合并样本标准偏差 s_p 为

$$s_\mathrm{p} = \sqrt{\dfrac{\displaystyle\sum_{j=1}^{m} s_j^2}{m}} \tag{6.3.4}$$

此时 s_p 的自由度 $\nu = (n-1)m$。

则在此测量过程中，测量结果的 A 类标准不确定度为

$$u_\mathrm{A} = s_\mathrm{p}/\sqrt{n'} \tag{6.3.5}$$

式中：n' 为获得测量结果时的测量次数。

例 6.3.2　　对某测量过程进行过 2 次核查，均在受控状态。第一次核查时，测量 4 次，$n=4$，得到测量值：0.250mm，0.236mm，0.213mm，0.220mm；第二次核查时，也测量 4 次，求得 $s_2 = 0.015$mm。在该测量过程中实测某一被测件，测量 6 次，问测量结果 y 的 A 类标准不确定度。

解析　　根据第一次核查的数据，用极差法求得实验标准差：查表得极差系数 $d_4=2.06$，则 $s_1 = (0.250 - 0.213)\,\text{mm}/2.06 \approx 0.018$mm。第二次核查时，也测量 4 次，求得 $s_2 = 0.015$mm。共核查 2 次，即 $m=2$，则该测量过程的合并样本标准偏差为

$$s_{\mathrm{p}} = \sqrt{\frac{s_1^2 + s_2^2}{m}} = \sqrt{\frac{0.018^2 + 0.015^2}{2}}\,\text{mm} \approx 0.017\text{mm}$$

在该测量过程中实测某一被测件，测量 6 次，测量结果 y 的 A 类标准不确定度为

$$u\,(y) = s_{\mathrm{p}}/\sqrt{n'} = 0.017/\sqrt{6}\,\text{mm} \approx 0.007\text{mm}$$

其自由度为 $\nu = (n - 1)m = (4 - 1) \times 2 = 6$。

注：极差法使用起来较为简便，当数据的概率分布偏离正态分布较大时，贝塞尔公式法更为准确。极差法更适用于随机过程的方差分析。

3) 规范化常规测量时 A 类标准不确定度评定

规范化常规测量是指已经明确规定了测量程序和测量条件的测量，如日常按检定规程进行的大量同类被测件的检定，当可以认为对每个同类被测量的实验标准偏差相同时，通过累积的测量数据，计算出自由度充分大的合并样本标准偏差，以用于评定每次测量结果的 A 类标准不确定度。

在规范化的常规测量中，测量 m 个同类被测量，得到 m 组数据，每组测量 n 次，第 j 组的平均值为 $\bar{x}_j$，则合并样本标准偏差 s_{p} 为

$$s_{\mathrm{p}} = \sqrt{\frac{\sum\limits_{j=1}^{m}\sum\limits_{i=1}^{n}(x_{ij} - \bar{x}_j)^2}{m\,(n - 1)}} \tag{6.3.6}$$

对每个量的测量结果 $\bar{x}_j$ 的 A 类标准不确定度

$$u_{\mathrm{A}}\,(\bar{x}_j) = s_{\mathrm{p}}/\sqrt{n} \tag{6.3.7}$$

自由度 $\nu = m(n - 1)$。

若对每个被测件的测量次数 n_j 不同，即各组的自由度 ν_j 不等，各组的实验标准偏差为 s_{p}，则

$$s_{\mathrm{p}} = \sqrt{\dfrac{\displaystyle\sum_{j=1}^{m} \nu_j s_j^2}{\displaystyle\sum_{j=1}^{m} \nu_j}} \tag{6.3.8}$$

式中: $\nu_j = n_j - 1$。

对于常规的计量检定或校准,当无法满足 $n \geqslant 10$ 时,为使得到的实验标准差更可靠,如果有可能,建议采用合并样本标准差 s_{p} 作为由重复性引入的标准不确定度分量。

4) 由最小二乘法拟合的最佳直线上得到的预期值的 A 类标准不确定度

由最小二乘法拟合的最佳直线的直线方程: $y = a + bx$

预期值 y_i 的实验标准偏差为

$$s_{\mathrm{p}}(y_j) = \sqrt{s_a^2 + x_j^2 s_b^2 + b^2 s_x^2 + 2x_j r(a,b) s_a s_b} \tag{6.3.9}$$

式中: $r(a, b)$ 为 a 和 b 的相关系数; s_a, s_b 和 s_x 分别为 a, b 和 x 的实验标准偏差。

预期值 y_j 的 A 类标准不确定度为 $u_{\mathrm{A}}(y_j) = s_{\mathrm{p}}(y_j)$。

2. 标准不确定度的 B 类评定方法

标准不确定度的 B 类评定是借助于一切可利用的有关信息进行科学判断,得到估计的标准偏差。

a. 根据有关信息或经验,判断被测量的可能值区间 $(-a, a)$;

b. 假设被测得值的概率分布;

c. 根据概率分布和要求的包含概率 p 估计包含因子 k,则 B 类标准不确定度 u_{B} 为

$$u_{\mathrm{B}} = \dfrac{a}{k} \tag{6.3.10}$$

式中: a 为被测量可能值区间的半宽度; k 为包含因子。标准不确定度的 B 类评定流程见图 6.3.2。

1) B 类评定时可能的信息来源及如何确定可能值的区间半宽度

区间半宽度 a 值是根据有关的信息确定的。一般情况下,可利用的信息包括:

a. 以前的观测数据;

b. 对有关技术资料和测量仪器特性的了解和经验;

c. 生产部门提供的技术说明文件 (制造厂的技术说明书);

d. 校准证书、检定证书、测试报告或其他提供的数据、准确度等级等;

e. 手册或某些资料给出的参考数据及其不确定度;

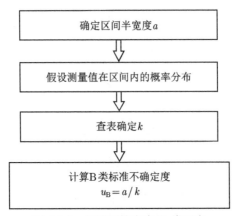

图 6.3.2   标准不确定度 B 类评定

f. 规定测量方法的校准规范、检定规程或测试标准中给出的数据；

g. 其他有用信息。

2) B 类评定时如何假设可能值的概率分布和确定 k 值

(1) 概率分布的假设。

a. 被测量受许多相互独立的随机影响量的影响，这些影响量变化的概率分布各不相同，但各个变量的影响均很小时，被测量的随机变化接近正态分布。

b. 如果有证书或报告给出的扩展不确定度是 U_{90}、U_{95} 或 U_{99}，除非另有说明，可以按正态分布来评定 B 类标准不确定度。

c. 一些情况下，只能估计被测量的可能值区间的上限和下限，测得值落在区间外的概率几乎为零，若测得值落在该区间内的任意值的可能性相同，则可假设为均匀分布。

d. 若落在该区间中心的可能性最大，则假设为三角分布。

e. 若落在该区间中心的可能性最小，而落在该区间上限和下限处的可能性最大，则假设为反正弦分布。

f. 对被测量的可能值在区间内的情况缺乏了解时，一般假设为均匀分布。

实际工作中，可依据同行专家的研究和经验来假设概率分布。例如：无线电计量中失配引起的不确定度为反正弦分布；几何量计量中度盘偏心引起的测角不确定度为反正弦分布；测量仪器最大允许误差、分辨力、数据修约、度盘或齿轮回差、平衡指示器调零不准等导致的不确定度按均匀分布考虑；两个独立量值之和或差的概率分布为三角分布；按级使用量块时，中心长度偏差导致的概率分布为两点分布。

(2) 根据概率分布确定 k 值。

a. 已知扩展不确定度是合成标准不确定度的若干倍时，则该倍数就是 k 值。

b. 假设概率分布后，根据要求的概率查表得到 k 值。

如果数字显示仪器的分辨力为 δ_x，则区间半宽度 $a = \delta_x/2$，可假设为均匀分布，查表得 $k = \sqrt{3}$，由分辨力引起的标准不确定度分量为

$$u_{\mathrm{B}}\left(x\right) = \frac{a}{k} = \frac{\delta_x}{2\sqrt{3}} \approx 0.29\delta_x$$

若某数字电压表的分辨力为 $1\mu V$(即最低位的一个数字代表的量值)，则由分辨力引起的标准不确定度分量为：$u(V) = 0.29 \times 1\mu V = 0.29\mu V$。

被测仪器的分辨力会对测量结果的重复性测量有影响。在测量不确定度评定中，当重复性引入的标准不确定度分量大于被测仪器的分辨力所引入的不确定度分量时，可以不考虑分辨力所引入的不确定度分量。但当重复性引入的不确定度分量小于被测仪器的分辨力所引入的不确定度分量时；应该用分辨力引入的不确定度分量代替重复性分量。若被测仪器的分辨力为 δ_x，则分辨力引入的标准不确定度分量为 $0.29\delta_x$。

3) 常用的概率分布与 k 值的关系见表 6.3.1 和表 6.3.2

表 6.3.1　正态分布的 k 值与概率 p 的关系

p	0.50	0.90	0.95	0.99	0.9973
k	0.675	1.645	1.96	2.576	3

表 6.3.2　几种非正态分布时的 k 值

概率分布	均匀分布	正反弦分布	三角分布	梯形分布	两点分布
k (p=100%)	$\sqrt{3}$	$\sqrt{2}$	$\sqrt{6}$	$\sqrt{6}/\sqrt{(1+\beta^2)}$	1

注：β 为梯形上底半宽度与下底半宽度之比。

4) 标准不确定度 B 类评定的实例

例 6.3.3　校准证书上给出在 5.4N 的静态力条件下，骨振器测量用力耦合器的力灵敏度级在 1000Hz 的校准值为 $-17.8\mathrm{dB}$(参考 1V/N)。计量标准装置的不确定度为 $U=1.5\mathrm{dB}$，$k=3$，求该力耦合器的标准不确定度。

解析　标准不确定度的评定：由于 $U=1.5\mathrm{dB}$，$k=3$，则力耦合器的标准不确定度为 $u = 1.5\mathrm{dB}/3 = 0.5\mathrm{dB}$。

例 6.3.4　由数字电压表的仪器说明书得知，该电压表的最大允许误差为 $\pm(14 \times 10^{-6} \times 读数 + 2 \times 10^{-6} \times 量程)$，用该电压表测量某声频信号源的输出电压，在 10V 量程上测 1V 时，测量 10 次，其平均值作为被测量的估计值，得 $\overline{V}=0.928571\mathrm{V}$，问测量结果的不确定度中数字电压表仪器引入的标准不确定度是多少？

解析　标准不确定度的评定：电压表最大允许误差的模为区间的半宽度

$$a = (14 \times 10^{-6} \times 0.928571\text{V} + 2 \times 10^{-6} \times 10\text{V}) \approx 33 \times 10^{-6}\text{V} = 33\mu\text{V}$$

设在区间内为均匀分布，查表得到 $k = \sqrt{3}$，则测量结果中由数字电压表仪器引入的标准不确定度为 $u(\text{V}) = 33\mu\text{V}/\sqrt{3} \approx 19\mu\text{V}$。

5) B 类标准不确定度的自由度

B 类标准不确定度的自由度可由式 (6.3.11) 估计

$$\nu_i \approx \frac{1}{2}\frac{u^2(x_i)}{\delta^2[u(x_i)]} \approx \frac{1}{2}\left[\frac{\Delta u(x_i)}{u(x_i)}\right]^{-2} \tag{6.3.11}$$

式中：$\Delta u(x_i)/u(x_i)$ 为 $\delta[u(x_i)]/u(x_i)$ 的估计值，是 $u(x_i)$ 的相对标准不确定度。按所依据的信息来源的不可信程度来判断 $\delta[u(x_i)]/u(x_i)$ 的 $u(x_i)$ 相对标准不确定度，然后按式 (6.3.11) 计算出自由度 ν 列于表 6.3.3。

表 6.3.3　B 类标准不确定度的自由度估计

$\Delta u(x_i)/u(x_i)$	0	0.10	0.20	0.25	0.30	0.40	0.50
ν	∞	50	12	8	6	3	2

6.3.4　合成标准不确定度的计算

无论各标准不确定度分量是由 A 类评定还是 B 类评定得到的，合成标准不确定度都是由各标准不确定度分量合成得到的。测量结果 y 的合成标准不确定度用符号 $u_c(y)$ 表示。

1. 测量不确定度的传播律

当被测量的测量模型为线性函数 $y = f(x_1, x_2, \cdots, x_N)$ 时，被测量估计值 y 的合成标准不确定度 $u_c(y)$ 按式 (6.3.12) 计算，此式称为"不确定度传播律"。

$$u_c(y) = \sqrt{\sum_{i=1}^{N}\left(\frac{\partial f}{\partial x_i}\right)^2 u^2(x_i) + 2\sum_{i=1}^{N-1}\sum_{j=i+1}^{N}\frac{\partial f}{\partial x_i}\frac{\partial f}{\partial x_j}r(x_i, x_j)u(x_i)u(x_j)}$$

$$\tag{6.3.12}$$

式中：y 是输出量的估计值，即被测量的估计值；x_i, x_j 是输入量的估计值，$i \neq j$；N 是输入量的数量；$\dfrac{\partial f}{\partial x_i}, \dfrac{\partial f}{\partial x_j}$ 是灵敏系数，可表示为 c_i, c_j；$u(x_i), u(x_j)$ 是输入量 x_i 和 x_j 的标准不确定度；$r(x_i, x_j)$ 是输入量 x_i 与 x_j 的相关系数估计值。$u(x_i, x_j)$ 是输入量 x_i 与 x_j 的协方差估计值，$r(x_i, x_j)u(x_i)u(x_j) = u(x_i, x_j)$。

注 1：灵敏系数通常是对测量函数 f 在 $X_i = x_i$ 处取偏导数得到的。灵敏系数是一个有符号和单位的量值，它表明了输入量 x_i 的不确定度 $u(x_i)$ 影响被测量估计值的不确定度 $u_c(y)$ 的灵敏程度。有些情况下，灵敏系数难以通过函数 f 计算得到，可以用实验确定，即采用变化一个特定的 X_i，测量出由此引起的 Y 的变化。

注 2：当测量模型为非线性函数时，可采用泰勒级数展开，舍去高次项后得到近似的线性函数。

2. 输入量间不相关时合成标准不确定度的评定

(1) 当各输入量间不相关，即 $r(x_i, x_j) = 0$ 时，式 (6.3.12) 的简化形式为

$$u_c(y) = \sqrt{\sum_{i=1}^{N} \left[\frac{\partial f}{\partial x_i}\right]^2 u^2(x_i)} \qquad (6.3.13)$$

若设 $u_i(y)$ 是测量结果 y 的标准不确定度分量

$$\frac{\partial f}{\partial x_i} u(x_i) = u_i(y) \qquad (6.3.14)$$

则 $u_c(y)$ 由被测量 y 的标准不确定度分量合成时，可用式 (6.3.15) 评定

$$u_c(y) = \sqrt{\sum_{i=1}^{N} u_i^2(y)} \qquad (6.3.15)$$

对于直接测量，可简单地写成

$$u_c = \sqrt{\sum_{i=1}^{N} u_i^2} \qquad (6.3.16)$$

(2) 当被测量的函数形式为 $Y = A_1 X_1 + A_2 X_2 + \cdots + A_N X_N$，且各输入量间不相关时，合成标准不确定度 $u_c(y)$ 为

$$u_c(y) = \sqrt{\sum_{i=1}^{N} A_i^2 u_i^2(x_i)} \qquad (6.3.17)$$

(3) 当被测量的函数形式为 $Y = A\left(X_1^{P_1} X_2^{P_2} \cdots X_N^{P_N}\right)$，且各输入量间不相关时，合成标准不确定度 $u_c(y)$ 为

$$\frac{u_c(y)}{|y|} = \sqrt{\sum_{i=1}^{N} \left[P_i u(x_i)/x_i\right]^2} \qquad (6.3.18)$$

如果在式 (6.3.18) 中 $P_i = 1$，则被测量的测量结果的相对合成标准不确定度是各输入量的相对标准不确定度的方和根值

$$\frac{u_c(y)}{|y|} = \sqrt{\sum_{i=1}^{N}\left[u(x_i)/x_i\right]^2} \qquad (6.3.19)$$

例 6.3.5　某法定计量机构为了得到质量 $m = 300\mathrm{g}$ 的计量标准，采用质量分别为 $m_1 = 100\mathrm{g}$，$m_2 = 200\mathrm{g}$ 两个相互独立的砝码。m_1 与 m_2 校准的相对标准不确定度 $u_{\mathrm{rel}}(m_1)$、$u_{\mathrm{rel}}(m_2)$ 按其校准证书，均为 1×10^{-4}。在评定 m 的相对标准不确定度 $u_{\mathrm{rel}}(m)$ 时，测量模型为 $m = m_1 + m_2$。输入量估计值 m_1 与 m_2 相互独立，灵敏系数均为 $+1$，则

$$u_{\mathrm{crel}}(m) = \sqrt{u_{\mathrm{rel}}^2(m_1) + u_{\mathrm{rel}}^2(m_2)} \approx \sqrt{2} \times 10^{-4}$$

得出 $u_c(m)$ 为

$$u_c(m) = u_{\mathrm{crel}}(m) \times m = 0.043\mathrm{g}$$

3. 合成标准不确定度计算案例

例 6.3.6　工作标准传声器的耦合腔比较法，主要是对开路声压灵敏度级进行检定和校准。检定和校准过程是将已知灵敏度的实验室标准传声器 (参考传声器) 与被测工作标准传声器同时安装在耦合腔中，它们的灵敏度之比由二者的开路电压之比得出，然后，根据实验室标准传声器的灵敏度计算出被检 (校) 的工作标准传声器的灵敏度。

1) 建立数学模型

在对开路声压灵敏度级的测量不确定度评定时，首先建立数学模型。用耦合腔比较法测量工作标准传声器的开路声压灵敏度级得

$$L_{px} = L_{\mathrm{pref}} + \Delta$$

式中：L_{px} 是被检工作标准传声器的声压灵敏度级，dB；L_{pref} 是参考传声器的声压灵敏度级，dB；Δ 是两传声器输出电压之比的对数级差，dB。

2) 标准不确定度的 A 类评定

对一个 WS2 型工作标准传声器不同频率的声压灵敏度级连续测量 6 次，其测量重复性引入的不确定度分量为 $u_1 = s$，s 为标准偏差，所得数据如表 6.3.4。

表 6.3.4　重复测量结果

频率/Hz	声压灵敏度级/dB						平均值/dB	标准偏差/dB
	1	2	3	4	5	6		
10	−30.49	−30.46	−30.44	−30.41	−30.45	−30.48	−30.455	0.029
12.5	−28.43	−28.43	−28.42	−28.39	−28.44	−28.39	−28.417	0.022
16	−26.76	−26.77	−26.76	−26.73	−26.77	−26.75	−26.757	0.015
20	−26.52	−26.50	−26.51	−26.51	−26.51	−26.50	−26.508	0.008
31.5	−26.26	−26.25	−26.24	−26.23	−26.26	−26.26	−26.250	0.013
63	−26.26	−26.25	−26.25	−26.25	−26.23	−26.25	−26.248	0.010
125	−26.23	−26.25	−26.25	−26.25	−26.25	−26.25	−26.247	0.008
250	−26.37	−26.37	−26.36	−26.36	−26.34	−26.36	−26.360	0.011
500	−26.38	−26.36	−26.38	−26.38	−26.38	−26.38	−26.377	0.008
1k	−26.37	−26.37	−26.37	−26.37	−26.37	−26.35	−26.367	0.008
2k	−26.33	−26.33	−26.32	−26.33	−26.33	−26.31	−26.325	0.008
4k	−27.18	−27.19	−27.20	−27.20	−27.19	−27.20	−27.193	0.008
8k	−30.69	−30.67	−30.67	−30.68	−30.67	−30.67	−30.675	0.008
16k	−34.12	−34.12	−34.13	−34.13	−34.14	−34.13	−34.128	0.008
20k	−36.50	−36.56	−36.54	−36.59	−36.64	−36.62	−36.575	0.052

3) 标准不确定度的 B 类评定

(1) 极化电压测量。

极化电压测量用数字电压表的准确度为 DC：±0.05%，考虑到测量方法和检定期间稳定性因素，因此极化电压测量的最大误差定为 0.1V，该分量的半区间为 20lg(200.1/200)dB，按矩形分布估计，引入的标准不确定度 $u_2=0.0025$(dB)。

(2) 实验室标准传声器的声压灵敏度级。

作为参考传声器使用的实验室标准传声器，其声压灵敏度用耦合腔互易法校准，校准证书给出的测量不确定度为 0.05~0.3dB($k=2$)，则标准不确定度为 $u_3=0.025 \sim 0.15$dB。

(3) 电压比测量。

数字电压表的准确度为 AC：±0.1%，其示值误差的半区间为 0.1%，约为 0.009dB。以均匀分布考虑，电压比测量的不确定度 $u_4 = 0.009/\sqrt{3} \approx 0.005$(dB)。

(4) 传声器电容量。

由于不使用插入电压技术，当被检查工作标准传声器和参考传声器电容量不相同时，会引入不确定度，由于该参数本身很小，此分量的半区间估计为 0.01dB，以均匀分布考虑，引入的标准不确定度 $u_5 = 0.01/\sqrt{3} \approx 0.006$(dB)。

(5) 修约误差。

最终结果的分辨力为 0.01dB，给出矩形分布的半区间为 0.005dB，等效到标准不确定度为 $u_6 = 0.005/\sqrt{3} \approx 0.003$(dB)。

4) 合成标准不确定度

测量不确定度的来源及数值汇总于表 6.3.5

表 6.3.5　测量不确定度的来源及数值

频率/Hz	标准不确定度					
	重复性 $u_1 = s$	极化电压 u_2	标准传声器灵敏度 u_3	电压比测量 u_4	传声器电容量 u_5	数字修约误差 u_6
10	0.029	0.0025	0.050	0.005	0.006	0.003
12.5	0.022	0.0025	0.050	0.005	0.006	0.003
16	0.015	0.0025	0.050	0.005	0.006	0.003
20	0.008	0.0025	0.025	0.005	0.006	0.003
31.5	0.013	0.0025	0.025	0.005	0.006	0.003
63	0.010	0.0025	0.025	0.005	0.006	0.003
125	0.008	0.0025	0.025	0.005	0.006	0.003
250	0.011	0.0025	0.025	0.005	0.006	0.003
500	0.008	0.0025	0.025	0.005	0.006	0.003
1k	0.008	0.0025	0.025	0.005	0.006	0.003
2k	0.008	0.0025	0.025	0.005	0.006	0.003
4k	0.008	0.0025	0.025	0.005	0.006	0.003
8k	0.008	0.0025	0.025	0.005	0.006	0.003
16k	0.008	0.0025	0.050	0.005	0.006	0.003
20k	0.052	0.0025	0.050	0.005	0.006	0.003

表 6.3.5 中各分量互不相关，合成标准不确定度 $u_c = \sqrt{\sum_{i=1}^{6} u_i^2}$，见表 6.3.6。

表 6.3.6　合成标准不确定度

频率/Hz	合成标准不确定度/dB
10	0.058
12.5	0.055
16	0.053
20	0.028
31.5	0.030
63	0.028
125	0.028
250	0.029
500	0.028
1k	0.028
2k	0.028
4k	0.028
8k	0.028
16k	0.051
20k	0.073

6.3.5 扩展不确定度

1. 确定扩展不确定度的流程

图 6.3.3 是确定扩展不确定度的流程图。

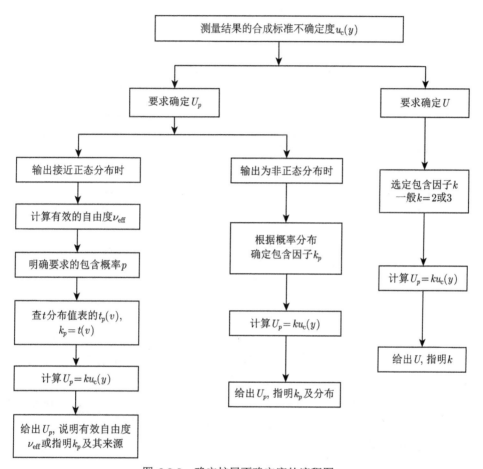

图 6.3.3 确定扩展不确定度的流程图

2. 扩展不确定度 U 的评定方法

(1) 扩展不确定度 U 由合成标准不确定度 u_c 乘包含因子 k 得到 $U = ku_c$。
测量结果可表示为: $Y = y \pm U$, y 是被测量 Y 的最佳估计值, 被测量 Y 的可能值以较高的包含概率落在 $[y - Y, y + U]$ 区间内, 即 $y - U \leqslant Y \leqslant y + U$, 扩展不确定度 U 是该包含区间的半宽度。

(2) 包含因子 k 的选取。

包含因子 k 的值是根据 $U = ku_c$ 所确定的区间 $y \pm U$ 需具有的包含概率来选取。k 值一般取 2 或 3。当取其他值时，应说明其来源。

例 6.3.7　在例 6.3.6 中，工作标准传声器耦合腔比较法的扩展不确定度的计算，取包含因子 $k=2$，则扩展不确定度 $U = ku_c$，见表 6.3.7。

表 6.3.7　扩展不确定度

频率/Hz	合成标准不确定度/dB	扩展不确定度 ($k=2$)/dB
10	0.058	0.12
12.5	0.055	0.11
16	0.053	0.11
20	0.028	0.06
31.5	0.030	0.06
63	0.028	0.06
125	0.028	0.06
250	0.029	0.06
500	0.028	0.06
1k	0.028	0.06
2k	0.028	0.06
4k	0.028	0.06
8k	0.028	0.06
16k	0.051	0.10
20k	0.073	0.15

经分析影响测量结果的主要不确定度分量有两项，分别用 A 类和 B 类方法评定，再将两个分量合成后得到合成标准不确定度，最终的扩展不确定度和包含因子相关。

其中，由测量重复性引入的标准不确定度分量，用 A 类方法评定得到 u_A；由测量仪器引入的标准不确定度分量，用 B 类方法评定得到 u_B。

两个分量不相关，合成标准不确定度可按下式计算

$$u_c = \sqrt{u_A^2 + u_B^2}$$

(3) 扩展不确定度 U 由合成标准不确定度 u_c 乘包含因子 k 得到 $U = ku_c$，并保留适当的有效数字。

6.4　声学仪器的测量不确定度实例

例 6.4.1　纯音听力计的检定和校准是按照相关规程和听力计使用说明书，将听力计与仿真耳、仿真乳突正向耦合，纯音听力计气导听力级输出信号调至 50dB，

骨导听力级输出信号调至 30dB，通过听力计检定装置测量听力计的气导听力零级和骨导听力零级。选取一台较稳定的听力计作为被测量对象，对纯音听力计的气导听力零级进行不确定度分析。

1. 建立数学模型

气导听力零级采用直接测量法，通过仿真耳可以直接从测量放大器读出。需要考虑到读出数据在各个频率点的修正值，包含仿真耳腔体积修正值，标准传声器声压灵敏度级修正值等。

气导听力零级 L_R 可由下式给出

$$L_R = L_{50} - 50\text{dB}$$

式中：L_R 是气导听力零级，dB；L_{50} 是测量放大器对应示值，dB

注：L_{50} 示值已包含标准传声器声压灵敏度修正值和仿真耳腔体积修正值。

2. 灵敏度系数

由上式可知，两个分量互不相干，则方差为

$$u_c^2(L_R) = c_1^2 u^2(L_{50})$$

式中：灵敏度系数为

$$c_1 = \frac{\partial(L_R)}{\partial(L_{50})} = 1$$

3. 标准不确定度的 A 类评定

因耳机耦合位置、耳机正向受力等因素引起的重复性测量标准差，可以通过对纯听力计气导听力零级进行 7 次测量，计算标准差得到不确定度 u_1。测量数据见表 6.4.1。

4. 标准不确定度的 B 类评定

(1) 标准仿真耳 (包括声耦合腔、前置放大器等) 引入的不确定度分量 u_2，由检定证书给出 (表 6.4.2)。

(2) 测量放大器频响引入的不确定度分量 u_3，测量放大器频响准确度取 ±0.2dB，以均匀分布考虑，取 $k = \sqrt{3}$，则测量放大器引入的不确定度为

$$u_3 = U/k = 0.2/\sqrt{3} \approx 0.12(\text{dB})$$

(3) 带通滤波器相对衰减引入的不确定度分量 u_4，带通滤波器相对衰减误差取 ±0.2dB，以均匀分布考虑，取 $k = \sqrt{3}$，则带通滤波器相对衰减引入的不确定度分量为

$$u_4 = U/k = 0.2/\sqrt{3} \approx 0.12(\text{dB})$$

表 6.4.1 气导听力零级

频率/Hz		125	250	500	750	1000	1500	2000	3000	4000	6000	8000
左通道 (L)	$L_{\mathrm{L},1}$	94.2	75.0	61.8	57.9	57.3	57.0	59.7	60.5	61.0	66.1	63.2
	$L_{\mathrm{L},2}$	94.3	75.1	61.7	58.2	57.2	56.9	59.6	60.5	61.1	66.1	62.9
	$L_{\mathrm{L},3}$	94.1	75.0	61.7	57.8	57.4	56.8	59.6	60.5	61.1	65.9	62.4
	$L_{\mathrm{L},4}$	93.9	75.2	61.5	57.9	57.3	57.0	59.6	60.3	61.2	65.9	63.2
	$L_{\mathrm{L},5}$	94.2	74.9	61.6	58.1	57.5	57.0	59.5	60.2	61.1	66.2	62.5
	$L_{\mathrm{L},6}$	93.9	75	61.8	58.2	57.5	56.9	59.8	60.2	61.3	66.2	63.2
	$L_{\mathrm{L},7}$	94.2	75.1	61.9	58.1	57.2	57.1	59.7	60.0	61.0	65.9	63.1
	$\overline{L}_{\mathrm{L}}$	94.11	75.04	61.71	58.03	57.34	56.96	59.64	60.31	61.11	66.04	62.93
	u_1	0.16	0.10	0.13	0.16	0.13	0.10	0.10	0.20	0.11	0.14	0.35
右通道 (R)	$L_{\mathrm{R},1}$	94.2	75.2	61.0	58.0	56.8	56.8	59.2	60.3	59.1	65.7	62.8
	$L_{\mathrm{R},2}$	94.2	75.1	60.9	57.8	56.8	56.6	59.4	60.3	59.1	66.0	62.7
	$L_{\mathrm{R},3}$	94.3	75.1	61.1	57.7	57.0	56.7	59.3	60.1	59.5	65.8	63.3
	$L_{\mathrm{R},4}$	94.4	75.1	61.1	57.8	56.7	56.5	59.4	60.0	59.2	65.8	62.7
	$L_{\mathrm{R},5}$	94.2	75.3	61.2	57.6	56.8	56.9	59.4	60.0	59.5	65.9	63.3
	$L_{\mathrm{R},6}$	94.2	75.2	61.2	57.8	57.1	56.9	59.3	60.1	59.5	65.6	62.6
	$L_{\mathrm{R},7}$	94.3	75.1	61.0	57.9	56.9	56.5	59.2	60.1	59.3	66.1	63.4
	$\overline{L}_{\mathrm{R}}$	94.26	75.16	61.07	57.80	56.87	56.70	59.31	60.13	59.31	65.84	62.97
	u_1	0.08	0.08	0.11	0.13	0.14	0.17	0.09	0.13	0.19	0.17	0.35

表 6.4.2 检定证书给出的仿真耳不确定度

频率/Hz	125	250	500	750	1000	1500	2000	3000	4000	6000	8000
u_2	0.30	0.34	0.32	0.29	0.32	0.26	0.26	0.26	0.25	0.26	0.26

(4) 测量放大器读数准确度引入的不确定度分量 u_5，测量放大器读数误差取 $\pm 0.1\mathrm{dB}$，以均匀分布考虑，取 $k = \sqrt{3}$，则测量放大器引入的不确定度分量为

$$u_5 = U/k = 0.1/\sqrt{3} \approx 0.06(\mathrm{dB})$$

(5) 气压、温度及湿度变化对标准传声器灵敏度的影响引入的不确定度分量 u_6，测量过程中气压、温度及湿度变化对标准传声器灵敏度的影响，根据经验值取 $\pm 0.01\mathrm{dB}$，即

$$u_6 = 0.01(\mathrm{dB})$$

5. 合成标准不确定度

以上分量独立无关，合成标准不确定度

$$u_c^2 = u_1^2 + u_2^2 + u_3^2 + u_4^2 + u_5^2 + u_6^2$$

6. 扩展不确定度

取包含因子 $k = 2$，则扩展不确定度 $U = ku_c$，不确定度来源及扩展不确定度汇总表 (表 6.4.3)。

表 6.4.3 气导听力零级不确定汇总表

频率/Hz	125	250	500	750	1000	1500	2000	3000	4000	6000	8000
u_c/L	0.16	0.10	0.13	0.16	0.13	0.10	0.10	0.20	0.11	0.14	0.35
u_c/R	0.08	0.08	0.11	0.13	0.14	0.17	0.09	0.13	0.19	0.17	0.35
u_2	0.30	0.34	0.32	0.29	0.32	0.26	0.26	0.26	0.25	0.26	0.26
u_3	0.12	0.12	0.12	0.12	0.12	0.12	0.12	0.12	0.12	0.12	0.12
u_4	0.12	0.12	0.12	0.12	0.12	0.12	0.12	0.12	0.12	0.12	0.12
u_5	0.06	0.06	0.06	0.06	0.06	0.06	0.06	0.06	0.06	0.06	0.06
u_6	0.01	0.01	0.01	0.01	0.01	0.01	0.01	0.01	0.01	0.01	0.01
u_c/L	0.38	0.40	0.39	0.38	0.39	0.33	0.33	0.37	0.33	0.35	0.47
u_c/R	0.36	0.39	0.38	0.37	0.39	0.36	0.33	0.34	0.36	0.36	0.47
$U(k=2)$/L	0.8	0.8	0.8	0.8	0.8	0.7	0.7	0.7	0.8	0.8	1.0
$U(k=2)$/R	0.8	0.8	0.8	0.8	0.8	0.7	0.7	0.7	0.8	0.8	1.0

注：L 和 R 分别表示左通道和右通道

例 6.4.2 在测量活塞发声器声压级的过程中，用传声器法对活塞发声器的声压级进行测量。先将测量放大器放置在内校上，调节"前置放大器输入"与"直接输入"的灵敏度，使其增益相同，且输出相同的电压值。再将测量放大器放置于"前置放大器输入"，把活塞发声器与实验室标准传声器直接耦合，经测量放大器及交流电压表测量其产生的电压值，利用公式计算出声压级值。最后，根据前置放大器的传输损失、温度、气压、腔体积等因素对测得的声压级值进行修正，得到活塞发声器的实际声压级值。

1) 数学模型

活塞发声器产生的总声压级 L_p 由下式计算出

$$L_p = \overline{L}_p + k_0 + \Delta\beta + \Delta k + \Delta p$$

式中：$\overline{L}_p$ 是平均声压级，dB；k_0 是实验室标准传声器的开路灵敏度级修正值，dB；$\Delta\beta$ 是前置放大器的传输损失，dB；Δk 是活塞发声器的气压修正量，dB；Δp 是腔体积修正值，dB。

2) 灵敏度系数

由 L_p 的计算公式可知，式中五个分量互不相关，其中相对湿度修正量可忽略不计，则

$$u_c^2(L_p) = c_1^2 u^2(\overline{L}_p) + c_2^2 u^2(k_0) + c_3^2 u^2(\Delta\beta) + c_4^2 u^2(\Delta k) + c_5^2 u^2(\Delta p)$$

式中：灵敏度系数为

$$c_1 = \frac{\partial(L_p)}{\partial(\overline{L}_{pi})} = 1, \quad c_2 = \frac{\partial(L_p)}{\partial(k_0)} = 1, \quad c_3 = \frac{\partial(L_p)}{\partial(\Delta\beta)} = 1$$

$$c_4 = \frac{\partial(L_p)}{\partial(\Delta k)} = 1, \quad c_5 = \frac{\partial(L_p)}{\partial(\Delta p)} = 1$$

3) 标准不确定度的 A 类评定

声压级测量的过程中重复测量引入的标准不确定度 u_1，为标准不确定度的 A 类评定。对活塞发声器重复测量 9 次，各次测量到的声压级如下表 6.4.4 所示。

表 6.4.4　声压级重复测量汇总表

测量次数	1	2	3	4	5	6	7	8	9
声压级/dB	124.18	124.15	124.17	124.16	124.17	124.17	124.17	124.17	124.17

计算标准不确定度：$u_1 = s_1 = \sqrt{\dfrac{\sum (L_{pi} - \overline{L}_p)^2}{n-1}} \approx 0.0083(\text{dB})$

4) 标准不确定度的 B 类评定

(1) 在测量放大器上，"直接输入"和"传声器输入"灵敏度调节引入的标准不确定度 u_2，灵敏度调节的最大偏差为 0.003dB，以均匀分布考虑取 $k = \sqrt{3}$。则

$$u_2 = 0.003/\sqrt{3} \approx 0.0017(\text{dB})$$

(2) 由交流电压表的准确度引入的标准不确定度 u_3，交流数字电压表上级证书给出的准确度为 $\pm 0.1\%(\pm 0.009\text{dB})$，$k = \sqrt{3}$，故

$$u_3 = 0.009/\sqrt{3} \approx 0.0052(\text{dB})$$

(3) 实验室标准传声器开路灵敏度级不确定度引入的标准不确定度 u_4，实验室标准传声器开路灵敏度的上级证书给出不确定度为 0.05dB，$k=2$，故

$$u_4 = 0.05/2 = 0.0250(\text{dB})$$

(4) 测量放大器极化电压误差引入的标准不确定度 u_5，测量放大器极化电压的最大误差为 $\pm 0.08\text{V}$，测量放大器的极化电压的影响为

$$u_5 = 0.0042(\text{dB})$$

(5) 前置放大器传输损失 $\Delta\beta$ 引入的标准不确定度测量的不确定度 u_6，由于前置放大器传输损失的测量不确定度主要取决于测量用的精密衰减器的分辨力，所以由精密衰减器上级证书给出的准确度为 $\pm 0.01\text{dB}$，$k = \sqrt{3}$，故

$$u_6 = 0.01/\sqrt{3} \approx 0.0058(\text{dB})$$

(6) 活塞发声器的气压修正量 Δk 主要取决于气压表的准确度，气压表的准确度引入的标准不确定度 u_7，气压表上级证书给出准确度为 $\pm 0.05\%$，对气压修正量 Δk 产生的最大误差为 $\pm 0.043\text{dB}$，以均匀分布考虑，取 $k = \sqrt{3}$。则

$$u_7 = 0.043/\sqrt{3} \approx 0.0025(\text{dB})$$

(7) 腔体积修正量 Δp 引入的标准不确定度 u_8，腔体积修正量的误差取决于使用传声器的前腔体积测量的准确度，B&K 4160 型实验室标准传声器的前腔体积最大允许误差为 $\pm 30\text{mm}^3$，腔体积修正量 Δp 产生的最大误差为 $\pm 0.013\text{dB}$，以均匀分布考虑，取 $k = \sqrt{3}$。则

$$u_8 = 0.013/\sqrt{3} \approx 0.0075(\text{dB})$$

(8) 计算中修约误差取 $u_9 = 0.0005(\text{dB})$。

5) 合成标准不确定度

表 6.4.5 主要标准不确定度汇总

序号	不确定度来源	符号	标准不确定度 u/dB
1	声压级测量的标准偏差	u_1	0.0083
2	"直接输入"和"传声器输入"灵敏度调节的偏差	u_2	0.0017
3	测量声压级的电压表准确度	u_3	0.0052
4	标准传声器开路声压灵敏度级修正值 k_0	u_4	0.0250
5	测量放大器的极化电压影响	u_5	0.0042
6	前置放大器的传输损失 $\Delta\beta$	u_6	0.0058
7	活塞发声器的气压修正量 Δk	u_7	0.0025
8	腔体积修正量 Δp	u_8	0.0075
9	修约误差	u_9	0.0005

以上各项标准不确定度分量是互不相关的，所以合成标准不确定度为

$$u_c = \sqrt{u_1^2 + u_2^2 + u_3^2 + u_4^2 + u_5^2 + u_6^2 + u_7^2 + u_8^2 + u_9^2} \approx 0.03(\text{dB})$$

6) 扩展不确定度

取包含因子 $k=2$，则测量不确定度 $U = ku_c = 2 \times 0.03 = 0.06(\text{dB})$

思考：在对活塞发声器进行检定时，重复检定方法 3 次后得到算数平均声压级为 $\overline{L}_{pi}$，此时的 A 类标准不确定度如何评定？

思 考 题

1. 结合实验操作，参照 JJG 607-2003《声频信号发生器》检定规程分析声频信号发生器频率误差不确定度的来源。

2. 结合第 2 章测量传声器的校准部分，并根据 JJG 175-2015《工作标准传声器（静电激励器法）》检定规程，结合实际操作分析工作标准传声器静电激励器法的声压灵敏度级测量不确定度来源。

3. 请参考 JJG 1339-2012《电声测试仪校准规范》，对电声测试仪电压输出失真测量不确定度评定。

4. 采用半消声室检测法对标准声源的声功率级检测，如何对声功率级的测量
   结果不确定度评定？
5. 在进行自由场比较法对测量水听器的水声声压灵敏度级检定时，如何分析
   其测量不确定度来源？
6. 请结合第 3 章扬声器电声参数测量，分析扬声器频率响应的测量不确定度。

参 考 书 目

1. 杜功焕，朱哲民，龚秀芬. 声学基础 [M]. 3 版. 南京：南京大学出版社，2012
2. 陶擎天，赵其昌，沙家正. 音频声学测量 [M]. 北京：中国计量出版社，1986
3. 马大猷. 噪声与振动控制工程手册 [M]. 北京：机械工业出版社，2002
4. 马大猷. 现代声学理论基础 [M]. 北京：科学出版社，2004
5. 沈濠. 声学测量 [M]. 北京：科学出版社，1986
6. 陈克安，曾向阳，李海英. 声学测量 [M]. 北京：科学出版社，2005
7. 国家技术监督局. 中华人民共和国国家标准：GB/T 3947-1996 声学名词术语 [S]. 北京：中国标准出版社，1997
8. 国家质量监督检验检疫总局. 中华人民共和国国家计量技术规范：JJF 1147-2006 消声室和半消声室声学特性校准规范 [S]. 北京：中国计量出版社，2006
9. 国家质量监督检验检疫总局. 中华人民共和国国家计量检定规程：JJG 790-2005 实验室标准传声器（耦合腔互易法）[S]. 北京：中国计量出版社，2005
10. 国家质量监督检验检疫总局. 中华人民共和国国家计量检定规程：JJG 1019-2007 工作标准传声器（耦合腔比较法）[S]. 北京：中国计量出版社，2007
11. 国家质量监督检验检疫总局. 中华人民共和国国家计量检定规程：JJG 188-2002 声级计 [S]. 北京：中国计量出版社，2002
12. 陈剑林，白澄，牛锋，等. 声级计的频率计权特性 [J]. 计量技术，2008(6): 47-50
13. 中华人民共和国国家质量监督检验检疫总局. 国家标准：GB/T 3785.1-2010 电声学声级计第一部分：规范 [S]. 北京：中国标准出版社，2010
14. 何琳，朱海潮，邱小军，等. 声学理论与工程应用 [M]. 北京：科学出版社，2006
15. 郑士杰，袁文俊，缪荣兴，等. 水声计量测试技术 [M]. 哈尔滨：哈尔滨工程大学出版社，1995
16. 奚旦立，等. 环境工程手册——环境监测卷 [M]. 北京：高等教育出版社，1998
17. 陈克安，曾向阳，杨有粮. 声学测量 [M]. 北京：机械工业出版社，2010
18. 明瑞森. 声强技术 [M]. 杭州：浙江大学出版社，1995
19. 周伦彬. 声学计量 [M]. 北京：中国计量出版社，2008
20. 沈勇，等. 扬声器系统的理论与应用 [M]. 北京：国防工业出版社，2011
21. 吴胜举. 张明铎. 声学测量原理与方法 [M]. 北京：科学出版社，2014
22. 《计量测试技术手册》编辑委员会. 计量测试技术手册，第 9 卷：声学 [M]. 北京：中国计量出版社，1997
23. 袁文俊. 计量培训教材，第 9 卷：声学计量 [M]. 北京：原子能出版社，2002
24. 钱祖文. 非线性声学 [M]. 2 版. 北京：科学出版社，2009
25. 熊大莲，朱岩，寿文德. 辐射压力法与声光法测定超声功率 [J]. 计量技术，1989(4): 16-17

26. 中华人民共和国国家质量监督检验检疫总局. 中国国家标准化管理委员会. 国家标准: GB/T 18696.1-2004 声学阻抗管中吸声系数和声阻抗的测量第 1 部分：驻波比法 [S]. 北京：中国标准出版社，2004

27. 中华人民共和国国家质量监督检验检疫总局. 中华人民共和国国家标准: GB/T 18696.2-2002 声学阻抗管中吸声系数和声阻抗的测量第 2 部分：传递函数法 [S]. 北京：中国标准出版社，2002

28. Standardization I O F . Acoustics-measurement of the reverberation time of rooms with reference to other acoustical parameters[J]. ISO3382, 1997

29. 国家技术监督局. 中华人民共和国国家标准: GB/T 3223-1994 声学水声换能器自由场校准方法 [S]. 北京：中国标准出版社，1995

30. 中国计量测试学会组编. 一级注册计量师基础知识及专业务实 [M]. 4 版. 北京: 中国质检出版社，2017

31. 国家质量监督检验检疫总局. 中华人民共和国国家计量检定规程: JJG 176-2005 声校准器 [S]. 北京: 中国计量出版社，2005

32. 国家质量监督校验检疫总局. 中华人民共和国国家计量检定机程: JJG 388-2012 测听设备纯音听力计 [S]. 北京: 中国计量出版社，2012

"现代声学科学与技术丛书"已出版书目

(按出版时间排序)